基礎から学ぶ
力学

Classical mechanics

小野 昱郎／髙柳 邦夫 共著

森北出版株式会社

はじめに

本書は大学の理工系の学生に向けて，力学の基礎的な知見を解説した教科書である．

力学の目標は，日常体験する物体の運動を観察し，物体に与えた力と運動の関係を定量的に理解し，それを実際の物体の運動に応用することにある．

ガリレオによる実験で，落下する物体の運動は物体の重さによらず同じ加速運動をすることを，定量的に示すことができた．ニュートンによる三つの運動法則が提案されて，物体の運動は力がはたらかないときは等速直線運動すること，力に比例した加速度が生じること，が述べられている．地上での物体の運動は例外なくこの法則に正確に従っていることは，これまでの種々の精密な実験から，疑いの余地はない．地上に限らず，惑星や地球の運動も，物体間にはたらく万有引力を導入すれば，厳密に運動法則が成り立っていることが確かめられている．

また，この法則を利用し，物体の運動を自在に操ることができる．日常体験する自転車の走行，自動車や電車の運転，さらに航空機の飛行やロケット，人工衛星や宇宙探査機の打ち上げもその例である．

高校の物理学で習った，運動法則における力と加速度の関係は，物体の位置の時間変化と力の関係として，微分方程式という形式で表すことができる．この方程式を解くことで，運動を求めることができる．

この教科書では，まず 1 個の物体の運動を調べ，2 個の物体の運動，さらに，多数の物体の運動を調べることにする．その例として，地上の落体運動，振動運動，惑星の運動などを扱う．後半では，大きさのある物体の回転運動やこまの運動について述べる．

物理学では，ここで扱う力学のほか，電磁気学，熱統計物理学，量子力学という自然を理解するための基礎的な四つの分野がある．これらは，現代の種々の物質の基本的性質の理解と応用，超流動や超伝導などの特異な現象の理解と，革新をもたらす新物質の開発にも役に立っている．太陽系や宇宙の生成の理論，その根源的粒子の素粒子の理論の探求が進んでいる．そのもととなるのがこの四つの基礎分野であり，力学は過去の学問ではなく，その重要性と実用性はいまでも健在である．

各章には章末問題として，その章の理解を確かめる問題や，さらに力をつけるやや難しい問題がある．まず自分で考え解を探り，次に巻末の解答を参照して，もう一度考えることが，理解を深め，確実に実力をつけることにつながる．

また，各所にコラムが設けられている．これらは，力学に関連した，楽しく興味ある話題を取り上げ，解説しているので，本文に疲れたときなど，ぜひ読んでもらいたいと思う．

付録として，力学に必要なベクトル解析を要約して載せているので，本文を読み進めるとき，必要に応じて参照していただきたい．

本書を書くにあたり，大学でいま講義をされている教員のご意見を伺い，大学ではじめて力学を学ぶ学生にとってわかりやすい記述を心がけた．内容については十分検討したつもりであるが，気づかれた点があれば，ご連絡いただきたいと思う．

なお，長い時間にわたって援助していただいた森北出版社の方々，とくに石田昇司様，大野裕司様をはじめ編集担当者の方々に深く感謝申し上げます．

2019 年 7 月

著者

目 次

第 1 章 位置・速度・加速度

大きさのある物体が移動するとき，回転したり変形したりすることを知っている．しかし，まずは物体は向きや形を変えないで運動するものとして考える．そして，物体の位置を点で表すとする．ここでは，時々刻々移動する物体の位置，また速度や加速度を表す方法を学ぶ．

1.1 一直線上を運動する物体

静止している物体が動き始めたとき，物体の位置が時間とともに変化する様子を記録すると，物体が加速されていく様子や物体の速度を知ることができる．まず，直線上を運動する物体を考えてみよう．物体は時刻 $t = 0$ で $x = 0$ の位置にあったとする．そして時刻 t のときの位置は $x(t)$ であったとする．位置と時間の関係は，たとえば，図 1.1(a) のようにグラフで表せる．

物体の位置が時刻 t から $t + \Delta t$ の間に Δx だけ変わるとき，$\Delta x = x(t + \Delta t) - x(t)$ であるから，この Δt 間の平均速度 $\langle v(t) \rangle$ は，

$$\langle v(t) \rangle = \frac{x(t + \Delta t) - x(t)}{\Delta t} = \frac{\Delta x}{\Delta t} \tag{1.1}$$

となる．それで，Δt を短くしていき $t + \Delta t$ を t に近づけていくと，平均速度 $\langle v(t) \rangle$ は，時刻 t での速度 $v(t)$ となる．

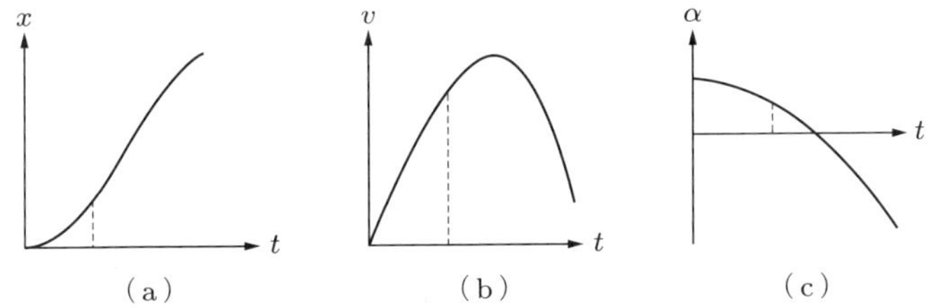

図 1.1 (a) 位置 $x(t) = at^2 + bt^4$，(b) 速度 $v(t) = dx/dt = 2at + 4bt^3$，(c) 加速度 $\alpha(t) = dv/dt = 2a + 12bt^2$ ($a = 1$，$b = -0.002$)

$$v(t) = \frac{dx}{dt} = \lim_{\Delta t \to 0} \frac{\Delta x}{\Delta t} \tag{1.2}$$

つまり，速度 $v(t)$ は関数 $x(t)$ の時間微分で与えられる．例として，図 1.1(a) から得られた $v(t)$ を図 1.1(b) に示す．速度 $v(t)$ は，位置 $x(t)$ のグラフの傾きに相当する．

例題 1.1 位置 $x(t) = at^2 + bt + c$（a，b，c は一定値）のとき，速度 $v(t)$ を求めよ．
解 $v(t) = 2at + b$

速度 $v(t)$ が時間変化するとき，加速度 $\alpha(t)$ は速度の時間微分として

$$\alpha(t) = \frac{dv}{dt} = \lim_{\Delta t \to 0} \frac{\Delta v}{\Delta t} \tag{1.3}$$

で与えられる．速度 $v(t)$ が $x(t)$ の時間微分で与えられるので，加速度 $\alpha(t)$ は $x(t)$ の二階微分

$$\alpha(t) = \frac{d^2}{dt^2}x(t) = \frac{d^2x}{dt^2} \tag{1.4}$$

で与えられる．例として，図 1.1(b) から得られた $\alpha(t)$ を図 1.1(c) に示す．

1.2 平面上を運動する物体

平面上を運動する物体では，xy 平面上の点 P で物体の位置を表せば，物体の位置は点 P の (x, y) 座標成分で示すことができる．時刻 t での座標成分を $(x(t), y(t))$ とすると，点 P の運動は (x, y) 座標上の曲線 $y = f(x)$ として描かれる．

例題 1.2 位置が $x(t) = \sin(\omega t)$，$y(t) = 1 - \cos(\omega t)$ であるような点 P の軌道 $y = f(x)$ を図示せよ．
解 (x, y) 座標で，t の値を $t = t_1, \cdots, t_2, \cdots, t_n, \cdots$ と少しずつ変化させて，$x = \sin(\omega t)$，$y = 1 - \cos(\omega t)$ となる点 $\mathrm{P}(x, y)$ をプロットすると，図 1.2 を得る．ちなみに，点 $\mathrm{P}(x, y)$ の描く曲線は，$\cos^2(\omega t) + \sin^2(\omega t) = 1$ の関係を使うと $x^2 + (y-1)^2 = 1$ となる．これを $y = f(x)$ の形にすると，軌道は $f(x) = 1 - \sqrt{1 - x^2}$ $(y < 1)$，$f(x) = 1 + \sqrt{1 + x^2}$ $(y > 1)$ で与えられる．

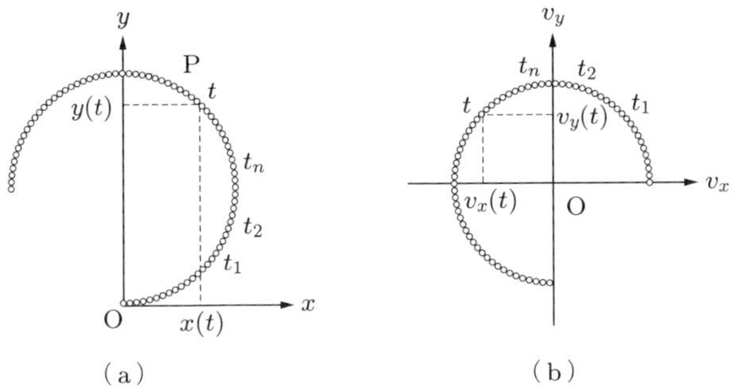

図 1.2 (a) 軌道 $y = f(x)$，(b) 速度 $v_x(t) = \omega\cos(\omega t)$，$v_y(t) = \omega\sin(\omega t)$

物体の x 方向の位置は $x(t)$ なので，x 方向に物体が移動する速度 $v_x(t)$ は $x(t)$ の時間微分 dx/dt で与えられる．同様に，y 方向の速度 $v_y(t)$ は $y(t)$ の時間微分 dy/dt で与えられる．すなわち，

$$v_x = \frac{dx}{dt}, \qquad v_y = \frac{dy}{dt}$$

となる．速度の x 成分と y 成分は $(v_x, v_y) = (dx/dt, dy/dt)$ と表せる．例題 1.2 の軌道 $y = f(x)$ について，時刻 t での速度成分 $v_x(t)$，$v_y(t)$ を図 1.2(b) に示した．

物体が加速されたり減速されたりするとき，物体の速度 (v_x, v_y) は時間変化する．この時間変化は加速度であり，x 方向の加速度 α_x，y 方向の加速度 α_y は，

$$\alpha_x = \frac{dv_x}{dt}, \qquad \alpha_y = \frac{dv_y}{dt}$$

となる．加速度の x 成分と y 成分は $(\alpha_x, \alpha_y) = (dv_x/dt, dv_y/dt)$ と表せる．

以上のように，二次元平面を運動する物体の位置，速度，加速度は，それぞれ (x, y)，(v_x, v_y)，(α_x, α_y) のように x 座標成分と y 座標成分で表せることが示された．

1.3 位置ベクトル，速度ベクトル，加速度ベクトル

物体の位置，速度，加速度をベクトル (vector) で表す方法を学ぼう．ベクトルというのは，大きさと方向と向きをもった量である（6.1 節の角運動量ベクトルの説明を参照）．

物体の位置を観測（観察）するときは，図 1.3(a) に示すように，観測する場所，原点を定める必要がある．いま，原点を O とするとき，物体の位置は原点 O を始点として点 P を終点とするベクトルで表す．このベクトル $\boldsymbol{r} = \overrightarrow{\mathrm{OP}}$ は**位置ベクトル** (position vector) とよばれる．この位置ベクトル $\boldsymbol{r}$ は，x 軸方向の単位ベクトル $\boldsymbol{e}_x$ と y 方向の単位ベクトル $\boldsymbol{e}_y$ を使って，

$$\boxed{\boldsymbol{r}(t) = x(t)\boldsymbol{e}_x + y(t)\boldsymbol{e}_y} \tag{1.5}$$

と表せる．ここに，単位ベクトルは単位長さをもつので，$\boldsymbol{e}_x$ を x 軸方向にとれば，ベクトル $x(t)\boldsymbol{e}_x$ の長さは $x(t)$ である．ここで，$\boldsymbol{e}_x$ と $\boldsymbol{e}_y$ を**基本ベクトル** (standard unit vectors) といい，式 (1.5) を基本ベクトル表示という．点 O を原点として $\boldsymbol{e}_x$ 方向に x 軸，$\boldsymbol{e}_y$ 方向に y 軸をもつ座標系 O-xy で位置ベクトル $\boldsymbol{r}$ を表すと，図 1.3(a) となる．図のように二つの基本ベクトルの $\boldsymbol{e}_x$ と $\boldsymbol{e}_y$ が直交している座標系を二次元の**直交座標系** (rectangular coordinate system) という．この直交座標系の y 軸の正の向き（$\boldsymbol{e}_y$ 方向）は x 軸の正の向き（$\boldsymbol{e}_x$ 方向）から 90° 反時計回りに回転した向きにとる．この座標系では，位置ベクトル $\boldsymbol{r}(t)$ の x 成分は $x(t)$，y 成分は $y(t)$ となるので，$\boldsymbol{r}(x(t), y(t))$ と成分表示される．位置ベクトル $\boldsymbol{r}(x, y)$ の大きさ（長さ）を r あるいは $|\boldsymbol{r}|$ と表すと，$r = \sqrt{x^2 + y^2}$ である．

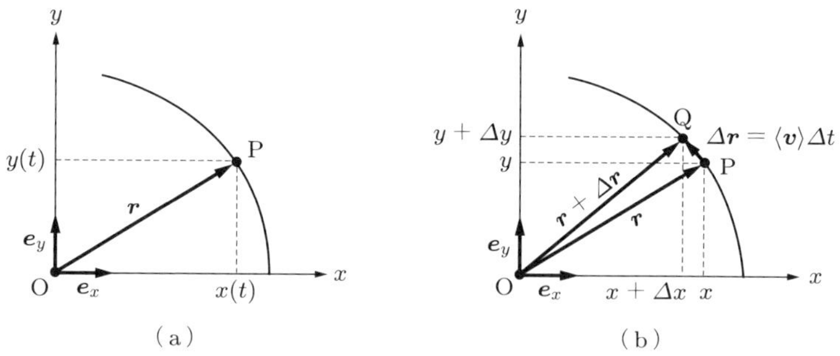

図 1.3 (a) 位置ベクトル $\boldsymbol{r}$ $(= \overrightarrow{\mathrm{OP}})$，(b) 変位ベクトル $\Delta\boldsymbol{r}$ $(= \overrightarrow{\mathrm{PQ}})$

物体が運動するとき，位置ベクトル $\boldsymbol{r}$ は時間とともに変化する．位置ベクトルの変化を**変位** (displacement) $\Delta\boldsymbol{r}$ とよぶ．図 1.3(b) に示すように，時刻 t で点 P にあった物体が Δt 後に点 Q に移動したとする．時刻 t での位置ベクトル $(\overrightarrow{\mathrm{OP}})$ を $\boldsymbol{r}(t)$，$t + \Delta t$ での位置ベクトル $(\overrightarrow{\mathrm{OQ}})$ を $\boldsymbol{r}(t + \Delta t)$ と書くと，Δt 間の変位 $\overrightarrow{\mathrm{PQ}}$ は変位ベクトル $\Delta\boldsymbol{r} = \boldsymbol{r}(t + \Delta t) - \boldsymbol{r}(t)$ で表される．この間の平均速度ベクトルを $\langle\boldsymbol{v}\rangle$ とすると，

$$\langle\boldsymbol{v}\rangle = \frac{\boldsymbol{r}(t + \Delta t) - \boldsymbol{r}(t)}{\Delta t} = \frac{(\boldsymbol{r} + \Delta\boldsymbol{r}) - \boldsymbol{r}}{\Delta t} = \frac{\Delta\boldsymbol{r}}{\Delta t}$$

である．時刻 t での速度は，Δt をゼロに近づけた極限だから，

$$v = \lim_{\Delta t \to 0} \frac{\Delta r}{\Delta t} = \frac{dr}{dt}$$

となる．まとめると，速度ベクトル $\boldsymbol{v}(t)$ は位置ベクトル $\boldsymbol{r}(t)$ の時間微分で与えられ，

$$\boxed{\boldsymbol{v}(t) = \frac{d\boldsymbol{r}}{dt} = \frac{dx}{dt}\boldsymbol{e}_x + \frac{dy}{dt}\boldsymbol{e}_y = v_x(t)\boldsymbol{e}_x + v_y(t)\boldsymbol{e}_y} \qquad (1.6)$$

となる．物体の速さは，$\boldsymbol{v}$ の絶対値 $|\boldsymbol{v}|$ として与えられ，$v = \sqrt{v_x^2 + v_y^2}$ となる．

物体の加速度ベクトル $\boldsymbol{\alpha}$ は，速度ベクトルの時間変化として与えられ，

$$\boxed{\boldsymbol{\alpha}(t) = \frac{d\boldsymbol{v}}{dt} = \frac{dv_x}{dt}\boldsymbol{e}_x + \frac{dv_y}{dt}\boldsymbol{e}_y = \alpha_x(t)\boldsymbol{e}_x + \alpha_y(t)\boldsymbol{e}_y} \qquad (1.7)$$

となる．加速度の x，y 成分が α_x，α_y のときに，加速度ベクトル $\boldsymbol{\alpha}$ を $\boldsymbol{\alpha}(\alpha_x, \alpha_y)$ と表記する．

例題 1.3　位置が $\boldsymbol{r} = a\cos(\omega t)\boldsymbol{e}_x + a\sin(\omega t)\boldsymbol{e}_y$ のときの軌道を求めよ（ω は定数）．

解　位置 $\boldsymbol{r}(x, y)$ は $x(t) = a\cos(\omega t)$，$y(t) = a\sin(\omega t)$ だから，$r^2 = x^2 + y^2 = a^2$．軌道は半径 a の円 $(r = a)$ である．

例題 1.4　物体の位置が $\boldsymbol{r} = t^2(\boldsymbol{e}_x + \boldsymbol{e}_y) + t(\boldsymbol{e}_x - \boldsymbol{e}_y)$ と時間変化する．軌道を求めよ．

解　$\boldsymbol{r} = (t^2 + t)\boldsymbol{e}_x + (t^2 - t)\boldsymbol{e}_y$ だから，位置ベクトル $\boldsymbol{r}(x, y)$ の各成分は $x = t^2 + t$，$y = t^2 - t$ である．両式から t を消去すると，$2(x + y) = (x - y)^2$．軌道は放物線である．

例題 1.5　速度ベクトル $\boldsymbol{v}(v_x, v_y)$ は，軌道 $\boldsymbol{r}(t)$ の接線方向であることを示せ（図 1.4，1.3 参照）．

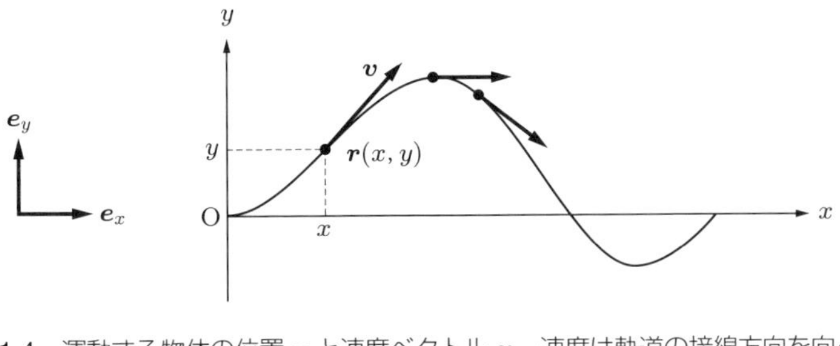

図 1.4　運動する物体の位置 $\boldsymbol{r}$ と速度ベクトル $\boldsymbol{v}$．速度は軌道の接線方向を向く．位置ベクトルが $\boldsymbol{r}(x, y) = x\boldsymbol{e}_x + y\boldsymbol{e}_y$ のとき，時刻 t での位置 $x(t)$，$y(t)$ を xy 座標にプロットしていくと，グラフ $y = f(x)$ が得られる．これが軌道 $\boldsymbol{r}(t)$ を示す．

解 運動軌道上の点 $\boldsymbol{r}(x, y)$ での速度成分比は $v_y/v_x = (dy/dt)/(dx/dt) = dy/dx$ で，軌道を $y = f(x)$ とするときの接線の傾きは $df(x)/dx = dy/dx$ であるから，速度の方向は軌道の接線と等しい．

例題 1.6 図 1.4 の軌道 $\boldsymbol{r} = x(t)\boldsymbol{e}_x + y(t)\boldsymbol{e}_y$ は，$x = at$，$y = \exp(-\gamma t)\sin(\omega t)$ である．はじめに，$a = 10$，$\gamma = 0.5$，$\omega = 0.025$ として，t を変えたときに位置 $(x(t), y(t))$ の描く図形が図 1.4 と一致することを確かめよ．軌道の式 $y = f(x)$ を求めよ．次に，$v_x(t)$ と $v_y(t)$ を求めよ．曲線 $y = f(x)$ の点 (x, y) における接線の傾きが v_y/v_x に等しいことを確かめよ．

解 $t = x/a$ の関係を $y(t)$ に代入して，$y(x) = \exp(-\gamma x/a)\sin(\omega x/a)$ と求められる．次に，速度成分は $v_x(t) = a$，$v_y(t) = [-\gamma\sin(\omega t) + \omega\cos(\omega t)]\exp(-\gamma t)$ となる．曲線 $y = f(x)$ の接線の傾き $f'(x) = dy/dx$ を計算する．以下省略．

1.4 三次元空間を運動する物体

三次元空間内の運動についても，平面の場合と同様にベクトルによって記述できる．三つの基本ベクトルを $\boldsymbol{e}_x$，$\boldsymbol{e}_y$，$\boldsymbol{e}_z$ とする．それらを互いに直交するように選び，図 1.5 のような原点を O とする三次元の直交座標系 (O-xyz) で物体の運動を観察する．ちなみにこの直交座標系 O-xyz は右手系で，$\boldsymbol{e}_z$ は $\boldsymbol{e}_x$ から $\boldsymbol{e}_y$ に右ねじを回す向きを向いている．時刻 t での物体の位置を P として，位置ベクトル $\boldsymbol{r}(t)$ を下記のように表す．

$$\boldsymbol{r} = x(t)\boldsymbol{e}_x + y(t)\boldsymbol{e}_y + z(t)\boldsymbol{e}_z \tag{1.8}$$

速度 $\boldsymbol{v}(t)$ や加速度 $\boldsymbol{\alpha}(t)$ はベクトル量で，それらは以下のように与えられる．

$$\boldsymbol{v} = \frac{d\boldsymbol{r}}{dt} = \frac{dx}{dt}\boldsymbol{e}_x + \frac{dy}{dt}\boldsymbol{e}_y + \frac{dz}{dt}\boldsymbol{e}_z \tag{1.9}$$

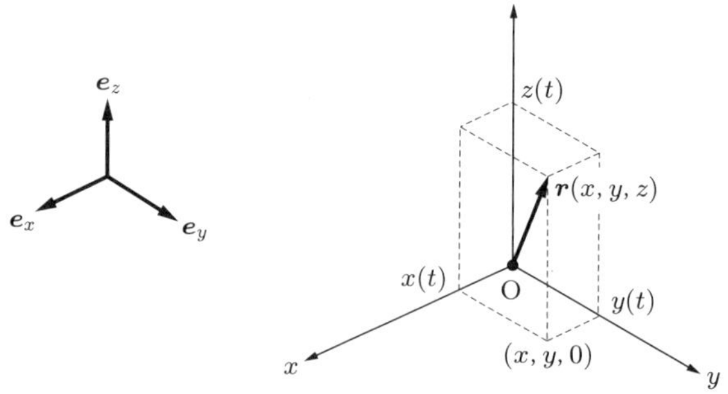

図 1.5 位置ベクトル $\boldsymbol{r}$ と互いに直交する基本ベクトル $\boldsymbol{e}_x$，$\boldsymbol{e}_y$，$\boldsymbol{e}_z$

$$\boldsymbol{\alpha} = \frac{d\boldsymbol{v}}{dt} = \frac{dv_x}{dt}\boldsymbol{e}_x + \frac{dv_y}{dt}\boldsymbol{e}_y + \frac{dv_z}{dt}\boldsymbol{e}_z$$
$$= \frac{d^2x}{dt^2}\boldsymbol{e}_x + \frac{d^2y}{dt^2}\boldsymbol{e}_y + \frac{d^2z}{dt^2}\boldsymbol{e}_z \qquad (1.10)$$

■ 自由ベクトルと束縛ベクトル

一般に，ベクトルで表される物理量は原点の選び方に依存しない．しかし，質点の位置を表す位置ベクトル $\boldsymbol{r}$ は原点を始点としているので，原点 O の位置に依存する．それで，位置ベクトルは束縛ベクトルとよばれる．一方，変位ベクトル $\Delta\boldsymbol{r}$ や速度ベクトル $\boldsymbol{v}$ は，始点は任意で原点の選び方に依存しない．これらは自由ベクトルとよばれ，束縛ベクトルと区別される．

章末問題

1.1　以下の位置 $x(t)$ に対して，速度 $v(t)$，加速度 $\alpha(t)$ を求めよ．

(a) $x(t) = gt^2/2$　(b) $x(t) = \sin(\omega t)$　(c) $x(t) = \exp(-\gamma t)$

(d) $x(t) = \ln(\gamma t)$　(e) $x(t) = \exp(-\gamma t)\cos(\omega t)$

1.2　平面上を運動する質点の位置が $x(t) = t^2$，$y(t) = t^4 + 1$ と時間変化する．

(a) 質点の軌跡 $y = f(x)$ を求めよ．

(b) 速度ベクトル $\boldsymbol{v}(v_x, v_y)$ から速さ $v = \sqrt{v_x^2 + v_y^2}$ を x の関数で表せ．

(c) 速度ベクトル $\boldsymbol{v}$ の方向と軌道 $y = f(x)$ の接線方向が同じことを示せ．

1.3　質点が xy 平面上で半径 r（一定）の円軌道を角速度 ω（一定）で運動している．時刻 t で x 軸からの回転角を ωt とする．基本ベクトル $\boldsymbol{e}_x$，$\boldsymbol{e}_y$ を使って時刻 t での位置 $\boldsymbol{r}(x, y)$ を表し，(a) 速度 $\boldsymbol{v}(v_x, v_y)$，(b) 加速度 $\boldsymbol{\alpha}(\alpha_x, \alpha_y)$ を求め，(c) ベクトル $\boldsymbol{r}$ と $\boldsymbol{v}$ が直交し，$\boldsymbol{v}$ と $\boldsymbol{\alpha}$ が直交することを示せ．

1.4　質点の位置 $\boldsymbol{r}(x, y)$ が $x(t) = \exp(-\gamma t)\cos(\omega t)$，$y(t) = \exp(-\gamma t)\sin(\omega t)$ と時間変化する．質点の描く軌道（図 1.6）は**等角らせん**（対数らせん，ベルヌーイのらせん）とよばれ，アンモナイトの化石やオウム貝など自然界によく見られる．次の (a)〜(d) を確

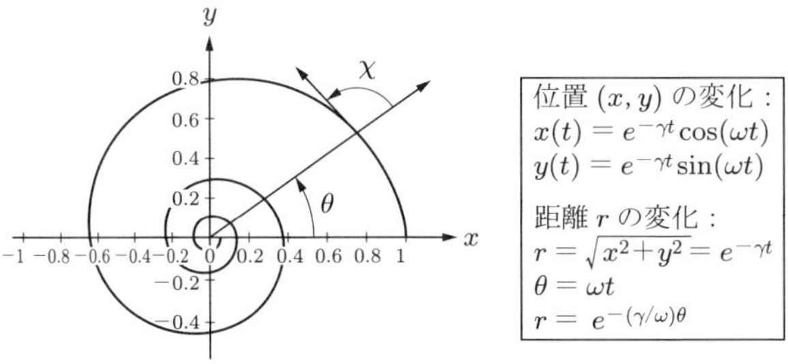

図 1.6　らせん軌道（対数らせん）の接線方向は動径方向と一定角度をもつ．

かめよ．

(a) 軌道は $r = \sqrt{x^2 + y^2} = \exp[-(\gamma/\omega)\theta]$，$\tan\theta = y/x$ で与えられる．

(b) 速度ベクトルは $\boldsymbol{v} = (-\gamma x - \omega y)\boldsymbol{e}_x + (\omega x - \gamma y)\boldsymbol{e}_y$ である．

(c) 加速度ベクトルは $\boldsymbol{\alpha} = rP\boldsymbol{n} + rQ\boldsymbol{t}$ である．大きさは $(\gamma^2 + \omega^2)r$ である．ここに，$P = \gamma^2 - \omega^2$，$Q = 2\gamma\omega$，また，$\boldsymbol{n} = \cos\theta\,\boldsymbol{e}_x + \sin\theta\,\boldsymbol{e}_y$，$\boldsymbol{t} = -\sin\theta\,\boldsymbol{e}_x + \cos\theta\,\boldsymbol{e}_y$ とした．$\boldsymbol{n}$ は $\boldsymbol{r}$ 方向の単位ベクトルで，$\boldsymbol{t}$ は $\boldsymbol{n}$ に垂直方向の基本ベクトルである．

(d) 速度 $\boldsymbol{v}$ と位置ベクトル $\boldsymbol{r}$ との角度 χ は $\cos\chi = -\gamma/\sqrt{\gamma^2 + \omega^2}$ を満たす一定値になる．

1.5　平面上を移動する質点がある．一定時間の間に半径 r が a 倍，回転角度 θ が ω 倍になる．この軌道は，一定時間での半径の増加が角度の増加に比例するアルキメデスのらせんである（図1.7）．らせんどうしの間隔が $2\pi a/\omega$ であることを示せ．

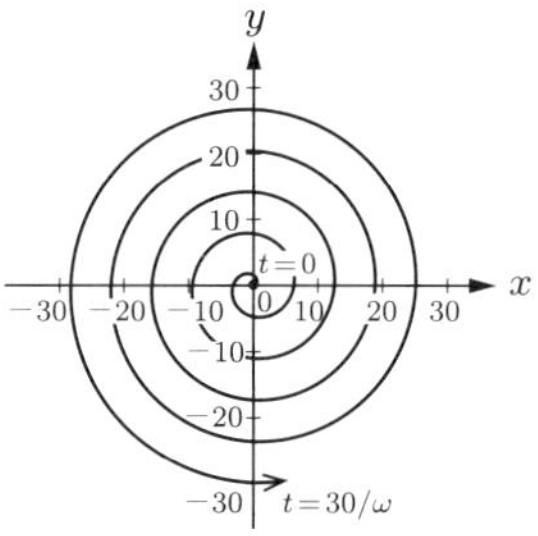

図1.7　アルキメデスのらせん ($a = 1$，$\omega = 2\pi$)

1.6　下記 (a), (b) で与えられる点 (x, y) の軌道は，それぞれ楕円と双曲線になる．図1.8(a), (b) は，$a = 3$，$b = 2$ としたときの $t = 0$ から $t = 30$ までの軌道 $\boldsymbol{r}(x, y)$ を示す．軌道 $\boldsymbol{r}(x, y)$ と，速度 $\boldsymbol{v}(v_x, v_y)$ の描く図形はどのような式で与えられるか（図1.3を参照）．

(a) $x(t) = a\cos(\omega t)$，$y(t) = b\sin(\omega t)$

(b) $x(t) = a\exp(\gamma t)$，$y(t) = b\exp(-\gamma t)$

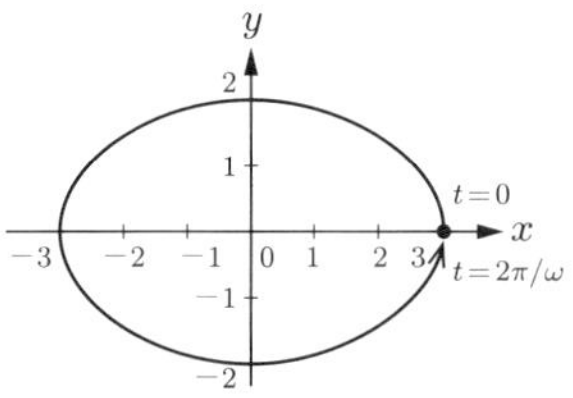

（a）楕円：$a = 3$, $b = 2$, $\omega = \pi/15$

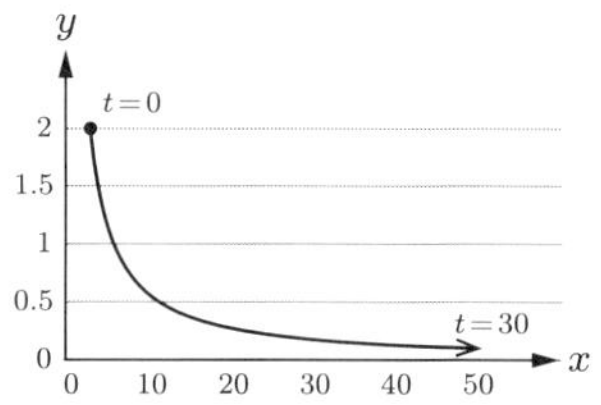

（b）双曲線：$a = 3$, $b = 2$, $\gamma = \pi/25$

図1.8

第 2 章 運動の法則

ガリレオ・ガリレイは，地表での落体の運動に注目した．アイザック・ニュートンは，力を加えることで物体が動き始めることから，どの物体にも共通に適用できる運動法則を考えた．ここでは，ニュートンの「運動の法則」を学び，物体の運動と力の関係を学ぶ．

2.1 運動の 3 法則

■ 運動の法則

ニュートンの著作（自然哲学の数学原理：プリンキピア）に書かれている「運動の法則」は第 1，第 2，第 3 法則から構成され，物体に作用する力，物体の運動量，作用と反作用について述べられている．

1. 第 1 法則：**慣性の法則** (law of inertia)

   物体に**力** (force) が作用していなければ，物体は静止の状態あるいは等速直線運動する．こうした性質を**慣性** (inertia) とよぶ．

2. 第 2 法則：**運動の法則** (law of motion)

   物体に力がはたらくと，力の方向に加速度が生じる．加速度の大きさは力に比例し，物体の質量に反比例する．

3. 第 3 法則：**作用・反作用の法則** (law of action and reaction)

   二つの物体が互いに及ぼすとき，その作用と反作用の力は大きさが等しく，同一作用線上で反対向きである．

■ 力ベクトル

物体にはたらく力は，図 2.1(a) に示されるように，大きさ（強弱）とはたらく方向（作用線）と向き（押し引き）で特徴付けられる．このように大きさと方向と向きをもつ力はベクトル量として扱われる．力ベクトルを $\boldsymbol{F}$ と書くと，図 2.1(b) に示すように

$$\boxed{\boldsymbol{F} = F_x\boldsymbol{e}_x + F_y\boldsymbol{e}_y + F_z\boldsymbol{e}_z} \tag{2.1}$$

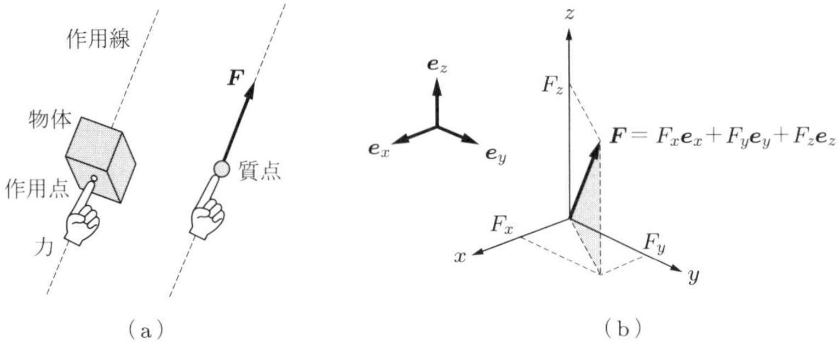

図 2.1　(a) 力の大きさ，向きと作用点，(b) 基本ベクトル $\boldsymbol{e}_x$，$\boldsymbol{e}_y$，$\boldsymbol{e}_z$ と力 $\boldsymbol{F}$ の x，y，z 成分

と表せる．成分で書くと $\boldsymbol{F}(F_x, F_y, F_z)$，大きさは $F = |\boldsymbol{F}| = \sqrt{F_x^2 + F_y^2 + F_z^2}$ である．力は重ね合わせの原理 (principle of superposition) に従う．

■ 質点

大きさのある物体に力を加えると，物体は力の方向に移動するだけでなく，回転しながら移動していくことを経験する．しかし，机の上の箱を押すとき経験するように，物体の中心（質量中心）に向けて押せば回転しない（第 10 章を参照）．力を加えたときに物体がどのように移動するかを調べるためには，物体を，大きさの無視できる仮想的な**質点** (point mass) に置き換えて考えると都合がよい．ここに，質点とは，物体と同じ質量をもち，大きさが無視できる点である．物体を質点に置き換えると，力の作用点は質点となり，力の向き（作用線の方向）に物体は加速される．

■ 運動方程式

第 2 法則は，物体にはたらく力と物体の質量と加速度の関係を下記のように与える．

$$\boldsymbol{F} = m\boldsymbol{\alpha} \tag{2.2}$$

これをニュートンの運動方程式という．ここの質量 m は，力を加えたときに生じる加速度から定義されるので，**慣性質量** (inertial mass) とよばれ，物体のもつ慣性の大きさを表す．

ニュートンの運動方程式 $m\boldsymbol{\alpha} = \boldsymbol{F}$ は，加速度と速度の関係が $d\boldsymbol{v}/dt = \boldsymbol{\alpha}$ であることを使うと，

$$\boxed{m\frac{d\boldsymbol{v}}{dt} = \boldsymbol{F}} \tag{2.3}$$

と表される．さらに，速度 $\boldsymbol{v}$ と位置ベクトル $\boldsymbol{r}$ の関係が $\boldsymbol{v} = d\boldsymbol{r}/dt$ であるから，

$$\boxed{m\frac{d^2\boldsymbol{r}}{dt^2} = \boldsymbol{F}} \tag{2.4}$$

と表される．

例題 2.1 運動方程式から「一定速度で運動する物体には力がはたらいていない」ことを導け．

解 $\boldsymbol{v} = a\boldsymbol{e}_x + b\boldsymbol{e}_y + c\boldsymbol{e}_z$（$a$, b, c は定数）とおく．$d\boldsymbol{v}/dt = \boldsymbol{\alpha}$ より，$\boldsymbol{F}/m = \boldsymbol{\alpha} = d\boldsymbol{v}/dt = (da/dt)\boldsymbol{e}_x + (db/dt)\boldsymbol{e}_y + (dc/dt)\boldsymbol{e}_z = 0$ となる．

例題 2.2 運動方程式から「力の重ね合わせの原理」が成り立つことを示せ．

解 物体が $\boldsymbol{F}_1$ の力では加速度 $\boldsymbol{\alpha}_1$ で運動し，$\boldsymbol{F}_2$ の力では加速度 $\boldsymbol{\alpha}_2$ で運動する．このとき，合力 $\boldsymbol{F} = \boldsymbol{F}_1 + \boldsymbol{F}_2$ と加速度 $\boldsymbol{\alpha} = \boldsymbol{\alpha}_1 + \boldsymbol{\alpha}_2$ は運動方程式 $\boldsymbol{F} = m\boldsymbol{\alpha}$ を満たす．

運動方程式 (2.4) によると，物体の位置の時間変化をつぶさに観測して $\boldsymbol{r}(t)$ がわかったときには，物体にはたらく力を時間の関数 $\boldsymbol{F}(t)$ あるいは位置の関数 $\boldsymbol{F}(\boldsymbol{r})$ として知ることができる．運動する物体にはたらいている力を見つけることは物理学における重要な課題なので，簡単な例で導き方を示す．

例題 2.3 質量 m の物体の運動を観測した．位置が次のように時間変化するとき，運動方程式から物体にはたらいている力を求めよ．

(a)（単振動）角振動数 ω で x 軸上を $x(t) = A\cos(\omega t)$ と運動する物体

(b)（等速円運動）半径 A の円周上を一定の角速度 ω で回転する物体

解 軌道を $\boldsymbol{r}(x, y)$ とすると，$\boldsymbol{F}(F_x, F_y)$ は $F_x = md^2x(t)/dt^2$，$F_y = md^2y(t)/dt^2$ となる．

(a) 加速度は $\alpha = -\omega^2 A\cos(\omega t) = -\omega^2 x(t)$ となり，物体にはたらく力 $F = -m\omega^2 x(t)$ は変位 $x(t)$ に比例する復元力だとわかる．

(b) 物体の位置ベクトルは $\boldsymbol{r} = A\cos(\omega t)\boldsymbol{e}_x + A\sin(\omega t)\boldsymbol{e}_y$ と時間変化する．加速度ベクトルは $\boldsymbol{\alpha} = d^2\boldsymbol{r}/dt^2 = [d^2A\cos(\omega t)/dt^2]\boldsymbol{e}_x + [d^2A\sin(\omega t)/dt^2]\boldsymbol{e}_y = -\omega^2[A\cos(\omega t)\boldsymbol{e}_x + A\sin(\omega t)\boldsymbol{e}_y] = -\omega^2\boldsymbol{r}$ となるから，物体にはたらいている力は向心力 $\boldsymbol{F} = -m\omega^2\boldsymbol{r}$ である．

2.2 運動量と力積

原著『プリンキピア』では「物体の運動量変化は物体に加えられた力積 (impulse impressed) に比例し，その力積の方向に沿って生じる」とされている．このことを運

動方程式 (2.2) から示してみよう．物体の**運動量** (momentum) とは，質量と速度の積

$$\boxed{\boldsymbol{p} = m\boldsymbol{v} = p_x\boldsymbol{e}_x + p_y\boldsymbol{e}_y + p_z\boldsymbol{e}_z} \tag{2.5}$$

である．一方，**力積** (impulse) は，物体に力 $\boldsymbol{F}(t)$ が t_1 から t_2 まではたらいたとき，

$$\boxed{\boldsymbol{I}(t_2, t_1) \equiv \int_{t_1}^{t_2} \boldsymbol{F}(t)dt} \tag{2.6}$$

と定義される（図 2.2(a)）．

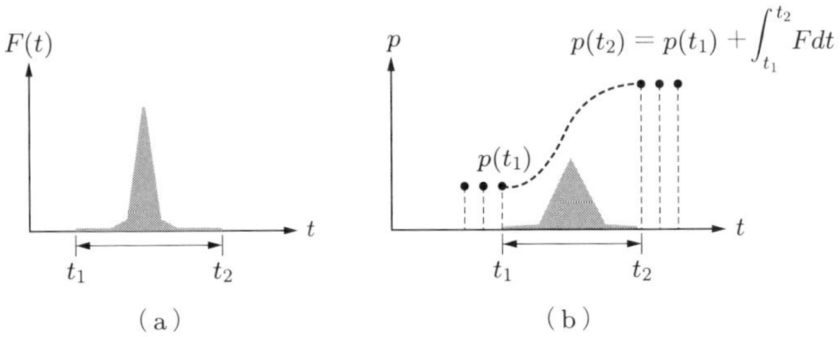

図 2.2　力積と運動量変化

力 F が図 2.2 のように時間 $t_2 - t_1$ の間に変化するときは，図 2.2(b) のように力積は t_1 から t_2 の間にはたらいた力 $F(t)$ の積分値になる．F が一定値であれば，力積は $(t_2 - t_1)F$ となる．

打撃や衝突の場合に接触する物体間には大きな力がはたらく．力の作用する時間はきわめて短いが，力の大きさはたいへん大きく，両者をかけ合わせた力積は有限な大きさになる．このような力は撃力とよばれ，力積は $I = F\Delta t$ と表す．ただし F は撃力の大きさで $\Delta t = t_2 - t_1$ は作用した時間である．

このような運動量と力積の定義に基づいて，**物体の運動量は加えられた力積だけ変化する**ことを示そう．まず，ニュートンの運動方程式に記された $m\boldsymbol{v}$ を $\boldsymbol{p}$ で置き換えると，次のような運動量の方程式を得る．

$$\frac{d\boldsymbol{p}}{dt} = \boldsymbol{F} \tag{2.7}$$

式 (2.7) の両辺を t_1から t_2 まで積分すると，

$$\int_{t_1}^{t_2} \left(\frac{d\boldsymbol{p}}{dt}\right) dt = \int_{t_1}^{t_2} d\boldsymbol{p} = \int_{t_1}^{t_2} \boldsymbol{F}dt$$

である．時刻 t_1 と t_2 のときの運動量を $\boldsymbol{p}(t_1)$，$\boldsymbol{p}(t_2)$ とすると，上式と式 (2.6) から

$$\boxed{\boldsymbol{p}(t_2) - \boldsymbol{p}(t_1) = \boldsymbol{I}(t_2, t_1)} \tag{2.8}$$

の等式を得る．結果は**運動量変化の間に物体に加わった力の総和が力積**であり，**力積が同じであれば，力の加え方のいかんにかかわらず，運動量変化は同じになる**ことを意味している（図 2.3 を参照）．力の詳細が知れない撃力でも，力積 $\boldsymbol{I}$ によって運動量変化が式 (2.8) だけ起こるのである．

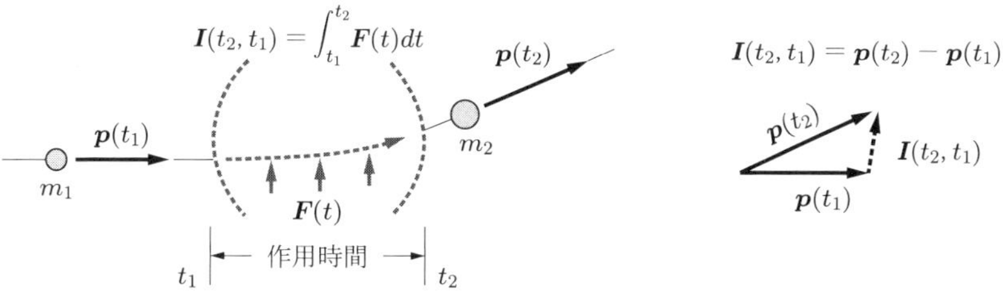

図 2.3 力積と運動量変化

一方で，「瞬間々々（無限小の時間 dt）で物体にはたらく力積 $\boldsymbol{F}dt$ は，力積と同じ方向に運動量変化 $d\boldsymbol{p}$ を引き起こす」と解釈すると，運動量の方程式 $d\boldsymbol{p}/dt = \boldsymbol{F}$ は

$$d\boldsymbol{p} = \boldsymbol{F}dt \tag{2.9}$$

とも表される．

例題 2.4 水平な台（xy 平面）がある．質量 m の物体が角度 θ で衝突したのち，角度 ϕ で反跳した（図 2.4）．衝突前後の速さが v，v' であるとき，物体にはたらく鉛直上向き（z 方向）の力積の大きさ I_z はいくらか．ただし，台に平行方向にはたらいた力積はゼロとする．

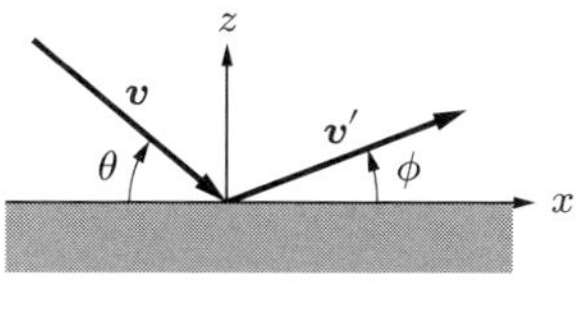

図 2.4 衝突と運動量

解 物体と台との間にはたらく衝突時の力はわからない．しかし，力積 I_z は衝突前後の運動量変化 Δp_z に等しく，速度 $\boldsymbol{v}$, $\boldsymbol{v}'$ の向きを考慮すると，$I_z = \Delta p_z = m(v' \sin\phi + v \sin\theta)$．水平方向の力積はゼロなので，速度の水平方向成分は衝突前後で変わらない ($v' \cos\phi = v \cos\theta$).

2.3 力積と運動量保存

二つの質点間にはたらく力（相互作用力）は作用・反作用の法則（図 2.5）に従う．

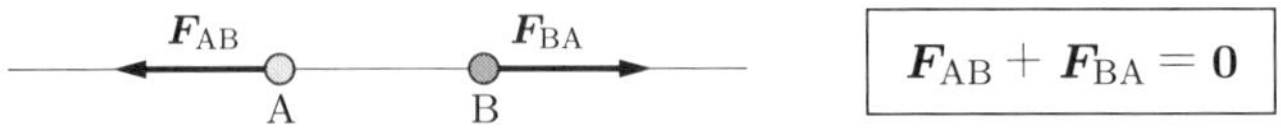

図 2.5 作用・反作用の法則．質点 A にはたらく B からの力を $\boldsymbol{F}_{\mathrm{AB}}$ とし，質点 B に A からはたらく力を $\boldsymbol{F}_{\mathrm{BA}}$ とすると，両者は A と B を結ぶ線上で $\boldsymbol{F}_{\mathrm{AB}} = -\boldsymbol{F}_{\mathrm{BA}}$ となる．二つの物体の接触点でも作用・反作用がはたらく．

互いに力を及ぼし合う二つの物体が衝突して離反する運動を考える．図 2.6 に示すように，物体 A と B が運動量 $\boldsymbol{p}_{\mathrm{A}}$ と $\boldsymbol{p}_{\mathrm{B}}$ で飛来して衝突した後，運動量 $\boldsymbol{p}'_{\mathrm{A}}$ と $\boldsymbol{p}'_{\mathrm{B}}$ で飛び去ったとする．運動量の変化は t_1 から t_2 までの間の相互作用による．A に B から加えられた力を $\boldsymbol{F}_{\mathrm{AB}}$，力積を $\boldsymbol{I}_{\mathrm{AB}} \equiv \displaystyle\int_{t_1}^{t_2} \boldsymbol{F}_{\mathrm{AB}} dt$ とする．一方，B が A から受ける力積は $\boldsymbol{I}_{\mathrm{BA}} \equiv \displaystyle\int_{t_1}^{t_2} \boldsymbol{F}_{\mathrm{BA}} dt$ とする．作用・反作用の法則 $\boldsymbol{F}_{\mathrm{AB}} = -\boldsymbol{F}_{\mathrm{BA}}$ から $\boldsymbol{I}_{\mathrm{AB}} = -\boldsymbol{I}_{\mathrm{BA}}$ である．すると，「力積は運動量変化に等しい」ことから，

$$\text{A が受けた力積} = \boldsymbol{p}'_{\mathrm{A}} - \boldsymbol{p}_{\mathrm{A}} = -(\boldsymbol{p}'_{\mathrm{B}} - \boldsymbol{p}_{\mathrm{B}}) = -(\text{B が受けた力積})$$

の等式を得る．この等式を整理すると，衝突前後の運動量について，**運動量保存則**

$$\boxed{\boldsymbol{p}_{\mathrm{A}} + \boldsymbol{p}_{\mathrm{B}} = \boldsymbol{p}'_{\mathrm{A}} + \boldsymbol{p}'_{\mathrm{B}}} \tag{2.10}$$

が成り立つ．物体 A の質量と速度を衝突前後でそれぞれ m_{A} と $\boldsymbol{v}_{\mathrm{A}}$，$m'_{\mathrm{A}}$ と $\boldsymbol{v}'_{\mathrm{A}}$ として，物体 B を m_{B} と $\boldsymbol{v}_{\mathrm{B}}$，$m'_{\mathrm{B}}$ と $\boldsymbol{v}'_{\mathrm{B}}$ とすると，運動量保存の関係は次の等式でも表される．

$$m_{\mathrm{A}}\boldsymbol{v}_{\mathrm{A}} + m_{\mathrm{B}}\boldsymbol{v}_{\mathrm{B}} = m'_{\mathrm{A}}\boldsymbol{v}'_{\mathrm{A}} + m'_{\mathrm{B}}\boldsymbol{v}'_{\mathrm{B}} \tag{2.11}$$

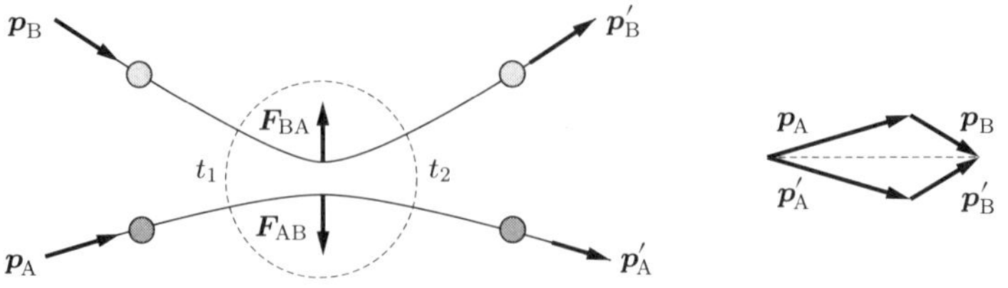

図 2.6 2 体衝突と全運動量保存則

この運動量保存則（運動量保存の法則）は二つ以上の物体間でも成り立つ物理法則で，**外部からの力が加わらないかぎり運動量の総和は不変である**とまとめられる．

このような運動量保存が成り立つ例として，ロケットの運動や雨滴の運動がある．ロケットは燃料を噴射して推進力を得ている．雨滴は空中に浮遊する水蒸気と衝突しながら落下していく．

例題 2.5　燃料を噴射しながら水平に飛んでいるロケットがあるとする．時刻 t での総質量を m，速さを v とする．次の Δt の間に燃料 $|\Delta m|$ が後方に噴射されて，総重量が $m + \Delta m$ $(\Delta m < 0)$ に減少し，速度が $v + \Delta v$ $(\Delta v > 0)$ に増えたとする．燃料噴射はロケットに対して一定の相対速度 V（対地上速度 $= v - V$）とする．ロケットは燃料噴射によって軽くなる $(dm < 0)$ とともに，どれほど速くなる $(dv > 0)$ かを考える．

(a) $mdv + Vdm = 0$ を示せ．

(b) はじめの質量を m_0，速度が $v = v_0$ として，ロケットの速度 v と飛行中の質量 m との関係 $v = v_0 + V\ln(m_0/m)$ を導け．

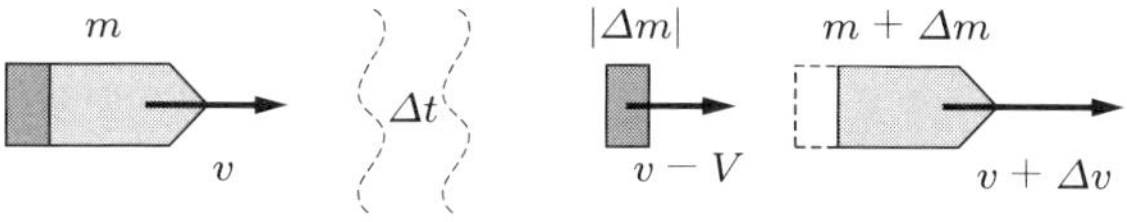

（a）燃料噴射前　　（b）燃料噴射後

図 2.7　質量が変わる運動

解　(a) ロケット本体と噴射燃料が相互に受ける力積は相殺する．ロケットの受けた力積は $I = (m + \Delta m)(v + \Delta v) - mv$，燃料の受けた力積は $I' = (-\Delta m)(v - V) - 0$ である．$I + I' = 0$ の関係から得られる等式 $(m + \Delta m)(v + \Delta v) - mv + (-\Delta m)(v - V) = 0$ を整理する．

別解　燃料噴射前後のロケット本体と噴射燃料の運動量保存が成り立ち，$mv = (m + \Delta m)(v + \Delta v) + (v - V)(-\Delta m)$ となる．二次の微小量 $\Delta m \Delta v$ を無視して，式を整理する．

(b) $mdv + Vdm = 0$，$dv = -V(dm/m)$ の両辺を不定積分して，$v = -V\ln|m| + C$ を得る．ここに，C は積分定数（任意定数）．初期条件を代入して，$C = v_0 + V\ln|m_0|$ を得る．

章末問題

2.1　一直線上を運動する質量 m の質点の速度を $v(t)$ とする．横軸に x，縦軸を運動エネルギー $E = mv^2/2$ として，$E = f(x)$ の曲線を描く．曲線の傾きは力を表すことを示せ．

2.2　全質量 M の気球が加速度 α で下降している．加速度 β で上昇するためには，どれだけの質量を減らす必要があるか．浮力 F は一定として，重力加速度を g とする．

2.3　質量 m の質点が x 軸上を運動する．

(a) 一定の力 F が加わるときの速度は $v^2 = 2(F/m)x$ となる．

(b) 一定の割合で P だけの仕事がなされるとき，質点の速度は $v^3 = 3(P/m)x$ となることを示せ．ただし，$t = 0$ のとき $x = 0$ で $v = 0$ とする．物体が dt の間に dx 進むときの仕事 Fdx は Pdt となることに注意せよ．

2.4　直線上を進む船に速度に比例する抵抗力がはたらくとする．速度 v_0 のときにエンジンを止めた．静止までに進む距離を求めよ．抵抗力を $F = -av$ とせよ．

2.5　質点 A と B の質量を m と M とする．それぞれ v と V の速度で x 軸上を運動していて衝突した．衝突時に A が B から受けた力積を $I = \int F dt$ とする．

(a) 質点 A と B の衝突後の速度 v'，V' を，I を使って表せ．

(b) 質点 A と B の運動量の合計（全運動量 P）は衝突前後で変わらないことを示せ．

(c) 質点 A と B のもつ運動エネルギーの合計は衝突前後で変化する．変化の大きさを I，v，V，μ で表せ．換算質量 μ は $1/\mu = 1/m + 1/M$ で定義される．

(d) 衝突前後で運動エネルギーの総和が変わらないとき，I を m，M，v，V で表せ．

2.6　滑らかなテーブルの上に置かれた長さ ℓ の曲がりやすい一様な鎖が，テーブルの端からすべり落ちる運動を考える（図 2.8）．テーブル端から下方に x_0 だけ垂れ下がった位置から，初速度ゼロで滑り落ちる．垂れ下がった鎖の長さを x とし，問いに答えよ．鎖の線密度（単位長さあたりの質量）を ρ（一定）とする．重力加速度を g として，$\lambda = \sqrt{g/\ell}$ とおく．

(a) テーブル上の鎖がまっすぐ伸びていて滑り落ちるとき（図 (a)），鎖の全長を ℓ として，垂れ下がった長さ x についての運動方程式が $dv/dt = \lambda^2 x$ となることを示せ．

(b) 鎖の落下速度 $v(x)$ が $v^2 = (g/\ell)(x^2 - x_0^2) = \lambda^2(x^2 - x_0^2)$ となることを示せ．

(c) 図 (b) のように，テーブル上端に塊状にたまっていた鎖の一端がテーブル端から落ちていくとき，運動方程式を導け．

(d) 落下速度 $v(x)$ が $v = \sqrt{2gx/3}$ となることを示せ．

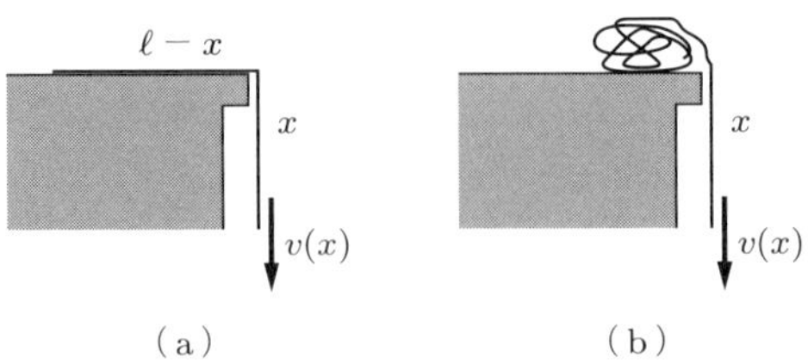

図 2.8　テーブル端から落下する鎖

2.7 雨滴が落下するとき，静止している水滴と合体しながら，単位時間あたりに質量を a（一定）だけ増加させるとする．はじめの質量が m_0，速さゼロのとき，時刻 t での速度 $v(t)$ を求めよ．重力加速度の大きさを g とする．

(a) 質量の時間変化が $m(t) = m_0 + at$ となることを示せ．

(b) 雨滴の運動量保存の式を導け．

(c) 運動方程式から m と v の関係式を導け．

2.8 地表から鉛直上向きに打ち上げたロケットの運動を考える．ロケットは単位時間あたり一定量の燃料を相対速度 V で後方に噴射する．時刻 t におけるロケットの質量を m，速度を v として問いに答えよ．打ち上げ時の初速は $v = v_0$ で，総質量（重量）は $m = m_0$ とする．重力加速度の大きさを g とする．

(a) 燃料噴射によってロケットの質量が減少していく速さは $-dm/dt\ (> 0)$ であるとして，運動方程式を立てよ．

(b) 燃料噴射が $-dm/dt = a$（一定）のとき，ロケットの上昇速さ v を質量の関数 $v(m)$ として求めよ．ただし，初期条件は $t = 0$ で $m = m_0$，$v = 0$ とせよ．

（補）積分公式 $\int dy/(y + C) = \ln|y + C|$

第 3 章 仕事と力学的エネルギー

運動の法則によれば，作用した力は物体の速度に変化を与えている．本章では，力のする仕事だけ物体の運動エネルギーが変化することを学ぶ．さらに，保存力による仕事，ならびに力学的エネルギーの保存則を学ぶ．

3.1 仕事

物体が静かにゆっくりつり合いを保ちながら（準静的に）移動するとき，力の大きさと力の向きに動いた距離の積を，力のする**仕事** (work) という．たとえば，地上にある物体には下向きの重力がはたらいている．それで，物体が高さ h から地上まで準静的に移動するときに重力のする仕事は mgh となる．一方，人が重力に逆らって物体を h だけ準静的に持ち上げるとき，人のする仕事は mgh である．

力 $\boldsymbol{F}$ によって物体が準静的に（つり合いの状態を保ちながらゆっくり）$\Delta \boldsymbol{r}$ 変位したとき，力のする微小仕事 ΔW を考えよう．力と変位の方向が同じであれば，図 3.1(a) のように，微小変位による微小仕事は，

$$\boxed{\Delta W \equiv F\Delta r} \tag{3.1}$$

となる．また，図 3.1(b) のように，力の方向と物体の移動方向が角度 θ だけ異なるときの微小仕事は，

$$\Delta W \equiv \boldsymbol{F}\cdot\Delta\boldsymbol{r} = |\boldsymbol{F}||\Delta\boldsymbol{r}|\cos\theta \tag{3.2}$$

となる．ここに,「·」記号はベクトルの内積である．内積はスカラー積 (scalar product) ともいわれる．図 3.1(b)，(c) に示すように，仕事は「力の大きさ $|\boldsymbol{F}|$ と力の作用した方向への変位量 $\Delta r_{\parallel} = |\Delta\boldsymbol{r}|\cos\theta$ との積」または,「変位の大きさ $|\Delta\boldsymbol{r}|$ と変位方向への力成分 $F_{\parallel} = |\boldsymbol{F}|\cos\theta$ との積」になる．そのため，力と変位の方向が互いに直角のときは $\Delta W = 0$ である．すなわち，**変位に垂直方向の力は仕事をしない**．

次に，点 A から点 B まで決められた経路に沿って物体が移動するとき，力のする仕事 W_{AB} を求めてみよう．図 3.2 のように，点 A と点 B の位置を $\boldsymbol{r}_{\mathrm{A}}$，$\boldsymbol{r}_{\mathrm{B}}$ として，A

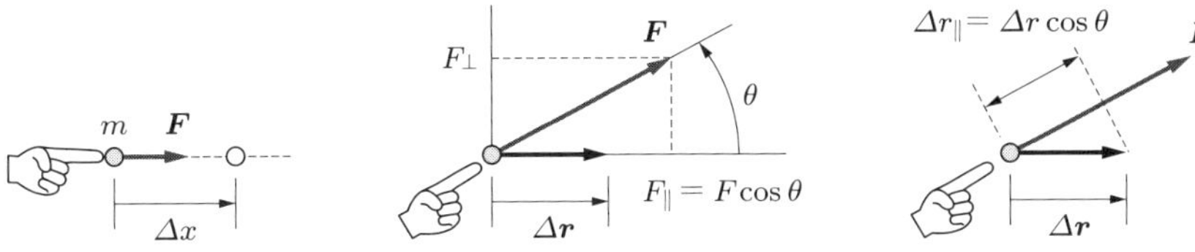

（a） $\Delta W = F\Delta x$　（b） $\Delta W = F_{\parallel}\Delta r$　（c） $\Delta W = F\Delta r_{\parallel}$

図 3.1　微小仕事

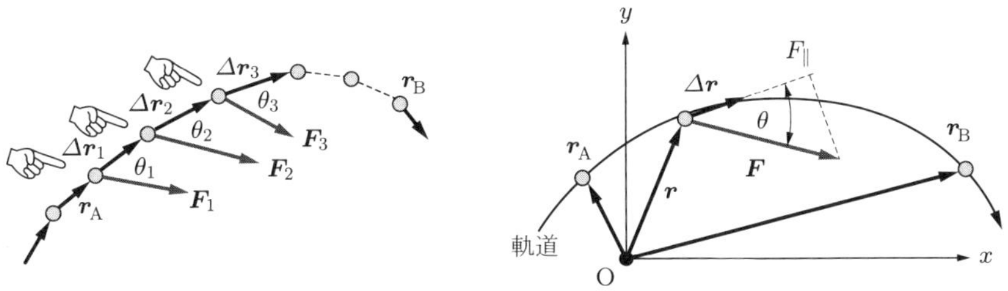

（a） $W_{\mathrm{AB}} = \sum_{i=1}^{n} F_i \Delta r_i \cos\theta$　（b） $W_{\mathrm{AB}} = \int_{\boldsymbol{r}_{\mathrm{A}}}^{\boldsymbol{r}_{\mathrm{B}}} \boldsymbol{F} \cdot d\boldsymbol{r}$

図 3.2　(a) 微小仕事の和，(b) 経路積分

からBまでの経路を n 個の区間に分けて，各区間での微小仕事を合算すれば W_{AB} が得られる．

具体的には，経路上の点を $\boldsymbol{r}_{\mathrm{A}} = \boldsymbol{r}_0$，$\boldsymbol{r}_1$，$\boldsymbol{r}_2, \cdots$，$\boldsymbol{r}_n = \boldsymbol{r}_{\mathrm{B}}$ とする．すると，$\Delta\boldsymbol{r}_i = \boldsymbol{r}_{i+1} - \boldsymbol{r}_i$ は物体の通過した経路に沿う点 i から点 $i+1$ までの微小変位で，力 $\boldsymbol{F}_i$ による微小仕事は $\Delta W_i = \boldsymbol{F}_i \cdot \Delta\boldsymbol{r}_i$ となる．点Aから点Bまでの仕事は

$$W_{\mathrm{AB}} \equiv \sum_{i=1}^{n} \boldsymbol{F}_i \cdot \Delta\boldsymbol{r}_i \tag{3.3}$$

となる．区間数 n を無限に多くとると，各区間の長さ Δr_i は無限小となり，式 (3.3) の和は積分の形

$$\boxed{W_{\mathrm{AB}} \equiv \int_{\boldsymbol{r}_{\mathrm{A}}}^{\boldsymbol{r}_{\mathrm{B}}} \boldsymbol{F}(\boldsymbol{r}) \cdot d\boldsymbol{r} = \int_{\boldsymbol{r}_{\mathrm{A}}}^{\boldsymbol{r}_{\mathrm{B}}} [F_x(\boldsymbol{r})dx + F_y(\boldsymbol{r})dy + F_z(\boldsymbol{r})dz]} \tag{3.4}$$

で表される．ここで，$\boldsymbol{F} = F_x\boldsymbol{e}_x + F_y\boldsymbol{e}_y + F_z\boldsymbol{e}_z$，$d\boldsymbol{r} = dx\,\boldsymbol{e}_x + dy\,\boldsymbol{e}_y + dz\,\boldsymbol{e}_z$ とした．式 (3.4) は，始点 $\boldsymbol{r}_{\mathrm{A}}$ から終点 $\boldsymbol{r}_{\mathrm{B}}$ まで物体の移動した道のりに沿った積分で，**経路積分** (path integral) という．

このように，点Aから点Bへ物体を移動させるときの仕事は物体の経由する道筋（経路）に依存している．そこで，経路が途中で点Sを経由する $\mathrm{A} \to \mathrm{S} \to \mathrm{B}$ のときの仕事を W_{ASB} と書くこととする．例題3.1に示されるように，経路が違う仕事は同じとは限らず $(W_{\mathrm{ASB}} \neq W_{\mathrm{ATB}})$，同じ経路でも行き帰りの仕事が同じとは限らない $(W_{\mathrm{ASB}} \neq W_{\mathrm{BSA}})$．

例題 3.1　力が位置に依存して $\boldsymbol{F}(x,y) = kx^2\boldsymbol{e}_x + Kxy\boldsymbol{e}_y$ で与えられるとき，図3.3に示すように，点Aから点Bまで(a)，(b)，(c)の経路で移動したときの仕事を求め，仕事が経路に依存することを示せ．

(a) W_{ACB}：$\mathrm{A}(0,0) \to \mathrm{C}(a,0) \to \mathrm{B}(a,b)$

(b) W_{ADB}：$\mathrm{A}(0,0) \to \mathrm{D}(0,b) \to \mathrm{B}(a,b)$

(c) W_{AB}　：$\mathrm{A}(0,0) \to$ 直線 $\mathrm{AB} \to \mathrm{B}(a,b)$

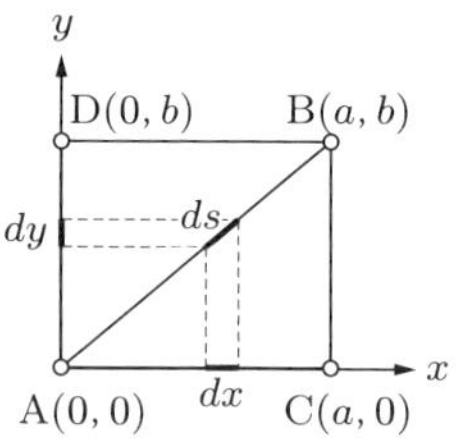

図 3.3　経路積分

解　仕事は

$$W = \int \boldsymbol{F} \cdot d\boldsymbol{r} = \int (kx^2\boldsymbol{e}_x + Kxy\boldsymbol{e}_y) \cdot (dx\boldsymbol{e}_x + dy\boldsymbol{e}_y)$$

である．

(a) AC区間：$\boldsymbol{F} = kx^2\boldsymbol{e}_x$，$d\boldsymbol{r} = dx\boldsymbol{e}_x$ で，$W_{\mathrm{AC}} = \int_0^a kx^2 dx = [(k/3)x^3]_0^a = ka^3/3$．CB区間：$\boldsymbol{F} = ka^2\boldsymbol{e}_x + Kay\boldsymbol{e}_y$，$d\boldsymbol{r} = dy\boldsymbol{e}_y$ で，$W_{\mathrm{CB}} = \int_0^b Kaydy = [(Ka/2)y^2]_0^b = Kab^2/2$．よって $W_{\mathrm{ACB}} = ka^3/3 + Kab^2/2$ となる．

(b) AD区間：$\boldsymbol{F} = 0$，$d\boldsymbol{r} = dy\boldsymbol{e}_y$ で，$W_{\mathrm{AD}} = 0$．DB区間：$\boldsymbol{F} = kx^2\boldsymbol{e}_x + Kbx\boldsymbol{e}_y$，$d\boldsymbol{r} = dx\boldsymbol{e}_x$ で，$W_{\mathrm{DB}} = \int_0^a kx^2 dx = ka^3/3$．よって $W_{\mathrm{ADB}} = ka^3/3$ となる．

(c) 直線ABの式は $y = (b/a)x$，だからAB区間では $dy = (b/a)dx$．そこでは，$\boldsymbol{F} \cdot d\boldsymbol{r} = (kx^2\boldsymbol{e}_x + Kxy\boldsymbol{e}_y) \cdot (dx\boldsymbol{e}_x + dy\boldsymbol{e}_y) = kx^2dx + Kxydy = kx^2dx + K(b/a)^2x^2dx$．この式を $x = 0$ から $x = a$ まで積分して $W_{\mathrm{AB}} = (ka^3 + Kab^2)/3$ となる．

3.2　運動エネルギーと仕事

物体に力 $\boldsymbol{F}$ がはたらくと物体は $md\boldsymbol{v}/dt = \boldsymbol{F}$ に従って加速される．この物体が t_{A} から t_{B} の間に $\boldsymbol{r}_{\mathrm{A}}$ から $\boldsymbol{r}_{\mathrm{B}}$ に移動すると，**運動量は力積だけ変化して**，$\boldsymbol{p}_{\mathrm{B}} - \boldsymbol{p}_{\mathrm{A}} = \int_{t_{\mathrm{A}}}^{t_{\mathrm{B}}} \boldsymbol{F}dt$ となることを第2章で学んだ．

ここでは，**運動エネルギーは力のした仕事だけ変化する**ことを学ぶ．すなわち，質量 m の物体の**運動エネルギー** (kinetic energy) を

$$\boxed{K = \frac{p^2}{2m} = \frac{1}{2}mv^2} \tag{3.5}$$

と定義したとき，

$$\boxed{\frac{p_{\rm B}^2}{2m} - \frac{p_{\rm A}^2}{2m} = \int_{\boldsymbol{r}_{\rm A}}^{\boldsymbol{r}_{\rm B}} \boldsymbol{F} \cdot d\boldsymbol{r} = W_{\rm AB}} \tag{3.6}$$

が成り立つ．ここに，右辺 $W_{\rm AB}$ は物体が A（始点）から B（終点）まで移動する経路に沿った積分で，物体に作用する力 $\boldsymbol{F}$ のした仕事（図 3.2(b) 参照）である．左辺は点 A（始点）と点 B（終点）での運動エネルギー差である．

式 (3.6) の関係は次のようにして導かれる．

物体は運動方程式 $\boldsymbol{F} = md\boldsymbol{v}/dt$ に従って $\boldsymbol{r}_{\rm A}(t_{\rm A})$ から $\boldsymbol{r}_{\rm B}(t_{\rm B})$ まで運動する．それで，$d\boldsymbol{r} = \boldsymbol{v}dt$ であることを念頭におくと，

$$\int_{\boldsymbol{r}_{\rm A}}^{\boldsymbol{r}_{\rm B}} \boldsymbol{F} \cdot d\boldsymbol{r} = \int_{t_{\rm A}}^{t_{\rm B}} \left(m\frac{d\boldsymbol{v}}{dt} \right) \cdot \boldsymbol{v}dt$$

が成り立つ．右辺を $(1/2)(d\boldsymbol{v}^2/dt) = \boldsymbol{v} \cdot d\boldsymbol{v}/dt$ の関係で書き直すと

$$\int_{\boldsymbol{r}_{\rm A}}^{\boldsymbol{r}_{\rm B}} \boldsymbol{F} \cdot d\boldsymbol{r} = \int_{t_{\rm A}}^{t_{\rm B}} \frac{d}{dt} \left(\frac{m\boldsymbol{v}^2}{2} \right) dt$$

と表せる．左辺は仕事 $W_{\rm AB}$ に等しい．右辺の積分を実行すれば，$mv_{\rm B}^2/2 - mv_{\rm A}^2/2$ となる．したがって，物体が点 A から点 B へ運動するときの運動エネルギーは，その間に力のした仕事だけ増加すること，式 (3.6) が示された．

一次元（x 方向）の運動で式 (3.6) の関係を確かめてみる．はじめに，運動方程式 $F = m(dv/dt)$ の両辺に $dx = vdt$ をかけて $x(t_{\rm A})$ から $x(t_{\rm B})$ まで積分すると，

$$\int_{x_{\rm A}}^{x_{\rm B}} Fdx = \int_{t_{\rm A}}^{t_{\rm B}} m \left(\frac{d}{dt}v \right) vdt$$

右辺を $mv(dv/dt) = d(mv^2/2)/dt$ の関係から書き直すと，

$$\int_{x_{\rm A}}^{x_{\rm B}} Fdx = \int_{t_{\rm A}}^{t_{\rm B}} \frac{d}{dt} \left(\frac{mv^2}{2} \right) dt$$

となる．$x(t_{\rm A})$ と $x(t_{\rm B})$ での速度を $v_{\rm A}$，$v_{\rm B}$ とすると，「運動エネルギーの変化は力のした仕事に等しい」ことを示す次式を得る．

$$W_{AB} = \int_{x_A}^{x_B} F dx = \frac{1}{2} m v_B^2 - \frac{1}{2} m v_A^2 = K_B - K_A$$

3.3 保存力場と位置エネルギー

■ 保存力

一般には，3.1 節で述べたように，物体が準静的に移動するときに力がする仕事は経路によっている．力のなかに**保存力** (conservative force) とよばれる力がある．万有引力やクーロン力は保存力の代表例である．重力や万有引力あるいはクーロン力は「場の力」である．これらの保存力を受けて物体が運動するとき，物体にはたらく力は場所によって定まっていて，保存力がする仕事は物体の移動する経路によらないで，始点と終点の位置だけで決まってしまう†.

これから，「保存力」あるいは「仕事が経路によらない力」について考えてみよう．

はじめに，物体にはたらく力は，場所ごとに定められているとする．この力を $\boldsymbol{F}(\boldsymbol{r})$ とする．すると，この力によって物体が点 A から点 C まで移動したときの仕事 $W_{AC} = \int_{AC} \boldsymbol{F} \cdot d\boldsymbol{r}$ は，A から C へ行く途中の経路が決まれば求められる（3.1 節）．この仕事 W_{AC} が経路の選び方によって変わらないとき，この力 $\boldsymbol{F}(\boldsymbol{r})$ を保存力という．

すなわち，図 3.4(a) のように，保存力 $\boldsymbol{F}(\boldsymbol{r})$ によって始点 A から終点 C までを A → B → C で移動したときの仕事を W_{ABC}，経路 A → D → C での仕事を W_{ADC} とするとき，それらは同じ大きさで $W_{ABC} = W_{ADC}$ $(= W_{AC})$ となる．このように，保存力による仕事は経路途中の点（B や D）の選び方によらないので，「保存力による仕事は始点 A と終点 C の位置で決められている」といえる．

次に，「始点から終点まで 1 周するとき，保存力は仕事をしない」ことを説明する．

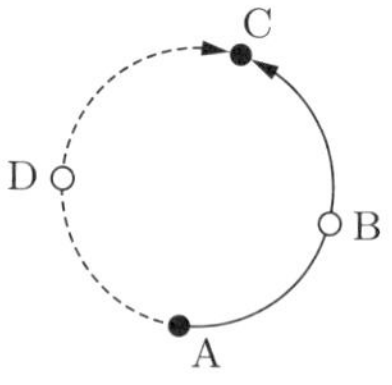

（a）W_{ABC} と W_{ADC}

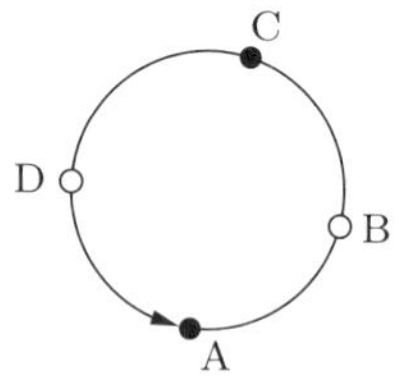

（b）W_{ABCDA}

図 3.4　経路と仕事

† 場の力とは，場所（位置）によって力が決まっている力のことをさす．場の力のなかには保存力でない力（非保存力）もある．たとえば，図 3.5(b) の渦の力はその一例である．摩擦力や抵抗力は，物体の速度や質量などにも依存するので，保存力ではない．

物体にはたらく力が場所ごとで定まった $\boldsymbol{F}(\boldsymbol{r})$ であるので，経路を逆向きにすると仕事は正負が逆転する．A から D を経て C に行く経路 A → D → C について式で確かめると，

$$W_{\mathrm{ADC}} = \int_{\mathrm{A}\to\mathrm{D}\to\mathrm{C}} \boldsymbol{F}\cdot d\boldsymbol{r} = -\int_{\mathrm{C}\to\mathrm{D}\to\mathrm{A}} \boldsymbol{F}\cdot d\boldsymbol{r} = -W_{\mathrm{CDA}}$$

となる．これと $W_{\mathrm{ABC}} = W_{\mathrm{ADC}}$ の関係式から，$W_{\mathrm{ABC}} = -W_{\mathrm{CDA}}$ となり，$W_{\mathrm{ABC}} + W_{\mathrm{CDA}} = 0$ という結果が得られる．ここで，仕事 $W_{\mathrm{ABC}} + W_{\mathrm{CDA}}$ は A → B → C → D → A の閉曲線を 1 周する経路での仕事 W_{ABCDA} である（図 3.4(b)）．式で確かめると，

$$\int_{\mathrm{A}\to\mathrm{B}\to\mathrm{C}} \boldsymbol{F}\cdot d\boldsymbol{r} + \int_{\mathrm{C}\to\mathrm{D}\to\mathrm{A}} \boldsymbol{F}\cdot d\boldsymbol{r} = \int_{\mathrm{A}\to\mathrm{B}\to\mathrm{C}\to\mathrm{D}\to\mathrm{A}} \boldsymbol{F}\cdot d\boldsymbol{r}$$

となる．閉曲線を 1 周する積分記号を「$\oint$」とすると，任意の周回経路で

$$\boxed{W_{\text{周回}} = \oint \boldsymbol{F}\cdot d\boldsymbol{r} = 0} \tag{3.7}$$

となる．

最後に，位置 $\boldsymbol{r}$ に依存した力 $\boldsymbol{F}(\boldsymbol{r})$ が保存力である必要十分な条件をまとめると，

1. **仕事が途中の経路によらずに始点と終点で定まる**

あるいは

2. **任意の閉曲線に沿って 1 周するとき仕事はゼロである**

となる．さらに，

3. **空間の各点で** $\mathrm{rot}\,\boldsymbol{F}(\boldsymbol{r}) = 0$

もある．ここに，$\mathrm{rot}\,\boldsymbol{F}(\boldsymbol{r})$ は，ベクトル $\boldsymbol{F}$ の回転（ローテーション）で，

$$\mathrm{rot}\,\boldsymbol{F}(\boldsymbol{r}) \equiv \left(\frac{\partial F_z}{\partial y} - \frac{\partial F_y}{\partial z}\right)\boldsymbol{e}_x + \left(\frac{\partial F_x}{\partial z} - \frac{\partial F_z}{\partial x}\right)\boldsymbol{e}_y + \left(\frac{\partial F_y}{\partial x} - \frac{\partial F_x}{\partial y}\right)\boldsymbol{e}_z \tag{3.8}$$

と定義されている（付録 A.3 節「ストークスの定理」を参照）．この条件 3 は，条件 2 からベクトル解析で導かれる（章末問題 3.3 を参照）．

例題 3.2 図 3.5(a)，(b) に示す力について，(i)，(ii) を確かめよ．

(i) 中心力 $\boldsymbol{F} = -kx\boldsymbol{e}_x - ky\boldsymbol{e}_y$ は保存力である．

(ii) 渦の力 $\boldsymbol{F} = -ky\boldsymbol{e}_x + kx\boldsymbol{e}_y$ は非保存力である．

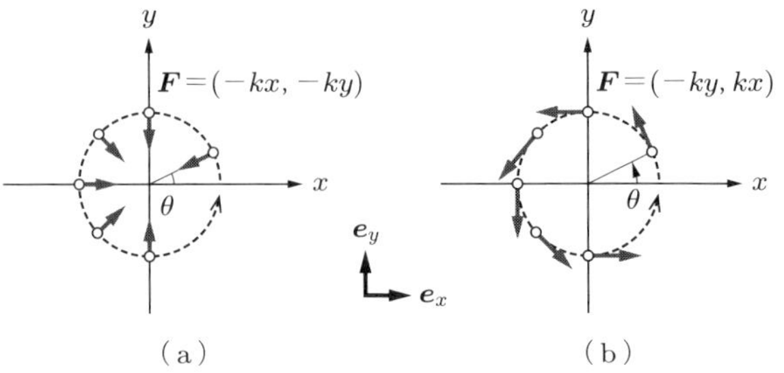

図 3.5 (a) 中心力（保存力），(b) 渦の力（非保存力）

解 (i)「どのような閉じた経路でも周回積分がゼロ」を示す．円周上の1点から出発して元に戻る経路では，円周方向への移動と半径方向への移動を交互に繰り返す．それぞれの移動について仕事を求める．図 (a) の中心力は $\boldsymbol{F} = -k\boldsymbol{r}$ と書ける．まず，原点 O を中心とする円周方向に1周するときの仕事 $W_{円弧}$ を求める．そのとき円弧と直交している力 $\boldsymbol{F}$ は仕事をしないことはすぐわかる．円弧に沿った微小変位は $d\boldsymbol{r}_{円弧} = -dy\boldsymbol{e}_x + dx\boldsymbol{e}_y$ で，

$$W_{円弧} = \oint_{円周} \boldsymbol{F}_{中心力} \cdot d\boldsymbol{r}_{円弧} = 0$$

となる．一方，異なる半径の2点間を $r = a$ の点から $r = b$ の点まで移動する仕事を $W_{半径}$ とすると，半径方向の微小変位は $d\boldsymbol{r}_{半径方向} = dx\boldsymbol{e}_x + dy\boldsymbol{e}_y$ で，

$$\begin{aligned} W_{半径} &= \int_a^b \boldsymbol{F}_{中心力} \cdot d\boldsymbol{r}_{半径方向} = \int_{r=a}^{r=b} -k(x\boldsymbol{e}_x + y\boldsymbol{e}_y) \cdot (dx\boldsymbol{e}_x + dy\boldsymbol{e}_y) \\ &= -\int_{r=a}^{r=b} k(xdx + ydy) = -k\int_{r=a}^{r=b} d(x^2 + y^2) = -k\int_{r=a}^{r=b} d(r^2) \\ &= k(a^2 - b^2) \end{aligned}$$

となる．閉じた経路では $a = b$ となるので，$W_{半径} = 0$ となる．以上から，中心力による仕事 $W_{円弧} + W_{半径}$ は任意の閉じた経路でゼロとなる．

別解 $\mathrm{rot}\,\boldsymbol{F} = 0$ を調べる．$\mathrm{rot}\,\boldsymbol{F}$ の z 成分は

$$\frac{\partial F_y}{\partial x} - \frac{\partial F_x}{\partial y} = \frac{\partial(-ky)}{\partial x} - \frac{\partial(-kx)}{\partial y} = 0$$

で，同様に x，y 成分もゼロとなる．結果，$\mathrm{rot}\,\boldsymbol{F} = 0$ が成り立ち，保存力である．

(ii)「閉じた経路の周回積分がゼロとならない」ことを示す．図 3.5(b) を参照する．半径 a の円周を移動したときの仕事を求めてみる．円周上の点 $\boldsymbol{r}(x, y)$ は $x = a\cos\theta$，$y = a\sin\theta$．移動する回転角度を $d\theta$ とする．$dx = -a\sin\theta\,d\theta$，$dy = a\cos\theta\,d\theta$ である．半径 a の円弧上を微小角度移動する微小仕事 dW は

$$\begin{aligned} dW &= \boldsymbol{F} \cdot d\boldsymbol{r} = k(-y\boldsymbol{e}_x + x\boldsymbol{e}_y) \cdot (dx\boldsymbol{e}_x + dy\boldsymbol{e}_y) \\ &= k(-ydx + xdy) = ka^2(\sin^2\theta + \cos^2\theta)d\theta = ka^2 d\theta \end{aligned}$$

となる．半径 a の円を 1 周する経路では，θ が 2π 変わるので，

$$W = \int_0^{2\pi} ka^2 d\theta = 2k(\pi a^2) = 2k \times (\text{閉じた経路が囲む面積})$$

となる．

別解　$\mathrm{rot}\,\boldsymbol{F} \neq 0$ を調べる．$\mathrm{rot}\,\boldsymbol{F}$ の z 成分は

$$\frac{\partial F_y}{\partial x} - \frac{\partial F_x}{\partial y} = \frac{\partial(kx)}{\partial x} - \frac{\partial(-ky)}{\partial y} = k + k = 2k \qquad (\text{渦の強さ})$$

と，ゼロにならない．

■ 位置エネルギー

保存力のはたらく空間では，物体にされる仕事は始点と終点の位置だけで定められる．そういう空間を**保存力場** (conservative force field) という．そして，この保存力場では，空間の各点ごとに**位置エネルギー** (potential energy) が定められていると考えて，**物体が始点から終点に移動するときに保存力がする仕事は位置エネルギーの差に等しい**と考える．

具体的には，位置エネルギーを $V(\boldsymbol{r})$ とする．点 A の位置エネルギーは $V_{\mathrm{A}} = V(\boldsymbol{r}_{\mathrm{A}})$，点 B は $V_{\mathrm{B}} = V(\boldsymbol{r}_{\mathrm{B}})$ となる．そのとき物体を A から B へ移動させる保存力 $\boldsymbol{F}(\boldsymbol{r})$ の仕事 W_{AB} が位置エネルギーの差と等しくなる．式で書くと，

$$\boxed{V(\boldsymbol{r}_{\mathrm{A}}) - V(\boldsymbol{r}_{\mathrm{B}}) = \int_{\boldsymbol{r}_{\mathrm{A}}}^{\boldsymbol{r}_{\mathrm{B}}} \boldsymbol{F}(\boldsymbol{r}) \cdot d\boldsymbol{r} \quad (= W_{\mathrm{AB}})} \tag{3.9}$$

となる．ここに，保存力 $\boldsymbol{F}(\boldsymbol{r})$ による仕事 W_{AB} は，式 (3.4) から再記した．

例題 3.3　位置エネルギー $V(\boldsymbol{r})$ には定数を加えてもよいことを確かめよ．

解　定数を c として，$\phi(\boldsymbol{r}) = V(\boldsymbol{r}) + c$ とする．このとき，$\phi(\boldsymbol{r}_{\mathrm{A}}) - \phi(\boldsymbol{r}_{\mathrm{B}}) = V(\boldsymbol{r}_{\mathrm{A}}) - V(\boldsymbol{r}_{\mathrm{B}})$ である．そのため，$\phi(\boldsymbol{r})$ と $V(\boldsymbol{r})$ は同じ保存力 $\boldsymbol{F}(\boldsymbol{r})$ を与える．したがって，位置エネルギーは定数だけ不定で，任意に定数を定めてよい．

例題 3.4　一次元の運動で，保存力場を (a) $F(x) = -kx$，(b) $F(x) = -k/x^2$ とする．位置エネルギー $V(x)$ を求めよ．

解　一次元だから，式 (3.9) は $\boldsymbol{r}_{\mathrm{A}}$ を x とおいて $V(x) - V(x_{\mathrm{B}}) = \int_x^{x_{\mathrm{B}}} F(x)dx$ と書ける．

(a) $V(x) - V(x_{\mathrm{B}}) = kx^2/2 - kx_{\mathrm{B}}^2/2$ である．$x_{\mathrm{B}} = 0$ とすれば $V(x) - V(0) = kx^2/2$ となる．位置エネルギーは不定定数を適当に定めてよい．$x = 0$ の位置エネルギーを $V(0) = 0$ とする．$V(x) = kx^2/2$ となる．

(b) $V(x) - V(x_B) = +k/x_B - k/x$. $x_B \to \infty$ のとき $k/x_B \to 0$ だから，$V(x) - V(\infty) = -k/x$ となる．ここで $V(\infty) = 0$ を選択すると，$V(x) = -k/x$ となる．

例題 3.5　次の保存力場の位置エネルギー $V(\boldsymbol{r})$ を求めよ．

(a) 距離に比例する中心力 $\boldsymbol{F}(\boldsymbol{r}) = -k\boldsymbol{r}$

(b) 距離の 2 乗に反比例 ($\propto r^{-2}$) する中心力 $\boldsymbol{F}(\boldsymbol{r}) = -k\boldsymbol{r}/r^3$

解　$\boldsymbol{r} = x\boldsymbol{e}_x + y\boldsymbol{e}_y + z\boldsymbol{e}_z$ とする．力は球対称であるから $\boldsymbol{r}$ を半径方向に選ぶ．

(a) $r_0 = 0$，$V(0) = 0$ とすると，$V(r) = -\displaystyle\int_0^r (-kr)dr = kr^2/2$

(b) $V(r = \infty) = 0$ とすると，$V(r) = -\displaystyle\int_\infty^r (-k/r^2)dr = -k/r$

■ 等ポテンシャルエネルギー面と等ポテンシャルエネルギー線

位置エネルギー $V(x, y, z)$ は空間の各点 $\boldsymbol{r}(x, y, z)$ で値をもつ．$V(x, y, z) = a$（= 定数）となる点 $\{x, y, z\}$ は面を構成する．この面を**等ポテンシャルエネルギー面** (equipotential surface) とよぶ．定数 a の値ごとに，等ポテンシャルエネルギー面が一つ対応する．異なる等ポテンシャルエネルギー面は互いに交差したり接したりしない．平面上の運動では，位置エネルギーは $V(x, y)$ と表される．そのとき，$V(x, y) = a$（= 定数）となる点 $\{x, y\}$ の集まりは，等ポテンシャルエネルギー線を描く．

図 3.6 には，それぞれ距離に比例する中心力 $\boldsymbol{F} = -k\boldsymbol{r}$ の代表例である二次元ばねと，距離の 2 乗に反比例する中心力 $\boldsymbol{F} = -(k/r^2)(\boldsymbol{r}/r)$ の代表例である万有引力のそれぞれについて，位置エネルギー $V(x, y) = kr^2/2$ と $V(x, y) = -k/r$ を示した．図の xy 面に位置を，縦軸に $V(x, y)$ をプロットしている．図 3.7 には，$V(x, y) = a(x^2 + y^2) + b/\sqrt{x^2 + y^2}$ を縦軸にプロットしている．縦軸に垂直な平面（複数個）と $V(x, y)$ の交線が等ポテンシャルエネルギー線（複数個）である．

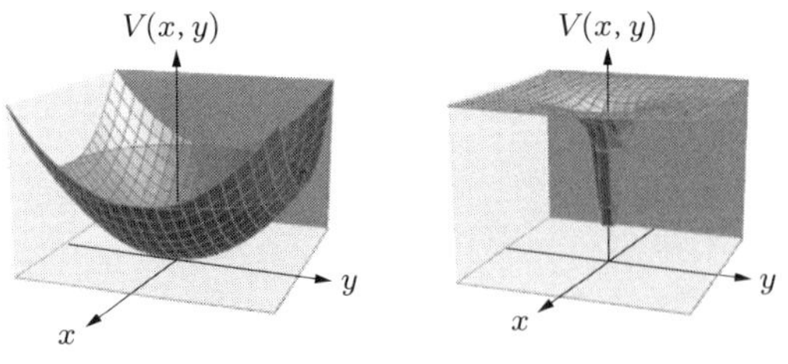

（a）二次元ばね　　（b）万有引力

図 3.6　位置エネルギーの $V(x, y)$ の表示例

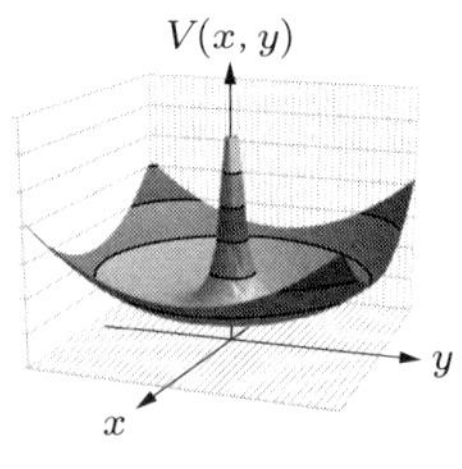

$V(x, y) = a(x^2 + y^2) + b/\sqrt{(x^2 + y^2)}$

図 3.7　等ポテンシャルエネルギー線

■ 位置エネルギーの勾配と保存力

さて，位置エネルギーと保存力の関係を，数学的に整理した形に与えよう．式 (3.9) で，点 A と点 B は x 軸上でごく接近した位置にあって，それぞれ x と $x+\Delta x$ とする．そのとき位置エネルギー差は $V(\boldsymbol{r}_\mathrm{A}) - V(\boldsymbol{r}_\mathrm{B}) = V(x,0,0) - V(x+\Delta x,0,0)$ となる．x 軸上を移動するときの仕事 W_AB は力の x 成分 F_x だけが寄与するので，$\boldsymbol{F}\cdot d\boldsymbol{r} = F_x dx$ であることに注意すれば，仕事と位置エネルギーの関係式 (3.9) は

$$\int_x^{x+\Delta x} F_x dx = V(x,0,0) - V(x+\Delta x,0,0) \tag{3.10}$$

となる．この関係は，さらに右辺にテイラー展開式

$$V(x+\Delta x,0,0) = V(x,0,0) + \frac{\partial V}{\partial x}\Delta x + \frac{1}{2}\frac{\partial^2 V}{\partial x^2}(\Delta x)^2 + \cdots$$

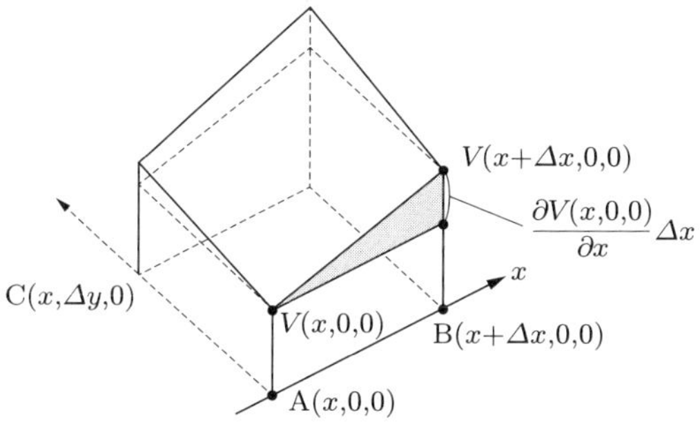

図 3.8 位置エネルギー $V(\boldsymbol{r})$ の勾配（傾き）

を用いると，Δx がゼロに近づく極限では

$$F_x \Delta x = -\frac{\partial V}{\partial x}\Delta x$$

となるので，位置 $(x,0,0)$ にある物体にはたらく x 方向の力 $F_x(x,0,0)$ は，最終的に

$$F_x(x,0,0) = -\frac{\partial V(x,0,0)}{\partial x}$$

で与えられることがわかる．このことを踏まえると，位置 (x,y,z) から x 方向に Δx 離れた位置 $(x+\Delta x,y,z)$ に移動する仕事

$$\int_x^{x+\Delta x} F_x(x,y,z)dx = V(x,y,z) - V(x+\Delta x,y,z)$$

から，位置 (x, y, z) にある物体にはたらく力 $F_x(\boldsymbol{r})$ は，$V = V(x, y, z)$ として，

$$F_x(\boldsymbol{r}) = -\frac{\partial V}{\partial x}$$

と与えられる．同様にして，位置 $\boldsymbol{r}$ にある物体にはたらく力 $\boldsymbol{F}$ の y 方向成分，z 方向成分は

$$F_y(\boldsymbol{r}) = -\frac{\partial V}{\partial y}, \qquad F_z(\boldsymbol{r}) = -\frac{\partial V}{\partial z}$$

で与えられることがわかる．得られた結果すべてを整理すると，保存力と位置エネルギーの関係

$$\boldsymbol{F}(\boldsymbol{r}) = F_x\boldsymbol{e}_x + F_y\boldsymbol{e}_y + F_z\boldsymbol{e}_z = -\frac{\partial V}{\partial x}\boldsymbol{e}_x - \frac{\partial V}{\partial y}\boldsymbol{e}_y - \frac{\partial V}{\partial z}\boldsymbol{e}_z \tag{3.11}$$

を得る．ここに，位置エネルギー $V(\boldsymbol{r})$ の勾配 (gradient) は

$$\mathrm{grad}\, V(\boldsymbol{r}) = \frac{\partial V}{\partial x}\boldsymbol{e}_x + \frac{\partial V}{\partial y}\boldsymbol{e}_y + \frac{\partial V}{\partial z}\boldsymbol{e}_z$$

と表されるので（付録を参照），保存力 $\boldsymbol{F}$ は

$$\boxed{\boldsymbol{F}(\boldsymbol{r}) = -\,\mathrm{grad}\, V(\boldsymbol{r})} \tag{3.12}$$

と与えられる．

このように，力 $F(\boldsymbol{r})$ は位置エネルギー $V(\boldsymbol{r})$ の傾きで定められる．このように $\boldsymbol{F}$ を定めると，$\mathrm{rot}(\mathrm{grad}\, V) = 0$ が常に成立することから（章末問題 3.3 を参照），「$\boldsymbol{F}(\boldsymbol{r})$ は保存力の条件である $\mathrm{rot}\, \boldsymbol{F} = 0$ を必ず満たす」こととなる．

例題 3.6 図 3.9 は $x = -a$ と $x = +a$ の 2 点に置かれた (+) と (−) 電荷による電場 $V(x, y) = +1/\sqrt{(x+a)^2 + y^2} - 1/\sqrt{(x-a)^2 + y^2}$ の等ポテンシャルエネルギー面 $V(x, y)$ を描いている．$y = 0$ の線上で x 方向の力成分 F_x を x の関数として求めよ．

（注）図中の矢印は $\boldsymbol{F}$ を示す．等ポテンシャルエネルギー線の間隔が狭い（密な）場所ほど F が大きい．

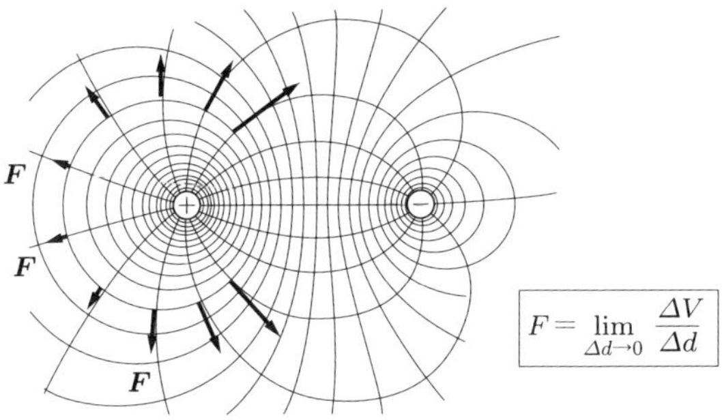

図 3.9　等ポテンシャルエネルギー面と面に垂直な場の力

解

$$F_x = -\left[\frac{\partial V}{\partial x}\right]_{y=0} = \left[\frac{(x+a)}{((x+a)^2+y^2)^{3/2}} - \frac{(x-a)}{((x-a)^2+y^2)^{3/2}}\right]_{y=0}$$
$$= \frac{1}{(a+x)^{3/2}} + \frac{1}{(a-x)^{3/2}}$$

例題 3.7　$\boldsymbol{F} \equiv -\mathrm{grad}\, V$ であるとき，**保存力は等ポテンシャルエネルギー面に対して常に垂直である**ことを示せ．

解　微小変位 $\boldsymbol{\Delta r}$ に対して，必ず

$$-\mathrm{grad}\, V(\boldsymbol{r}) \cdot \boldsymbol{\Delta r} = V(\boldsymbol{r}) - V(\boldsymbol{r} + \boldsymbol{\Delta r})$$

が成り立っている．いま，一つの等ポテンシャルエネルギー面上にある位置 $\boldsymbol{r}$ に注目して，そこからその等ポテンシャルエネルギー面に沿って $\boldsymbol{\Delta r}_{\parallel}$ 移動したとする．その移動では $V(\boldsymbol{r}) - V(\boldsymbol{r} + \boldsymbol{\Delta r}_{\parallel}) = 0$ である．すなわち

$$-\mathrm{grad}\, V(\boldsymbol{r}) \cdot \boldsymbol{\Delta r}_{\parallel} = V(\boldsymbol{r}) - V(\boldsymbol{r} + \boldsymbol{\Delta r}_{\parallel}) = 0$$

この式は，ベクトル $\boldsymbol{F}(\boldsymbol{r}) = -\mathrm{grad}\, V$ が等ポテンシャルエネルギー面に沿った変位 $\boldsymbol{\Delta r}_{\parallel}$ と垂直であることを示している．

3.4　力学的エネルギーの保存則

保存力によって物体が運動するとき，運動エネルギーと位置エネルギーの和で与えられる**力学的エネルギー** (mechanical energy) は一定に保たれる．この力学的エネルギー保存則は，重力による物体の落下運動や惑星の公転，あるいは電場内で電荷が運動する場合に成り立つことがわかっている．ここでは，保存力場では力学的エネルギー保存則が常に成り立つことを確かめよう．

物体が位置 $\boldsymbol{r}$ を通過するときの速度を $\boldsymbol{v}(\boldsymbol{r})$，運動エネルギーを $K = mv^2/2$，保存力場の位置エネルギーを $V(\boldsymbol{r})$ とする．力学的エネルギー E を

$$E = \frac{1}{2}mv(\boldsymbol{r})^2 + V(\boldsymbol{r}) \qquad \text{あるいは} \qquad E = \frac{p(\boldsymbol{r})^2}{2m} + V(\boldsymbol{r})$$

と定義する．保存力場の2点A，Bを移動する物体では「運動エネルギーの変化は力のした仕事に等しい（3.2節）」また，「点A，Bの位置エネルギーの差は保存力のする仕事に等しい（3.3節）」．これらの関係を式で表すと，

$$\frac{1}{2}m\boldsymbol{v}_{\mathrm{B}}^2 - \frac{1}{2}m\boldsymbol{v}_{\mathrm{A}}^2 = W_{\mathrm{AB}}, \qquad W_{\mathrm{AB}} = V(\boldsymbol{r}_{\mathrm{A}}) - V(\boldsymbol{r}_{\mathrm{B}})$$

となる．両式の両辺を加えて仕事 W_{AB} を消去すれば，力学的エネルギー保存則

$$\boxed{\frac{1}{2}m\boldsymbol{v}_{\mathrm{A}}^2 + V(\boldsymbol{r}_{\mathrm{A}}) = \frac{1}{2}m\boldsymbol{v}_{\mathrm{B}}^2 + V(\boldsymbol{r}_{\mathrm{B}})} \tag{3.13}$$

が導かれる．この等式は点Aと点Bで物体の力学的エネルギーが同じであることを示す．したがって，保存力場を運動する物体では力学的エネルギー E が位置によらずに一定であるという**力学的エネルギー保存則**が示された．

例題 3.8　図3.10は位置エネルギー $V(r)$ を模式的に示している．力学的エネルギー E が図に示す値のとき，物体の運動がシャドーをした領域に限られる．つまり，物体は r_{A} と r_{B} の間で運動し，近くにも遠方にもいけないことを示せ．

解　エネルギー保存則から，$E = p(r_{\mathrm{A}})^2/2m + V(r_{\mathrm{A}}) = p(r_{\mathrm{B}})^2/2m + V(r_{\mathrm{B}})$ となる．ここから，$p_{\mathrm{A}} = \sqrt{2m(E - V(r_{\mathrm{A}}))}$ である．よって，$r < r_{\mathrm{A}}$ では $E - V(r_{\mathrm{A}}) < 0$ で，運動量は虚数で，物体は入り込めない．

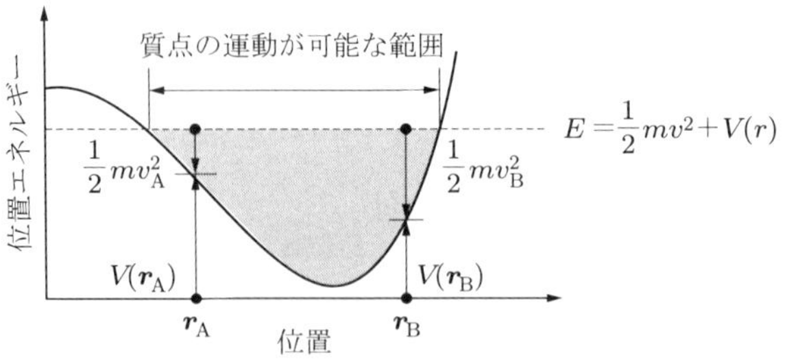

図3.10　力学的エネルギーの保存則

保存力の仲間に入らない力も多くある．粗い床面を移動する際の摩擦力や，空中や水中を移動する際の抵抗力などがある．物体の運動エネルギーは，摩擦熱やジュール

熱などの熱エネルギーに消費されて，徐々に失われてしまう．ただし，熱エネルギーを受けとった側も含めた大きな系全体では，個々のエネルギーの授受が相殺されて，エネルギー保存則は広く成り立つと考えられている．

章末問題

3.1 重力，ばねの力，万有引力の位置エネルギー $V(\boldsymbol{r})$ を，それぞれ (a) $V(x,y,z)=mgz$，(b) $V(x,y,z)=kr^2/2$，(c) $V(r)=-GMm/r$ $(r=\sqrt{x^2+y^2+z^2})$ とする．各場合について，保存力 $\boldsymbol{F}(\boldsymbol{r})=-\operatorname{grad}V(\boldsymbol{r})$ を求めよ．重力加速度を g，ばね定数を k，万有引力定数を G とし，m，M は質量とする．

3.2 打ち上げ花火の運動を考えよう．地上から打ち上げられたのち，瞬間的に爆発して 1 点から多数の花火粒が飛び散る．(a) それらの粒々は球面状に広がることを示し，(b) 各粒の重さが燃焼中に変わらないとすれば，力学的エネルギーは $M(v_0^2/2-gh+V^2/2)$ と変化することを示せ．ただし，g は重力加速度，h は地上からの高さ，v_0 は爆発時の各花火粉の初速で M は花火の総質量，また V は打ち上げ時の初速度である．

3.3 位置だけに依存するスカラー関数を $V(\boldsymbol{r})$ とし，物体に作用する保存力 $\boldsymbol{F}$ が勾配 $-\operatorname{grad}V(\boldsymbol{r})$ で与えられるとき，常に $\operatorname{rot}\boldsymbol{F}=0$ となることを示せ．

3.4 位置エネルギーが $V(x)=V_0[1/2+(1/\pi)\arctan(x/\lambda)]$ で与えられる空間がある（y，z 方向には一様）．この位置エネルギーは，図 3.11(a) のように，ある $x=0$ の平面を境にして変化している．

(a) この位置エネルギーによる力 $\boldsymbol{F}(F_x,F_y,F_z)$ を求めよ．次に，λ の変化に対して $F_x(x)/V_0$ が図 3.11(b) となることを確認せよ．

(b) 質量 m の粒子が無限遠 $(x=-\infty)$ から飛来して無限遠 $(x=+\infty)$ に飛び去る．いま $x=-\infty$ での運動エネルギーが E $(E>V_0)$ のとき，位置 x での速度 $v(x)$ を求め，さらに速度比 $v(\infty)/v(-\infty)$ を求めよ．

(c) $E<V_0$ の場合，入射粒子は境界壁で反射する．$E=V_0/2$ では，$x=0$ で反射する．$V_0/2<E<V_0$ の場合，入射粒子は $x>0$ の領域に侵入してから戻ってくる．

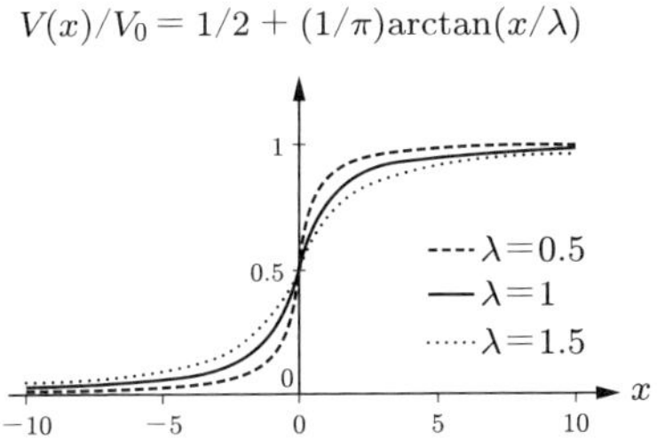

(a)

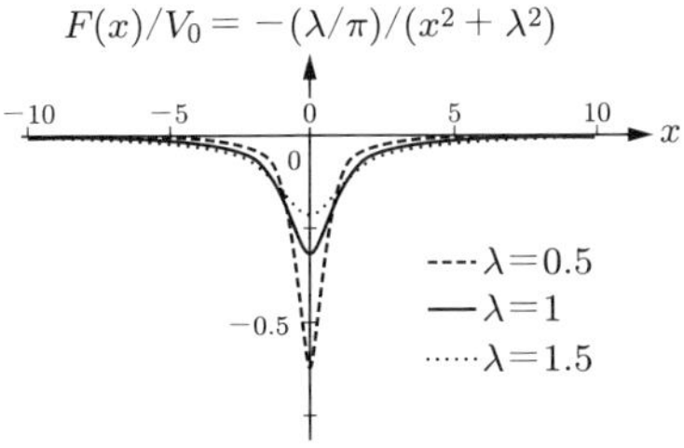

(b)

図 3.11 位置エネルギーの壁

侵入深さを求めよ.

(d) $\lambda \to 0$ のときを考察せよ.

3.5 一直線上を運動する質量 m の物体（車）がある．エンジンによって，速さ v に反比例する力 $F = P/v$（$P =$ 一定）で加速される．また，速さ v で $R = mkv^2$ $(k > 0)$ の抵抗を受ける．式の簡素化のため $p = P/m$ とおく．

(a) 抵抗がないとしたときの加速度は $dv/dt = p/v$ であることを用いて $dv/dx = p/v^2$ を示せ.

(b) 抵抗があるときの到達最高速度 V を求めよ.

(c) 最高速度までにエンジンと抵抗のする仕事の総和 W を求めよ.

(d) 最高速度までの走行距離が $s = (1/3k)\log[p/(p - kV^3)]$ となることを示せ.

3.6 x 軸上の点 a と $-a$ に正負の単位電荷が置かれた空間で正の単位電荷をもつ粒子が運動するとき，この粒子の位置エネルギー $V(\boldsymbol{r})$ は

$$V(\boldsymbol{r}) = \frac{1}{|\boldsymbol{r} - a\boldsymbol{e}_x|} - \frac{1}{|\boldsymbol{r} + a\boldsymbol{e}_x|}$$

で与えられる.

(a) y 軸上の点 $(0, y, z)$ における場の力 $\boldsymbol{F} = (F_x, F_y, F_z)$ を求めよ.

(b) y 軸上の点 $\mathrm{P}(0, -b, 0)$ から $\mathrm{Q}(0, b, 0)$ まで単位質量を運んだときの仕事 $W_{\mathrm{PQ}} = \displaystyle\int_{\mathrm{PQ}} \boldsymbol{F} \cdot d\boldsymbol{r}$ を求めよ.

第 4 章

基本の運動と運動方程式

ニュートンの運動方程式は，物体の運動をつぶさに観察することからそこにはたらいている力を明らかにする．さらに，明らかになった力から物体の運動を予測する強力な手段となる．運動方程式は宇宙から原子・分子，さらに素粒子など未知の領域を探る現代物理学へとつながる「入口」といえる．ここでは，重力や抵抗力による物体の運動を例として，運動方程式からどのように運動が解き明かされるかを学ぶ．

4.1 運動方程式と運動

万有引力や重力，あるいは摩擦や抵抗力など物体にはたらく力がわかっているときには，ニュートンの運動方程式を使って運動を予測することができる．ニュートンの運動方程式は $md^2\boldsymbol{r}/dt^2 = \boldsymbol{F}$ の形式で書かれているので，物体の通過する道筋（軌道）や速度の変化の様子を知るためには，この**微分方程式** (differential equation) を解いて $\boldsymbol{r}(t)$ を求めないといけない．ところが，実際解いてみるとわかるように，この微分方程式を満たす解 $\boldsymbol{r}(t)$ は無数にある．そのため，物体が所定の時刻に通過した位置と速度がわからないと解を一つに絞れない．見方を変えると，これら二つの条件（初期条件）を定めることによって，過去から未来にわたる運動がただ一つだけ定まる．

まず，**微分方程式を満たす解が無数にある**ことを確かめよう．微分方程式を $d^2z/dt^2 = -g$（$=$ 定数）として，方程式を満たす解 $z(t)$ を「めのこ」で調べてみる．$z(t)$ として多項式 $a + bt + ct^2 + dt^3 + \cdots$ を仮定してみる．方程式に代入すると，$2c + 6dt + \cdots = -g$ の関係を得る．両辺を比べて $c = -g/2$ と $d, \cdots = 0$ が定まり，$z(t) = a + bt - gt^2/2$ となる．一見，これで解 $z(t)$ が決まったように見える．ところが，式に含まれる a，b は**任意定数**であり無数個の選択肢が残っている．

次に，**二つの初期条件（ある時刻に通過した場所と速度）がわかると解がただ一つに定まる**ことを確かめよう．微分方程式 $d^2z/dt^2 = -g$ が自然落下の運動方程式だと考えて，g が重力加速度の大きさで $z(t)$ が物体の高さ位置とする．初期条件を「物体が時刻 $t = 0$ で高さ h を落下速度 v_0 で通過した」とする．$z(t) = a + bt - gt^2/2$ と $v(t) = dz/dt = b - gt$ に初期条件を適用すると，$z(0) = a$，$v(0) = b$ だから，$a = 0$,

$b = v_0$ と任意定数 a, b が特定の値に定まる．ここまできてはじめて，物体の運動が一つに決まる．

表 4.1 に，いくつかの基本的な運動と対応する運動方程式を示した．ニュートンの運動方程式 $md^2\boldsymbol{r}/dt^2 = \boldsymbol{F}$ は，数学でいう二階微分方程式の仲間である．例示した $d^2z/dt^2 = -g$ の場合，二つの任意定数 a, b を含んだ関数 $z(t) = a + bt - gt^2/2$ が解である．ここの $-gt^2/2$ は非斉次方程式 $d^2z/dt^2 = -g$ の**特解**である．一方，$a + bt$ は元の微分方程式の右辺をゼロとした斉次方程式 $d^2z/dt^2 = 0$ の**一般解**である．一般解に含まれる任意定数 a, b は**未定定数**あるいは**積分定数**ともいわれる．一般解 $a + bt$ の「定数項」と「t の一次項」は斉次方程式 $dz^2/dt^2 = 0$ を満たす一次独立な解（基本解，あるいは特解）といわれる．

運動方程式（表 4.1）に関連して，物理で扱う代表的な微分方程式とそれらの一般解および特解を章末に掲げた．複雑な力が作用して微分方程式が解けない場合でも，コンピュータ計算で運動が調べられる（第 8 章参照）．

表 4.1　運動と運動方程式

運動	運動方程式	物体にはたらく力
自由落下	$m\dfrac{dv}{dt} = -mg$	重力
単振動	$m\dfrac{d^2x}{dt^2} = -kx$	変位に比例する力（ばねの力）
減速運動	$m\dfrac{dv}{dt} = -m\gamma v$	速度に比例する抵抗力
減衰振動	$m\dfrac{d^2x}{dt^2} = -2m\gamma\dfrac{dx}{dt} - kx$	ばねの力と抵抗力
二次元単振動	$m\dfrac{d^2\boldsymbol{r}}{dt^2} = -k\boldsymbol{r}$	距離 r に比例する力
惑星の運動	$m\dfrac{d^2\boldsymbol{r}}{dt^2} = -k\dfrac{\boldsymbol{r}}{r^3}$	距離 r の 2 乗に反比例する力

4.2　放物運動

重力を受けて運動する物体を考えよう．物体を斜め上方に向けて投げたときを考える．投げられた物体は鉛直平面内で運動するので，二次元の運動として運動方程式を考える．

質量 m の物体の運動方程式 $md\boldsymbol{v}/dt = \boldsymbol{F}$ は

$$m\frac{d}{dt}(v_x\boldsymbol{e}_x + v_z\boldsymbol{e}_z) = -mg\boldsymbol{e}_z \tag{4.1}$$

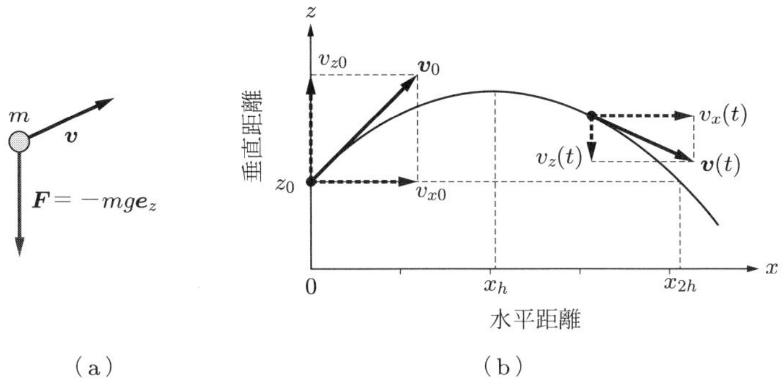

図 4.1 放物体の運動 $2x_h = 2v_{x_0}v_{z_0}/g$ は水平飛距離

と書ける（図 4.1(a)）．ここに，$\boldsymbol{e}_x$ は水平方向の基本ベクトルである．$\boldsymbol{e}_z$ は鉛直方向の基本ベクトルで，鉛直下向きで大きさが g の重力加速度は $-g\boldsymbol{e}_z$ と表せる．

この運動をそれぞれ $\boldsymbol{e}_x$ と $\boldsymbol{e}_z$ 方向の成分ごとに書くと，質量 m が左辺と右辺に共通なので，

$$\frac{dv_x(t)}{dt} = 0, \qquad \frac{dv_z(t)}{dt} = -g \tag{4.2}$$

となる．これらの式を見ると，**運動が物体の質量によらない**ことがわかる．また，**水平方向と鉛直方向の運動は，互いに独立な一次元運動として扱える**ことがわかる．

さて，式 (4.2) の第 1 式 $dv_x/dt = 0$ を解くと，v_x は一定値であることがわかる．それで，任意定数を v_{x_0} として $v_x(t) = v_{x_0}$ とする．任意定数 v_{x_0} の値はまだ決まっていないが，**一定速度で x 方向に進む**ことが示された．水平方向の位置は $dx/dt = v_x = v_{x_0}$ から，任意定数を x_0 として $x(t) = v_{x_0}t + x_0$ となる．時刻 $t = 0$ を各式に代入すると，$v_x(0) = v_{x_0}$，$x(0) = x_0$ である．まとめると，x 方向の運動は二つの任意定数を v_{x_0}，x_0 として

$$v_x(t) = v_{x_0}, \qquad x(t) = v_{x_0}t + x_0 \tag{4.3}$$

となる．次に，鉛直方向の $dv_z/dt = -g$ を解く．二つの任意定数を v_{z_0}，z_0 として

$$v_z(t) = -gt + v_{z_0}, \qquad z(t) = -\frac{gt^2}{2} + v_{z_0}t + z_0 \tag{4.4}$$

が方程式を満たす．時刻 $t = 0$ を $v_z(t)$，$z(t)$ に代入すると $v_z(t) = v_{z_0}$，$z(t) = z_0$ となっている．

運動方程式を満たす速度 $\boldsymbol{v}(t)$ と位置 $\boldsymbol{r}(t)$ が得られた．これらの式は 4 個の任意定数 v_{x_0}，v_{z_0}，x_0，z_0 を含み，時刻 $t = 0$ のときの初速度と位置が $v(v_{x_0}, v_{z_0})$，$r(x_0, z_0)$

となる運動を与える．

物体が xz 面内で描く軌道は，上で求めた $z(t)$ と $x(t)$ から t を消去して得られる．

$$z - z_0 = -\left(\frac{g}{2v_{x_0}^2}\right)(x - x_0)^2 + \left(\frac{v_{z_0}}{v_{x_0}}\right)(x - x_0) \tag{4.5}$$

この式は，よく知られた放物線軌道（図 4.1(b)）である．

4.3 速度に比例する抵抗のある運動

物体に**抵抗力** (resistance force) がはたらくときの運動を考える．速度が小さいとき，抵抗力は速度に比例するものとして，

$$\boxed{\boldsymbol{F} = -m\gamma\boldsymbol{v}} \tag{4.6}$$

と表す（図 4.2(a)）[†]．

物体が時刻 $t = 0$ で $x = 0$ を速度 v_0 で通過したとして，その後の運動を考える．物体にはたらく力は抵抗力だけだとすると，一次元（x 方向）の運動方程式は

$$m\frac{dv}{dt} = -m\gamma v \tag{4.7}$$

となる．この微分方程式は**変数分離法**で解ける．はじめに，この微分方程式を

$$\frac{dv}{v} = -\gamma dt$$

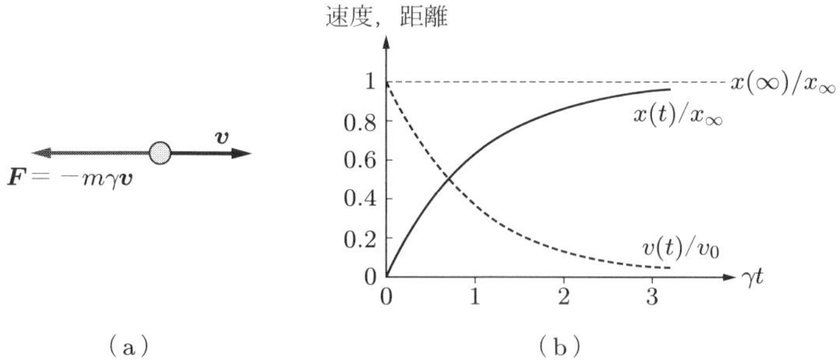

図 4.2 速度に比例する抵抗力，速度 v/v_0 と変位 x/x_∞ $(x_\infty = v_0/\gamma)$

† 抵抗力の比例係数を $m\gamma$ と書いた．これは，数式を見やすくする便宜的なものである．抵抗力が質量 m に比例するわけではない．半径 a の球体では，η を粘性率として，$F = 6\pi a\eta v$ となる．

と書き直し，両辺をそれぞれ積分して $\int dv/v = -\gamma dt$ とする．積分定数を C とすると，

$$\ln v = -\gamma t + C \tag{4.8}$$

を得る．初期条件（$t = 0$ で $v = v_0$）を代入すると，$\ln v_0 = C$ となるから，式 (4.8) は $\ln v = -\gamma t + \ln v_0$ となる．これを整理すると，

$$v(t) = v_0 \exp(-\gamma t) \tag{4.9}$$

となり，**速度は指数関数で減少していく**ことがわかる．

位置 $x(t)$ は微分方程式 $dx/dt = v_0 \exp(-\gamma t)$ から求める．両辺を積分して $x(t) = -(v_0/\gamma)\exp(-\gamma t) + C'$ が得られ，任意定数 C' は初期条件（$t = 0$ で $x = 0$）から決める．$C' = v_0/\gamma$ となるので，

$$x(t) = \left(\frac{v_0}{\gamma}\right)[1 - \exp(-\gamma t)] \tag{4.10}$$

となり，**物体の到達距離は** $x(t \to \infty) = v_0/\gamma$ となる．

■ 運動エネルギーと抵抗力の仕事

物体の速度が指数関数で減少していくのは，物体の運動エネルギーが抵抗によって奪われるからである．**運動エネルギーの減少は抵抗力の仕事に等しい**ことを式で確認しよう．

抵抗のする仕事は，第 2 章を参照して $dx = vdt$ に注意すると，

$$W_R(x) = \int_0^x (-m\gamma v)dx = -m\gamma \int_0^{t(x)} v(t')^2 dt' \tag{4.11}$$

である．ここに式 (4.9) の $v(t)$ を代入して時刻 $t = 0$ から t まで積分を実行すると

$$W_R(t) = -m\gamma v_0^2 \int_0^t \exp(-2\gamma t')dt' = -\left(\frac{mv_0^2}{2}\right)[1 - \exp(-2\gamma t)]$$

となる．一方，物体の運動エネルギーは時刻 t で式 (4.9) から $K(t) = (mv_0^2/2)\exp(-2\gamma t)$ となる．だから，$K(t) = mv_0^2/2 + W_R(t)$ が成立している．物体が静止するまでの仕事は $W_R(t \to \infty) = -mv_0^2/2$ となり，**運動エネルギーは抵抗で消費される**．

例題 4.1　落下する物体が速度に比例する抵抗力を受けるとき，初速を v_0，重力加速度の大きさを g として，物体の速度 $v(t)$ と**終端速度** $v(\infty)$ を求めよ．

解　重力を $F = -mg$，抵抗力を $R = -m\gamma v$ とし，鉛直上向きを z 軸の正方向に選ぶと，物体の運動方程式は，

$$m\frac{dv}{dt} = -m\gamma v - mg$$

となる．この式は $dv/(v + g/\gamma) = -\gamma dt$ で，変数分離法で解ける．$\int dv/(v + g/\gamma) = \ln|v + g/\gamma|$ だから，両辺を積分して，$\ln|v + g/\gamma| = -\gamma t + C$ となる．この積分定数 C を初期条件（$t = 0$ で $v = v_0$）から決めると，速度は

$$v(t) = -\frac{g}{\gamma} + \left(v_0 + \frac{g}{\gamma}\right)\exp(-\gamma t)$$

となる．したがって，終端速度 $v(\infty) = -g/\gamma$ が得られる．

4.4　単振動

ばねの一端につながれた物体は，つり合いの位置の周りで振動する．このような振動では，つり合い位置に戻ろうとする復元力がはたらいている．この復元力は，フックの法則で知られるように，つり合い位置からのずれ（変位）に比例している．このような変位に比例した力による振動は，**単振動** (simple harmonic motion) あるいは**調和振動** (harmonic oscillation) とよばれ，原子や分子の振動にも共通して現れる．

質量 m の物体がつり合いの位置から x だけ変位したときの復元力を $F = -kx$ とすると（図 4.3(a)），運動方程式は

$$m\frac{d^2x}{dt^2} = -kx \tag{4.12}$$

である．ここで，両辺を m で割って，**固有振動数** (eigenfrequency) ω を $\omega^2 = k/m$ とすると，運動方程式は**単振動の運動方程式**

$$\boxed{\frac{d^2x}{dt^2} + \omega^2 x = 0, \qquad \omega = \sqrt{\frac{k}{m}}} \tag{4.13}$$

で表される．この方程式は二階線形微分方程式である．

単振動の運動方程式を満たす関数としては，二つの**基本解**（特解）

$$x_1(t) = \cos(\omega t), \qquad x_2(t) = \sin(\omega t) \tag{4.14}$$

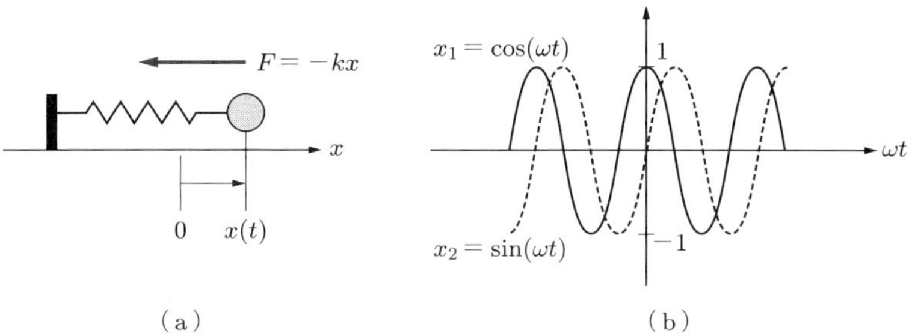

図 4.3　変位に比例する力による単振動と基本解

が考えられる（図 4.3(b)）．それらを線形結合させた式（二つの関数にそれぞれ定数 A，B をかけて加算した式）

$$\boxed{x(t) = Ax_1(t) + Bx_2(t) = A\cos(\omega t) + B\sin(\omega t)} \tag{4.15}$$

を作る．線形微分方程式の性質から，これも方程式 (4.13) の解である．

数学の知識を借りると，方程式が二階で二つの基本解 (4.14) が互いに一次独立であることから，任意定数を二つ含む式 (4.15) は，方程式 (4.13) を満たすすべての解を表している．すなわち，式 (4.15) が単振動の運動方程式の一般解である．

このことは，次のように確認される．

式 (4.15) の $x(t)$ を時間微分すると，速度 $v(t)$ は，

$$\frac{dx}{dt} = A\left(\frac{dx_1}{dt}\right) + B\left(\frac{dx_2}{dt}\right) = -\omega A\sin(\omega t) + \omega B\cos(\omega t) \tag{4.16}$$

となり，加速度 $\alpha(t)$ は，もう 1 回微分して

$$\frac{d^2x}{dt^2} = -\omega^2 A\cos(\omega t) - \omega^2 B\sin(\omega t) = -\omega^2 x(t) \tag{4.17}$$

となる．これは微分方程式 (4.12) と一致する．

問　単振動の運動方程式の一般解 $x(t)$ を，振幅 C と位相角 ϕ を使って，

$$\begin{aligned} &x(t) = C\sin(\omega t + \phi), \\ &C = \sqrt{A^2 + B^2}, \quad \sin\phi = \frac{A}{C}, \quad \cos\phi = \frac{B}{C} \end{aligned} \tag{4.18}$$

の形に式 (4.15) から書き直せることを示せ．ここに，振幅は正値とし，初期位相角 ϕ は $-\pi < \phi < \pi$ の範囲とする．

例題 4.2 単振動運動の基本解として二つの複素関数 $z_1(t) = \exp(i\omega t)$，$z_2(t) = \exp(-i\omega t)$ を選ぶ．ただし，ω は実数．互いに共役な複素数 P，Q $(P = Q^*)$ を任意定数として $z_1(t)$ と $z_2(t)$ から一般解 $x(t) = Pz_1 + Qz_2$ を作る．この左辺の $x(t)$ は実関数となることを確認せよ．

解 オイラーの公式 $\exp(\pm i\omega t) = \cos(\omega t) \pm i \sin(\omega t)$ を使うと，$x(t) = (P+Q)\cos(\omega t) + i(P-Q)\sin(\omega t)$ と書ける．C，D を実数とすると，複素共役だから $P = C + iD$，$Q = C - iD$ と表せる．$P+Q = 2C$，$P-Q = 2iD$ となる．よって，$x(t) = 2C\cos(\omega t) - 2D\sin(\omega t)$ となる．

章末問題

4.1 自然落下する物体に速度の 2 乗に比例する抵抗力がはたらいている．時刻 $t = 0$ での速度がゼロ，位置が $z = h$ として，運動方程式を解いて終端速度を求めよ．

4.2 一階線形斉次微分方程式 $dx/dt - \alpha x = 0$ の一般解は，$x(t) = A\exp(\alpha t)$ である．一階線形非斉次微分方程式 $dx/dt - \alpha x = f(t)$ の特解は，$f(t)$ が既知関数として，$x(t) = \exp(\alpha t)\displaystyle\int \exp(-\alpha t) f(t) dt$ となることを示せ．

4.3 二階線形斉次微分方程式 $dx^2/dt^2 - (\alpha+\beta)dx/dt + \alpha\beta x = 0$ の一般解は，$x(t) = A\exp(\alpha t) + B\exp(\beta t)$ である．非斉次微分方程式 $d^2x/dt^2 - (\alpha+\beta)dx/dt + \alpha\beta x = f(t)$ の特解は，

$$x(t) = \exp(\alpha t)\int^t \exp(-\alpha t')\exp(\beta t')\left[\int^{t'} \exp(-\beta\tau) f(\tau) d\tau\right] dt'$$

となることを確かめよ．

4.4 質量 m の質点 P が x 軸上を運動している．位置エネルギーが $V(x)$ のときの運動を考える．$V(x)$ を質量で割ったポテンシャル（第 7 章参照）$U(x) = V(x)/m$ は $x = a$ で極小値をもつとする．

(a) 質点 P が $x = a$ を中心として微小振動するとき，角振動数 ω を求めよ．

(b) モースポテンシャル $U(x) = D[\exp(-2x) - 2\exp(-x)]$ $(D > 0)$ のときに，a と ω を求めよ．

4.5 質量 m の質点に作用する力が $\boldsymbol{F} = q\boldsymbol{v} \times \boldsymbol{B}$ とする．ここに，q は定数（電荷），$\boldsymbol{B}(0, 0, B)$ は z 方向磁束密度ベクトルで，$\boldsymbol{v}(v_x, v_y, v_z)$ は質点の速度とする．

(a) 質点の x，y，z 各方向の運動方程式を書け．

(b) 質点が xy 平面内の原点 O に初速度 $(v_0, 0, 0)$ で入射したとき，角速度 $\omega = qB/m$，回転半径 $\rho = v_0/\omega$，中心が $(0, -\rho)$ の円運動をすることを示せ．

4.6 先端に質量 m のおもりがついた糸がある．糸を小穴に通して台上に置き，小穴を中心に回転させた（図 4.4）．はじめ，円運動の半径は a_0 で角速度は ω_0 とする．その後，糸をゆっくりと引いて回転半径を小さくしていった．

(a) 半径が a のときの円運動の角速度 ω を求めよ．

(b) a_0 から a まで糸を引く力のした仕事を求めよ．

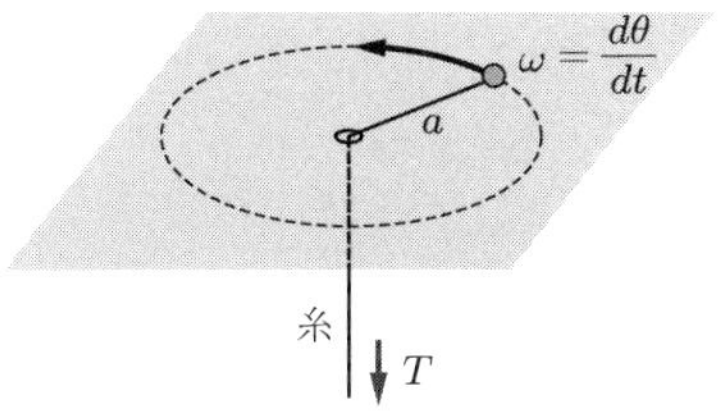

図 4.4　半径が変わる円運動

力学によく見られる微分方程式と解

物体に作用する力がわかっていて，ある時刻に通過する場所と速度が知れると，ニュートンの運動方程式から一意的に運動が決まる．運動方程式が同次（斉次）微分方程式や非同次（非斉次）微分方程式のときの一般解ならびに特解を表 4.2 に示した．

表 4.2　微分方程式と解．α，β は定数，$a(t)$，$b(t)$，$f(t)$ は既知の関数．一般解の C，C_1，C_2 は積分定数．式中の積分記号は不定積分．

同次方程式	微分方程式	$z(t)$ の一般解
定数係数一階	$\frac{dz}{dt} = az$	Ce^{at}
定数係数二階	$\frac{d^2z}{dt^2} - (\alpha+\beta)\frac{dz}{dt} + \alpha\beta z = 0$	$C_1e^{\alpha t} + C_2e^{\beta t}$
一階線形	$\frac{dz}{dt} = a(t)z$	$Ce^{A(t)}$，$A(t) = \int a(t)dt$
非同次方程式	**微分方程式**	**$z(t)$ の特解**
一階線形	$\frac{dz}{dt} = b(t)$	$\int b(t)dt$
一階線形	$\frac{dz}{dt} - \alpha z = b(t)$	$e^{\alpha t}\int e^{-\alpha t}b(t)dt$
二階線形	$\frac{d^2z}{dt^2} - (\alpha+\beta)\frac{dz}{dt} + \alpha\beta z = b(t)$	$e^{\alpha t}\int e^{-\alpha t}e^{\beta t}b(t)dt$
線形非同次	$\frac{dz}{dt} = a(t)z + b(t)$	$e^{a(t)}\int e^{-a(t)}b(t)dt$
変数分離型	$\frac{dz}{dt} = a(t)f(z)$	$\int \frac{dz}{f(z)} = \int a(t)dt$

コラム 最速降下曲線とサイクロイド

物体がある曲線に沿って降下する．物体には重力がはたらくとし，初速度はゼロで摩擦はないとする．このとき，高さの違う 2 点間を降下する時間が最小となるような曲線（最速降下曲線 (Brachistochrone curve)）はサイクロイドである（図 4.5(a)）．この最速降下曲線は物体の質量と重力定数の大きさにはよらない．ここに，サイクロイドは，媒介変数 θ を用いて $x(\theta) = a(\theta - \sin\theta)$，$y(\theta) = a(1 - \cos\theta)$ と表される．半径 a の円盤を水平面上で転がしたとき，円周上にマークした点の描く曲線である（図 4.5(b)）．

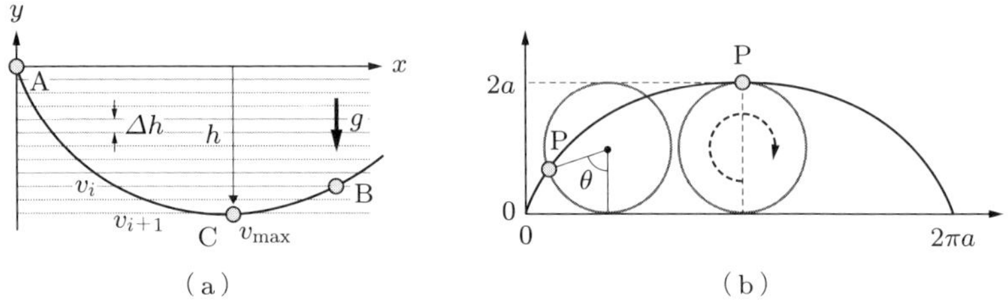

図 4.5 最速降下曲線とサイクロイド

最速降下曲線がサイクロイドになることは，次のようにして導かれる．光が屈折率の異なる物質の境界を通過するとき，スネルの法則に従って屈折することはよく知られているが，これは，始点と終点を最短時間で結ぶ軌道で，フェルマーの原理（光学的距離が最短になるような軌道）から導かれる．ある境界で速度が v から v' に変化するとき，図 4.6 で

$$\frac{\sin\theta}{v} = \frac{\sin\theta'}{v'} \tag{1}$$

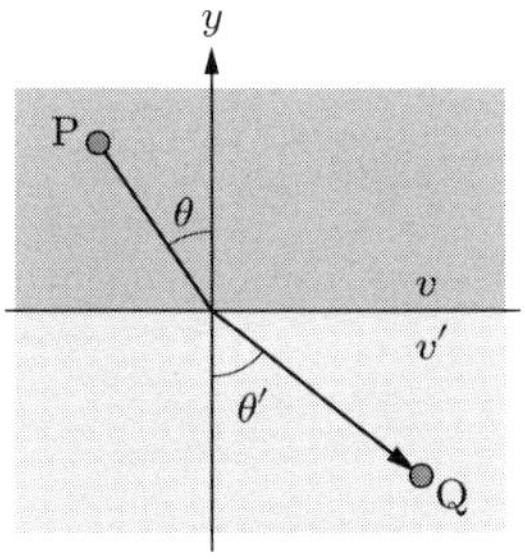

図 4.6 最短時間の軌道

であれば，最短時間で PQ 間を通過する．ここに，軌道が垂直方向となす角を θ，θ' とした．物体が一定の重力の中にあるとき，物体の速度はエネルギー保存則で決まる．はじめの位置からの高さ変化を $|y|$ とすると，初速度がゼロなので，その速さは $v = \sqrt{2g|y|}$ となる．物体が最下点 C を通過するときに速度は最大値 $v_{\max} = \sqrt{2gh}$ となる．また，最大速度は水平方向なので，式 (1) の関係は $\theta = \pi/2$ として，

$$\frac{\sin\theta}{v} = \frac{1}{v_{\max}} \tag{2}$$

となる．一方，一般的に軌道上の位置 (x, y) と軌道の傾き角度 θ は次の関係をもつ．

$$\sin\theta = \frac{dx}{\sqrt{dx^2 + dy^2}} \tag{3}$$

式 (2) と (3) から $\sin\theta$ を消去して整理すると $v/v_{\max} = 1/\sqrt{1+(dy/dx)^2}$ の関係が得られる．この関係をさらに整理すると，最短降下の軌道は

$$\left(\frac{dy}{dx}\right)^2 = \frac{h}{y} - 1 \tag{4}$$

であることがわかる．この微分方程式は，$h = 2a$ とすると，サイクロイド曲線と一致する．この最短降下時間の軌道方程式は変分法を使って解くことができる．

第 5 章 減衰振動と強制振動

単振動するばねや振り子に何らかの抵抗力がはたらくと，振幅は次第に小さくなり，やがて静止してしまう．このような減衰振動では，抵抗によって振動子の力学的エネルギーは周期ごとに減少していく．外部から振動する力を加えて強制振動させると，抵抗力によるエネルギー損失が補われて，定常に振動する．その際，外部振動数が振動子の固有振動数に一致，あるいはそれにごく近くなると，振幅が大きく増幅される共振（共鳴）が起こる．共振はテレビやラジオの周波数チューニング，建物の除振設計，ホールの音響設計など実生活さまざまに関係している．共振の鋭さを表す Q 値についても学ぶ．

5.1 減衰振動

自由振動する物体に抵抗力がはたらくときを考える．抵抗力には，空気抵抗，粘性抵抗，摩擦などさまざまある[†1]．ここでは，抵抗力が速度 v に比例する場合を考える．この抵抗力を $F_D = -2m\gamma v$ とする[†2]．ばね定数 k のばねに繋がれた質量 m の物体の運動は，変位を x，速度を v とすると

$$\boxed{m\frac{d^2x}{dt^2} = -kx - 2m\gamma v} \tag{5.1}$$

となる．固有振動数を $\omega = \sqrt{k/m}$ とすると，

$$\frac{d^2x}{dt^2} + 2\gamma\frac{dx}{dt} + \omega^2 x = 0 \tag{5.2}$$

この二階線形微分方程式の基本解の形を $x(t) = \exp(\Omega t)$ と仮定して，式 (5.2) に代入すれば，

---

†1 摩擦力は動摩擦係数 μ，質量 m，重力加速度 g として $F_N = m\mu g$ となる．半径 a の球にはたらく粘性抵抗は，粘性率を η，速度を v として $F_R = 6\pi\eta v$ となる．空気抵抗は，空気密度 ρ，抗力係数 C_d として $F_A = F_R + \pi\rho a^2 C_d v^2$ となる．

†2 ここの質量 m は，数式の複雑さを避けるためのものである．

$$\Omega^2 + 2\gamma\Omega + \omega^2 = 0 \tag{5.3}$$

となる．この二次方程式の 2 根

$$\Omega_\pm = -\gamma \pm \sqrt{\gamma^2 - \omega^2} \tag{5.4}$$

は，$\gamma = \omega$ 以外では異なる値をもつ．それぞれに対して，基本解

$$x_1(t) = \exp(\Omega_+ t) = \exp(-\gamma t)\exp(\sqrt{\gamma^2 - \omega^2}t)$$
$$x_2(t) = \exp(\Omega_- t) = \exp(-\gamma t)\exp(-\sqrt{\gamma^2 - \omega^2}t)$$

が得られる．それらは互いに一次独立であるから，任意定数を A，B として，

$$x(t) = Ax_1(t) + Bx_2(t) = A\exp(\Omega_+ t) + B\exp(\Omega_- t) \tag{5.5}$$

で一般解が与えられる．

ここから，(1) $\gamma > \omega$，(2) $\gamma < \omega$，(3) $\gamma = \omega$ の場合を整理する．

1. $\gamma > \omega$ のときの**過減衰（過制動）**(overdamping)：$\gamma^2 - \omega^2$ は正の数となる．$\delta = \sqrt{\gamma^2 - \omega^2}$ と書くと，2 根 $\Omega_+ = -\gamma + \delta$ と $\Omega_- = -\gamma - \delta$ のどちらも負の実数となる．一般解の式 (5.5) は

$$x(t) = \exp(-\gamma t)[A\exp(\delta t) + B\exp(-\delta t)] \tag{5.6}$$

となる．振幅は指数関数的に減衰していく．

2. $\gamma < \omega$ のときの**減衰振動** (damped vibration)：$\gamma^2 - \omega^2$ は負となるので，$\sqrt{\gamma^2 - \omega^2}$ は虚数となる．虚数単位を i と書き，$\delta = \sqrt{|\gamma^2 - \omega^2|}$（実数）とする．2 根は複素数 $\Omega_+ = -\gamma + i\delta$ と $\Omega_- = -\gamma - i\delta$ になる．このとき特解 $x_1(t)$ と $x_2(t)$ はともに複素関数となるが，一般解は

$$x(t) = \exp(-\gamma t)[A\cos(\delta t) + B\sin(\delta t)] \tag{5.7}$$

と，実数の任意定数 A と B を使って表される．この振幅は $\exp(-\gamma t)$ に従って指数関数的に減衰し，角振動数 $\delta = \sqrt{\omega^2 - \gamma^2}$ で振動する．

3. $\omega = \gamma$ のときの**臨界制動** (critical damping)：$\Omega_+ = \Omega_- = -\gamma$ となり，x_1 と x_2 は同じになってしまう（縮退する）．元の微分方程式で $\gamma = \omega$ とすると，

$$\frac{d^2x}{dt^2} + 2\omega\frac{dx}{dt} + \omega^2 x = 0$$

となる．この解は**定数変化法**で求める．関数 $x(t) = f(t)\exp(-\gamma t)$ を代入すると，$d^2f/dt^2 = 0$ を得る．これは定数係数の二階線形微分方程式だから，任意定数 A と B を使って $f(t) = At + B$ とわかり，

$$x(t) = (At + B)\exp(-\gamma t) \tag{5.8}$$

となる．

初期条件 $t = 0$ で $x(t) = x_0$，$v(t) = 0$ の振動は，下記のように求められる．

1. 過減衰 $(\omega < \gamma)$: $x(t) = x_0 \exp(-\gamma t)[\cosh(\delta t) + (\gamma/\delta)\sinh(\delta t)]$
2. 減衰振動 $(\omega > \gamma)$: $x(t) = x_0 \exp(-\gamma t)[\cos(\delta t) + (\gamma/\delta)\sin(\delta t)]$
3. 臨界制動 $(\omega = \gamma)$: $x(t) = x_0(\gamma t + 1)\exp(-\gamma t)$

図 5.1 にこれらの様子を示した．

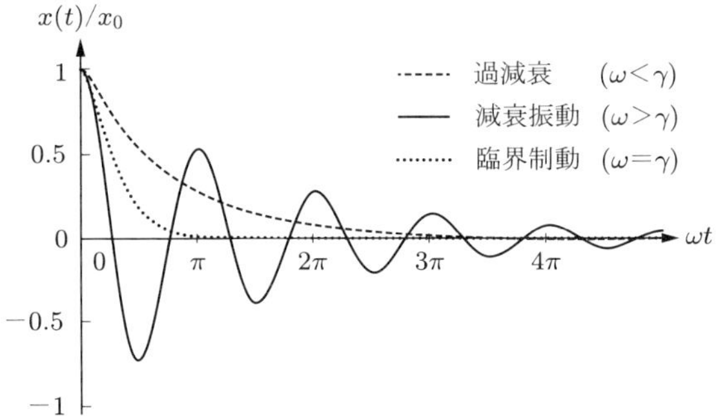

図 5.1 過減衰 $(\gamma/\omega = 2.5)$，減衰振動 $(\gamma/\omega = 0.1)$，臨界制動 $(\gamma/\omega = 1)$

例題 5.1 減衰振動の一般解を，式 (5.5) のような $x(t) = P\exp(\Omega_+ t) + Q\exp(\Omega_- t)$ で与えるとき，実数関数の式 (5.7) となるには，任意定数 P と Q が複素共役の関係 $(P = Q^*)$ を満たすことを導け．

解 減衰振動 $(\gamma < \omega)$ では，$\delta = \sqrt{\omega^2 - \gamma^2}$，$\Omega_\pm = -\gamma \pm i\delta$ である．オイラーの公式を使うと，一般解は $x(t) = P\exp(-\gamma t)\exp(+i\delta t) + Q\exp(-\gamma t)\exp(-i\delta t) = \exp(-\gamma t)[P\exp(+i\delta t) + Q\exp(-i\delta t)] = \exp(-\gamma t)[(P + Q)\cos(\delta t) + i(P - Q)\sin(\delta t)]$ と変形される．これが，実数の任意定数 A，B をもつ式 (5.7) の形 $x(t) = \exp(-\gamma t)[A\cos(\delta t) + B\sin(\delta t)]$ と一致するには，$P + Q = A$，$i(P - Q) = B$ となればよい．$P = (A - iB)/2$，$Q = (A + iB)/2$ なので，$P = Q^*$（複素共役）である．

■ 減衰振動の振幅減衰率と抵抗力の仕事

減衰振動は $\gamma < \omega$ のときに振動数 $\delta \equiv \sqrt{\omega^2 - \gamma^2}$ で起こり，たとえば，

$$x(t) = x_0 \exp(-\gamma t)\left[\cos(\delta t) + \left(\frac{\gamma}{\delta}\right)\sin(\delta t)\right]$$

は初期条件が $x(0) = x_0$，$v(0) = 0$ の解で，図 5.1 に示したように振幅が減衰してい

く．この減衰振動は，振幅と位相による表し方をすると，

$$\frac{x(t)}{x_0} = \left(\frac{\omega}{\delta}\right) \exp(-\gamma t) \cos(\delta t - \phi) \qquad \left(\cos\phi = \frac{\delta}{\omega}, \quad \sin\phi = \frac{\gamma}{\omega}\right) \tag{5.9}$$

となる．振動周期 T は $T \equiv 2\pi/\delta = 2\pi/\sqrt{\omega^2 - \gamma^2}$ で与えられ，抵抗が大きくなるにつれて長くなる．1 周期ごとの**振幅減衰率** $\eta \equiv x(t+T)/x(t)$ は $\exp(-\gamma T)$ で与えられ，$\eta = \exp(-2\pi\gamma/\sqrt{\omega^2 - \gamma^2})$ となる．

振幅が 1 周期ごとに減少していくのは，抵抗によって振動エネルギーが奪われていくからである．この**力学的エネルギーの減少は抵抗による仕事 W_D に等しい**ことが，以下のように示される．

運動方程式 (5.1) の右辺におかれた復元力 $-kx$ を左辺に移項すると，

$$m\frac{dv}{dt} + kx = -2m\gamma v \quad (= F_D)$$

となる．この式の左辺に $v\,(= dv/dt)$ をかけた $mv(dv/dt) + kx(dx/dt)$ は，力学的エネルギーが $E(t) = mv^2/2 + kx^2/2$ であることに注意すれば，dE/dt に等しい．それで，上式から $dE/dt = F_D v$ の関係が導かれる．この関係は，$dE = F_D dx\,(\equiv dW_D)$ と書き直すと明らかなように，抵抗力による微小仕事 dW_D だけ力学的エネルギー変化 dE が生じることを示している．この仕事は負の値なので，力学的エネルギーは

$$E(t) - E(0) = \int_0^t F_D \cdot v dt \quad (= W_D) \tag{5.10}$$

に従って減少していく．

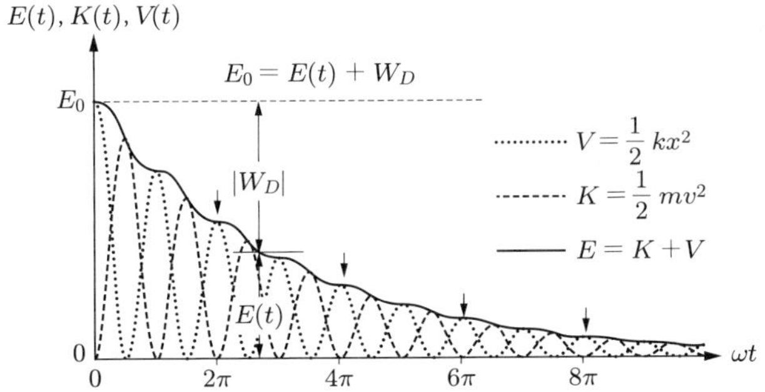

図 5.2 減衰振動 ($\gamma/\omega = 0.05$) における力学的エネルギーの減衰．横軸は ωt，縦軸は $E(t) = K(t) + V(t) = mv^2/2 + kx^2/2$．$E(t) = E_0 + W_D$ が成立 ($W_D < 0$) している．ただし $E_0 = E(0) = m\omega^2 x_0^2/2$．

図 5.2 に式 (5.9) の $E(t)$ を示す．1 周期ごとの $E(t)$，$E(t+T)$，$E(t+2T)$，$\cdots$ を見ると，**1 周期あたりの力学的エネルギー減衰率は** $\eta^2 = \exp(-2\gamma T)$ **である**ことがわかる．

例題 5.2 式 (5.9) の減衰振動で，1 周期あたりの力学的エネルギー変化 $E(t+T)/E(t)$ が $\eta^2 = \exp(-2\gamma T)$ であることを確かめよ．

解 振幅減衰率が $x(t+T)/x(t) = \eta$．速度減衰率も $v(t+T)/v(t) = \eta$．$E(t) = mv^2/2 + kx^2/2$ であるから，$E(t+T)/E(t) = \eta^2$ が導かれる．

5.2 強制振動と共振

外部から継続的に振動する力 (強制力) で加振するときの**強制振動** (forced vibration, forced oscillation) を考える．強制力は，抵抗力による振動子の力学的エネルギー減少を補って，定常的な振動を継続させる．外力の振動数が固有振動数に近いか等しいときの**共振（共鳴）** (resonance) について，詳しく調べる．

外力 $F_0 \sin(\Omega t)$ を加える強制振動を考えよう．振動子の固有振動数は $\omega\ (= \sqrt{k/m})$ で，速度に比例する抵抗力 $F_D = -2m\gamma v$ を受けるとする．外部振動の角振動数 Ω が変化するときの系のふるまいを調べよう．

強制振動の運動方程式は，

$$\boxed{m\frac{d^2x}{dt^2} + 2m\gamma\frac{dx}{dt} + kx = F_0 \sin(\Omega t)} \tag{5.11}$$

と表される．数学の話になるが，この方程式は二階線形非斉次微分方程式である．この方程式を満たす解は，この非斉次微分方程式の特解 $x_\Omega(t)$ と，右辺をゼロとした斉次微分方程式の一般解 $x_\omega(t)$ との和で与えられる．

$$\boxed{x(t) = x_\omega(t) + x_\Omega(t)} \tag{5.12}$$

ここの $x_\omega(t)$ は 5.1 節に示した減衰振動で，$\exp(-2\pi\gamma/\sqrt{\omega^2 - \gamma^2})$ の指数関数で減衰する．それで，時間が十分経過した後では強制力による振動 $x_\Omega(t)$ だけが残る．この振動数 Ω で振動する強制振動を運動方程式から解いてみよう．

■ 強制振動

強制振動の振幅を A，位相を χ として，

$$x_\Omega(t) = A\sin(\Omega t + \chi) = A\cos\chi\sin(\Omega t) + A\sin\chi\cos(\Omega t) \tag{5.13}$$

と仮定する．未定定数 A と χ を求めるため，まず，

$$B(\Omega) = A\cos\chi, \qquad C(\Omega) = A\sin\chi$$

とおいて，微分方程式 (5.11) に代入すると，

$$\lambda B - \mu C = \frac{F_0}{m}, \qquad \mu B + \lambda C = 0$$

を得る．ここに $\lambda = \omega^2 - \Omega^2$，$\mu = 2\gamma\Omega$ である．$B(\Omega)$，$C(\Omega)$ を求めて，$x_\Omega(t)$ の振幅 $A(\Omega) = \sqrt{B^2 + C^2}$ と位相 $\chi(\Omega) = \arctan(C/B)$ を求める．以下に結果を示す．

$$B(\Omega) = \left(\frac{F_0}{m}\right)\frac{\omega^2 - \Omega^2}{(\omega^2 - \Omega^2)^2 + (2\gamma\Omega)^2} \qquad \text{(同相モード)} \tag{5.14}$$

$$C(\Omega) = -\left(\frac{F_0}{m}\right)\frac{2\gamma\Omega}{(\omega^2 - \Omega^2)^2 + (2\gamma\Omega)^2} \qquad (\pi/2\ \text{位相モード}) \tag{5.15}$$

$$A(\Omega) = \left(\frac{F_0}{m}\right)\frac{1}{\sqrt{(\omega^2 - \Omega^2)^2 + (2\gamma\Omega)^2}} \qquad \text{(振動子の振幅)} \tag{5.16}$$

$$\chi(\Omega) = \arctan\left(\frac{-2\gamma\Omega}{\omega^2 - \Omega^2}\right) \quad \left(\cos\chi = \frac{B}{A}, \quad \sin\chi = \frac{C}{A}\right) \qquad \text{(位相)} \tag{5.17}$$

強制振動の振幅倍率は，式 (5.16) から

$$\boxed{\frac{A(\Omega)}{x_0} = \frac{1}{\sqrt{\left[1 - (\Omega/\omega)^2\right]^2 + (2\gamma/\omega)^2(\Omega/\omega)^2}}} \tag{5.18}$$

で与えられる．ここに，x_0 は強制力の振幅 F_0 の力による静的変位で $x_0 = F_0/k = F_0/(m\omega^2)$ である．**振幅倍率**とは，静的変位に対する動的変位 $A(\Omega)$ の増幅率を表す．振幅倍率 $A(\Omega)/x_0$ が Ω に依存して変化する様子（変位共振曲線と位相曲線）を図 5.3 に示した．図から明らかなように，$\Omega = \omega$ 近くで振幅倍率は急峻に大きくなっている．このとき，位相差 $\chi(\Omega)$ も $\Omega = \omega$ 近くで急速に 0 から $-\pi$ に変化している．このように，振幅倍率が固有振動数近傍で大きくなることを**共振**あるいは**共鳴** (resonance) とよび，$\Omega = \omega$ を**共振点**という．

■ 共振点 $\Omega = \omega$ での振動

$\Omega = \omega$ のときの $x_\Omega(t)$ を $x_{\mathrm{reso}}(t)$ と書くと，$A(\omega)/x_0 = \omega/2\gamma$，$\chi(\omega) = -\pi/2$ から

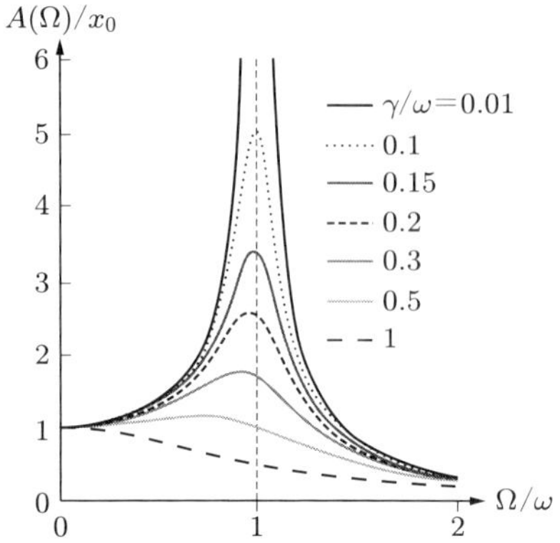

(a)

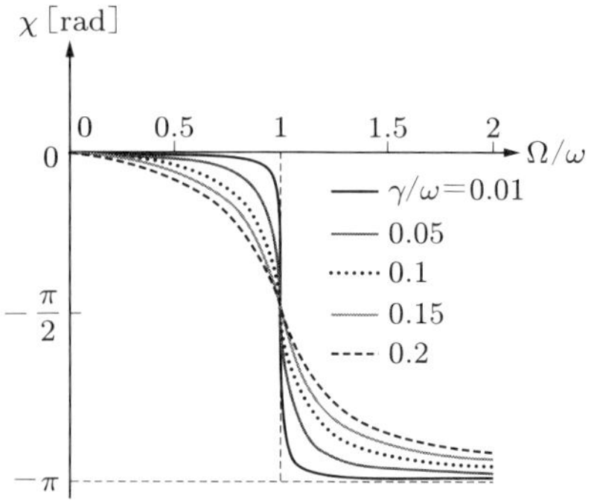

(b)

図 5.3 (a) 変位共振曲線．縦軸は $x(t) = A\sin(\Omega t + \chi)$ の振幅 $A(\Omega)$．$x_0 = F_0/(m\omega^2) = F_0/k$ で規格化．横軸は Ω/ω．曲線は下から上へ $\gamma/\omega = 1.0,\ 0.5,\ 0.3,\ 0.2,\ 0.15,\ 0.1,\ 0.01$．$A(\Omega)$ は $\Omega_0 = \sqrt{\omega^2 - 2\gamma^2}$ で最大値．(b) 外力と振動 $x(t)$ との位相差 $\chi(\Omega)$．共振点 $\Omega = \omega$ 近傍で急峻に 0 から $-\pi$ へ変化．変化は γ が小さいほど急峻．

$$\frac{x_{\mathrm{reso}}(t)}{x_0} = \frac{\omega}{2\gamma}\sin\left(\omega t - \frac{\pi}{2}\right) = -\frac{\omega}{2\gamma}\cos(\omega t) \qquad (5.19)$$

となる．この式が示す共振の特徴は，

(a) 共振点での振幅倍率は $\omega/2\gamma$

(b) 外力と振動子の位相差は $\chi = -\pi/2$

である．すなわち**共振点では外力の $\sin$ 振動から位相が $\pi/2$ 遅れた $-\cos(\Omega t)$ で振動し，振幅は $\omega/2\gamma$ 倍に増幅される．**

強制振動は外部振動と同相の振動 $x_B = B(\Omega)\sin(\Omega t)$ と $\pi/2$ 位相遅れの $x_C = C(\Omega)\cos(\Omega t)$ との重ね合わせで表せる（式 (5.13)）．同相の振幅 $B(\Omega)$，$\pi/2$ 位相遅れの振幅 $C(\Omega)$ の Ω/ω 依存性を図 5.4 に示す．共振点 $\Omega = \omega$ では「同相振動の振幅 $B(\omega)$ はゼロで，$|C(\omega)|$ はほぼ最大振幅となる」ことがわかる．共振 $x_{\mathrm{reso}}(t)$ を与える式 (5.19) と比べると，確かに

$$B(\omega) = 0, \qquad C(\omega) = -\frac{\omega}{2\gamma}$$

となっている．

■ 外力の仕事と抵抗損失，系の力学的エネルギー

強制振動の定常状態において，振動子の力学的エネルギー，外力による仕事と抵抗

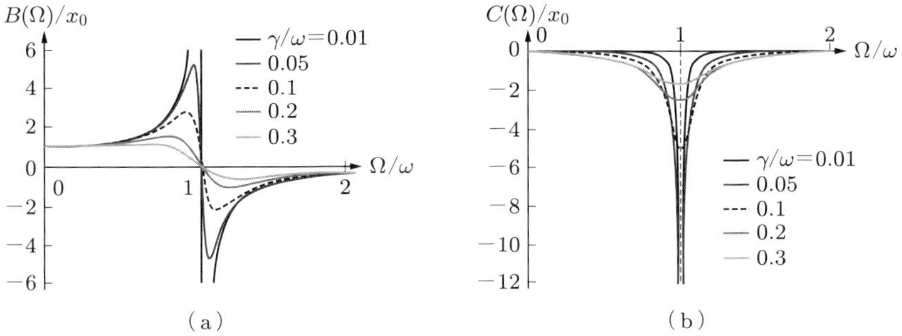

図 5.4 (a) 同相モード振幅 $B(\Omega) = A\cos\chi$. (b) $\pi/2$ 位相差モード振幅 $C(\Omega) = A\sin\chi$. $C(\Omega)$ は負値. Ω が $\omega \pm \gamma$ の範囲で急峻な変化. 同相の $B(\Omega)$ は γ によらずに $B(\omega) = 0$. 一方, $C(\Omega)$ は $\Omega = \omega$ で負の大きな値 $|C(\omega)|/x_0 = \omega/2\gamma$ となる.

によるエネルギー損失を考えてみる.

運動方程式 (5.11) に $dx = vdt$ をかけて時刻 t_1 から t_2 までの時間積分をすると,

$$\int_{t_1}^{t_2} \frac{d}{dt}\left(\frac{mv^2}{2} + \frac{kx^2}{2}\right) dt = \int_{t_1}^{t_2} (-2m\gamma v)vdt + \int_{t_1}^{t_2} F_0 \sin(\Omega t)vdt \tag{5.20}$$

の関係を得る. 右辺第 1 項は抵抗がする仕事, 第 2 項は外力がする仕事である (4.3 節と 5.1 節も参照). 左辺は時刻 t_1 と t_2 での力学的エネルギー $E(t) = mv^2/2 + kx^2/2$ の差を与える. すると, 式 (5.20) は

(力学的エネルギーの変化) = (抵抗がする仕事) + (外力がする仕事)

であることを示している.

次に, これらのエネルギーを 1 周期ごとに平均した値を見てみる. まず, 力学的エネルギーの 1 周期平均 $\langle E \rangle = \int_0^T E(t)/T$ $(T = 2\pi/\Omega)$ は, 振動子に蓄積されているエネルギーなので**蓄積エネルギー**とよばれていて, 定常的共振状態では一定の値をもつ. 同様に, 抵抗のする仕事の 1 周期平均 (仕事率) を $W_{抵抗}$, 外力のする仕事のそれ (仕事率) を $W_{外力}$ と表すと,

$$0 = W_{抵抗} + W_{外力}$$

という保存関係が示される. 抵抗がする仕事 $W_{抵抗}$ は負の値をもつ. ここで, $W_{抵抗}$ の符号を反対にした量は**抵抗損失**とよばれ, 単位時間あたりに振動子から抵抗によって

減少する（消失する）エネルギーに相当する．以下，抵抗損失を W_D $(= -W_{抵抗})$ と表すと，

$$W_D = W_{外力}$$

の関係が成り立つ．結局，定常な共振状態では，**外力による仕事はすべて抵抗によって消費され，一定の蓄積エネルギー $\langle E \rangle$ で振動している**ことがわかる．抵抗損失が少なく蓄積エネルギーの大きいほど強い共振が起こる．

例題 5.3 外力がする単位時間あたりの仕事（率）$W_{外力}$ と，抵抗がする単位時間あたりの平均仕事（率）$W_{抵抗}$ について，式 (5.20) を参照して，下記を確かめよ．

(a) 抵抗損失 $W_D = m\gamma\Omega^2 A^2$.

(b) 同相で振動する運動は外力からエネルギーを受け取らない．

(c) 抵抗損失はすべて $\pi/2$ 位相差の振動によって起こる．

(d) 力学的エネルギーの 1 周期平均 $\langle E \rangle$ は $m(\Omega^2 + \omega^2)A(\Omega)^2/4$ で与えられる．

解 (a) 抵抗損失は抵抗がする仕事 $W_{抵抗}$ と反対符号だから，

$$\begin{aligned} W_D = -W_{抵抗} &= \frac{1}{T}\int_0^T 2m\gamma\left(\frac{dx}{dt}\right)^2 dt \\ &= 2m\gamma\int_0^T [A\Omega\cos(\Omega t + \chi)]^2 dt = m\gamma\Omega^2 A^2 \end{aligned}$$

(b) 外力と同相で振動する x_B が受ける仕事は，

$$\begin{aligned} W^B_{外力} &= \frac{1}{T}F_0\Omega B\int_0^T \sin(\Omega t)\cos(\Omega t)dt \\ &= \frac{1}{2T}F_0\Omega B\int_0^T \sin(2\Omega t)dt = 0 \end{aligned}$$

(c) $\pi/2$ 位相の異なる x_C による仕事を $W^C_{外力}$ と書くと，$W_{外力} = W^B_{外力} + W^C_{外力}$．問 (b) の結果から，$W_{外力} = W^C_{外力}$．だから，$W^C_{外力} = W_D$（抵抗損失）$= m\gamma\Omega^2 A^2$ を示す．

$$\begin{aligned} W^C_{外力} &= \frac{1}{T}F_0\Omega(-C)\int_0^T \sin(\Omega t)\sin(\Omega t)dt \\ &= F_0\Omega\left(-\frac{C}{2}\right) = \cdots = m\gamma\Omega^2 A^2 \end{aligned}$$

(d) 力学的エネルギー $E(t)$

$$\begin{aligned} E(t) &= \frac{1}{2}m\left(\frac{dx}{dt}\right)^2 + \frac{1}{2}kx^2 \\ &= \frac{1}{2}m[\Omega A\cos(\Omega t + \chi)]^2 + \frac{1}{2}m\omega^2[A\sin(\Omega t + \chi)]^2 \end{aligned}$$

を積分して，1 周期平均を計算する．三角関数公式 $2\sin^2\theta = 1 - \cos(2\theta)$ を使う．

計算結果によると，抵抗損失 W_D $(= -W_{\text{抵抗}})$ は図 5.5(a) のように Ω/ω に依存して変化する．W_D は $\Omega = \omega$ のときに最大値 $(\omega^2/2\gamma)E_0$ をとる，ただし $E_0 = m\omega^2 x_0^2/2$ である．この振動子に蓄えられる力学的エネルギー $\langle E(\Omega)\rangle$ を，図 5.5(b) に $E_0 = kx_0^2$ で規格化して示した．Ω が ω 近くで大きな振幅で共振しているとき，大きな力学的エネルギーをもつことがわかる．

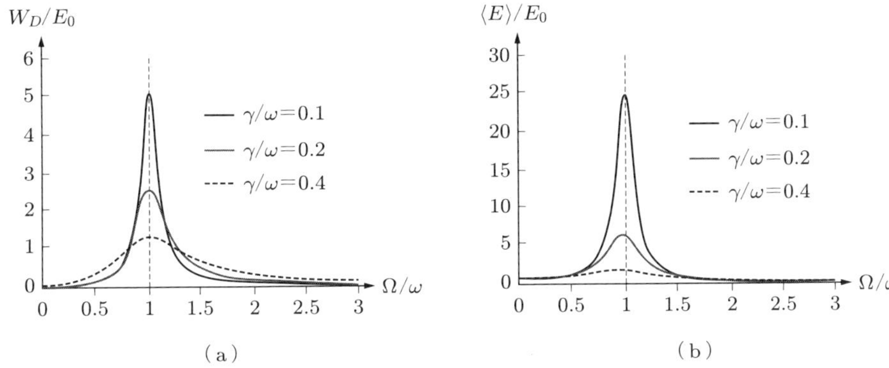

図 5.5 (a) 外力の仕事率 $W =$ 抵抗での損失 $W_D = m\gamma\Omega^2 A^2$，$W_D(\Omega)/E_0 = 2\gamma(\Omega/\omega)^2(A/x_0)^2$．$\Omega = \omega$ で最大値 $W_D(\omega)/E_0 = \omega^2/2\gamma$，$\Omega_\pm = \sqrt{(\omega^2+\gamma^2)}\pm\gamma$ で半値 $W_D(\Omega_\pm) = W_D(\omega)/2$．(b) 蓄えられる平均力学的エネルギー $\langle E(\Omega)\rangle = m(\Omega^2+\omega^2)A^2/4$, $E_0 = m\omega^2 x_0^2/2 = kx_0^2/2$.

■ 共振の Q 値 (quality factor)

外部からの振動による共振では，固有振動数の付近で振幅が急峻に大きくなり（図 5.3(a)），外力の仕事（抵抗損失）は共振点 $(\Omega = \omega)$ で最大ピークをもつ（図 5.5(a)）ことを学んだ．それらのピークは γ で特徴付けられていて，γ が小さいほどピークの値が大きく半値全幅も狭く，鋭い共振となっている．この共振の鋭さを表すのに **Q 値** (quality factor) が使われている．

Q 値は，たとえば，図 5.3(a) の共振振幅では，

$$Q = \frac{（\text{振幅の最大値}）}{（\text{静的振幅}）} = \frac{A(\Omega_0)}{x_0} \tag{5.21}$$

から求められる．ここに，Ω_0 はピークを与える外部振動数で Ω_+ と Ω_- は半値になる振動数である．また，図 5.5(a) の抵抗損失（外力の仕事）では，

$$Q = \frac{\text{（共振周波数）}}{\text{（バンド幅）}} = \frac{\omega}{\text{（半値全幅）}} \tag{5.22}$$

から求められ，図 5.5(b) の 1 周期平均の力学的エネルギーでは，共振点での

$$Q(\omega) = 2\pi \frac{\text{（平均蓄積エネルギー）}}{\text{（1 サイクルあたりの仕事）}} = 2\pi \frac{\langle E(\omega) \rangle}{W_D(\omega)} \tag{5.23}$$

値から得られる．これらは，例題でも示すように，共通した値

$$Q = \frac{\omega}{2\gamma} \tag{5.24}$$

を与える．そうした理解をもとにすると，共振している振動子を観測して得られる図 5.3(a) あるいは図 5.5 の結果から Q 値を求めて，振動子が受けている抵抗を $\gamma = \omega/2Q$ の関係から知ることができる．それで，速度に比例する抵抗をもつ系に対しては γ の代わりに Q 値が使われ，$F_{\text{抵抗力}}$ $(= -2m\gamma v) = -m\omega v/Q$ と書いて，運動方程式 $mdv/dt + m\omega v/Q + m\omega^2 x = F_{\text{外力}}$ によって共鳴現象や減衰振動が調べられている．

例題 5.4 $Q(\Omega) \equiv 2\pi\langle E \rangle / W_D$ を表し，共振点で $Q(\omega) = \omega/2\gamma$ となることを確かめよ．

解 $\langle E \rangle$ の式と W_D の式から，

$$Q(\Omega) = \frac{2\pi}{T}\frac{\langle E \rangle}{W_D} = \left(\frac{\Omega}{2\gamma}\right)\frac{\Omega^2 + \omega^2}{2\Omega\omega} \tag{5.25}$$

$\Omega = \omega$ で $Q(\omega) = \omega/2\gamma$ となる．

例題 5.5 抵抗損失 W_D から得られる Q 値（式 (5.22)）が $\omega/2\gamma$ となることを示せ．

解 最大ピークは Ω が ω のときで $\Omega_0 = \omega$．次に半値全幅を求める．$W(\Omega_\pm) = W(\omega)/2$ を満たす振動数は $\Omega_\pm = \sqrt{\omega^2 + \gamma^2} \pm \gamma$ であるから，$\Omega_+ - \Omega_- = 2\gamma$ となる．

5.3 抵抗のない振動子の共振

抵抗がない振動子では固有振動が減衰しない．そのため，そこに強制振動を加えると，固有振動数 ω と強制振動数 Ω の振動が重ね合わされる．強制力の振動数が固有振動数に近いときは，「うなり」が起こる．一方，固有振動数が一致すると，振幅が時間に比例して大きくなっていく．

運動方程式は，式 (5.11) 中の $\gamma = 0$ とした形

$$m\frac{d^2x}{dt^2} + kx = F_0 \sin(\Omega t) \tag{5.26}$$

で与えられる．方程式を満たす解 $x(t)$ は，固有振動数 ω の強制力のない単振動と強制力に依存した振動数 Ω の特解を加えたものである（5.2 節の式 (5.12) の導出を参照）．特解は，

$$\frac{x_\Omega(t)}{x_0} = P\sin(\Omega t), \qquad P = \frac{\omega^2}{\omega^2 - \Omega^2} \tag{5.27}$$

である．ただし，$x_0 = F_0/k$ とした．

外部振動数が固有振動数に近いときの「うなり」を考えよう．いま，静止している振動子が，時刻 $t = 0$ から $F_0 \sin(\Omega t)$ $(\Omega \neq \omega)$ で加振され始めたとする．この初期条件を満たす強制振動は，少し計算すると，

$$\frac{x_{強制}}{x_0} = -P\left(\frac{\Omega}{\omega}\right)\sin(\omega t) + P\sin(\Omega t) \tag{5.28}$$

となる．この強制振動は，$\Omega + \omega = 2\lambda$，$\Omega - \omega = 2\mu$ とおくと，$x_{強制}/x_0 = (\omega/2\lambda)\cos(\mu t)\sin(\lambda t) - (\omega/2\mu)\sin(\mu t)\cos(\lambda t)$ と表される．第 2 項の振幅 $(\omega/2\mu)\sin(\mu t)$ は，$\Omega \sim \omega$ のときに $2\pi/\mu$ の周期の「うなり」を与える．

一方，**外部振動数が固有振動数に一致するとき**は，同じ初期条件 ($t = 0$，$x = 0$，$v = 0$) で解を求めると，

$$\frac{x_{強制}(t)}{x_0} = \left(\frac{1}{2}\right)\sin(\omega t) - \left(\frac{\omega t}{2}\right)\cos(\omega t) \tag{5.29}$$

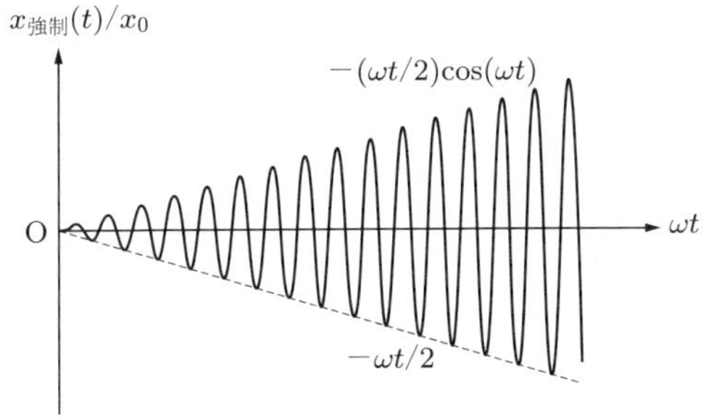

図 5.6 抵抗がないときの $\Omega = \omega$ での共振 $x_{\Omega=\omega}(t)/x_0$（式 (5.29)）．横軸は ωt．振幅は $\omega t/2$．振動の 1 周期 ($T = 2\pi/\omega$) ごとの振幅増幅率が π である．

となることがわかる．第1項は自由振動で，第2項が共振部分である．系には抵抗がないので，外力の仕事によって振幅は（時間に比例して）限りなく増大していく（図5.6）．

振り子を使った強制振動を観察するには，おもり（質点）を糸につり下げた状態で支点を左右に振ればよい．支点を $(F_0/m\omega^2)\sin(\omega t)$ で振れば，おもりにかかる強制力は $F_0\sin(\omega t)$ となる．

例題 5.6　外力による dt 時間あたりの仕事は，$dW = E_0\omega^2 t\sin^2(\omega t)dt$ となることを示せ．

解　式 (5.29) を時間微分して速度 $v(t) = (x_0/2)(\omega^2 t)\sin(\omega t)$ を得る．仕事（率）$dW/dt = v(t)F_0\sin(\omega t)$ を，$F_0 = kx_0$，$E_0 = kx_0^2/2$ の関係を使って整理する．ちなみに，$t = 0$ からの仕事 $W(t)$ は $\tau = \omega t$ とおいて積分すると $(E_0/4)[\tau^2 + \sin^2\tau - 2\tau\sin(2\tau)]$ と積分され，外力の仕事は $W(t) = E_0(\omega t/2)^2$ のように増加していくことがわかる．

章末問題

5.1　過減衰，減衰振動，臨界制動の変位 $x(t)$ について，速度 $v(t)$ の式を求めよ．初期条件が $x(0) = x_0$，$v(0) = 0$ の式 (5.9) および図 5.1 を参照せよ．

5.2　速度に比例する抵抗力を受ける減衰振動の振幅 $x(t)$ と速度 $v(t)$ を，初期条件 $x(0) = 0$，$v(0) = v_0$ のもとに求めよ．固有振動数は ω，抵抗力は $-2m\gamma v(t)$ とせよ．時間変化が図 5.7 のようになることを確認せよ．

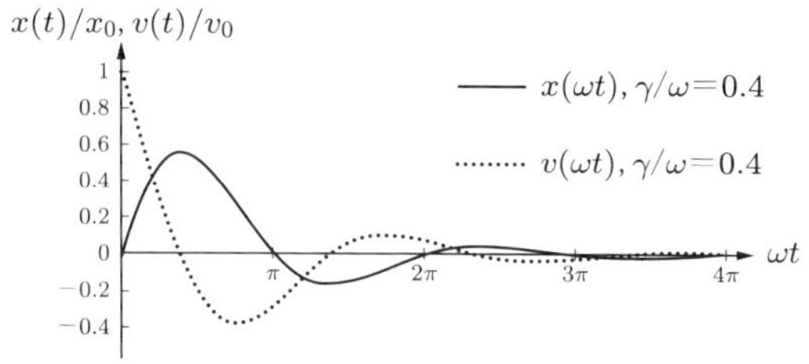

図 5.7　速度に比例する抵抗を受ける減衰振動（$x(0) = 0$，$v(0) = v_0$，$v_0/\omega = 1$）

5.3　電荷 q で質量 m をもつ荷電粒子は，抵抗がなければ，一様な磁束密度 $\boldsymbol{B}$ に垂直な平面内で $\boldsymbol{F} = q\boldsymbol{v} \times \boldsymbol{B}$ の力を受けて円運動を行う．その円運動の角振動数（サイクロトロン振動数）$\omega = qB/m$ は速さ v や半径 r に依存しない．速度に比例する抵抗力 $\boldsymbol{F}(-m\gamma v_x, -m\gamma v_y)$ があるとき，

(a) 速度 $\boldsymbol{v}(v_x, v_y)$ の運動方程式から初速 $\boldsymbol{v}_0(0, v_0)$ のときの解を求めよ．

(b) 1周ごとに失う力学的エネルギーの割合を求めよ．$\eta \equiv \exp(-2\pi\gamma/\omega)$ とする．

5.4　固有振動数 ω で単振動する物体が平衡位置にきたときに，ごく短時間押して加速した．

押した時間を t_0，力を $0 \leq t \leq t_0$ で $F(t) = (F_0/t_0)t$（$t_0 \leq t$ で $F(t) = 0$）とする．はじめに $x(t) = A\sin(\omega t)$ として，押す前後での速度変化を求めよ．質量を m とし，静的変位を $x_0 = F_0/m\omega^2$ とする．

5.5　自然長 ℓ_0 でばね定数 k のばねの下端に質量 m のおもりをつけ，静かにつり下げて静止させる．この状態から上端を $a\sin(\Omega t)$ と上下に振動させる．おもりの運動方程式を求めよ．ただし，鉛直下向きに y 軸を選び，おもりの位置を $y(t)$ として，重力加速度の大きさを g とせよ．

5.6　長さ ℓ の糸の下端に質量 m のおもりをつけた単振り子がある．糸の上端を水平方向に $a\sin(\Omega t)$ で振動させたときのおもりの運動方程式を求めよ．おもり（質点）の振動は微小として，その変位は水平方向だけとする．はじめ質点は静止しているとする．重力加速度の大きさを g とせよ．

コラム　格子振動

振動現象は自然現象に多く見られる．固体結晶では，格子状に原子やイオンが並び，それらが平衡位置の周りで微小振動している．そうした結晶の格子振動として，等間隔に並んだ原子が互いにばねで結ばれて，振動しているモデルが考えられている．

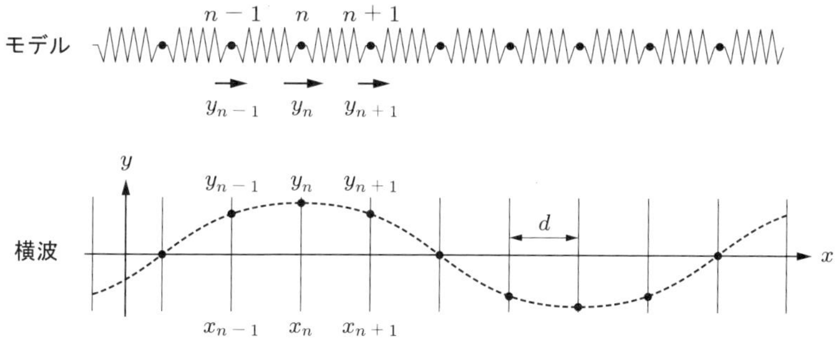

図 5.8

いま，x 方向に間隔 d で並んで，ばね定数 k のばねでつながれた原子鎖を考え，各原子が y 方向に微小変位するモデルを考える．n 番目の原子と，その $n-1$ 番目（左側）と $n+1$ 番目（右側）の原子が y_n，y_{n-1}，y_{n+1} だけ変位していると，n 番目の原子が受ける力 F_n は $F_n = -k(y_n - y_{n+1}) - k(y_n - y_{n-1})$ となる．この力による n 番目の原子の振動は運動方程式 $md^2y_n/dt^2 = -2ky_n + k(y_{n-1} + y_{n+1})$ で決まるので，n 番目の原子の振動数は，隣接原子の変位に影響されて，$\omega = \sqrt{k/m}$ からずれてくる．いま，$x_n = nd$ にいる原子が $y_n(t) = \sin(2\pi x_n/\lambda - \Omega t)$ のように変位しているとして運動方程式を解くと，原子鎖の固有振動数が $\Omega/\omega = 2\sin(\pi d/\lambda)$ と与えられる．ここに，λ は振動する鎖の波長である．

コラム Soliton（ソリトン）と Tsunami（津波）

津波は “Tsunami” として国際的に知られている．Tsunami は特別な波で，物質を運ぶソリトン波の一つである．ソリトン波は非線形の孤立波である．歴史的にみると，水路の表面を伝わる長波長の波が時間がたっても同じ形のまま移動することを John Scott Russel が発見（1834 年に Solitary Wave として論文報告）し，浅水孤立波を記述する KdV 方程式（Korteweg と de Vries）が発表（1895 年）されたことが出発点となっている．ソリトン発見の契機となった Fermi–Pasta–Ulam の問題（FPU 問題）では，質量 m の質点がばねでつながれた一次元格子で，ばねによる力が変位 $\varDelta$ に比例するだけでなく，変位の 2 乗に比例する力も加わっている場合，$F=-k(\varDelta+\alpha\varDelta^2)$，が考えられた．ここに，$k$ はばね定数，α は非線形効果の強さを表す定数である．運動方程式は，n 番目の原子の変位を y_n とすると，

$$\frac{d^2y_n}{dt^2}=(y_{n-1}-2y_n+y_{n+1})+\alpha[(y_{n+1}-y_n)^2+(y_n-y_{n-1})^2] \quad (1)$$

となる．ただし，$\sqrt{k/m}=\omega$ を単位にして，時間 t を ω で除した t/ω を改めて t とおいている．右辺の第 2 項は変位の二次関数であるので，非線形方程式である．右辺第 2 項の非線形項がなければ線形方程式なので，解は $y_n(t)=\sin(2\pi x_n/\lambda-\Omega t)$ で与えられる．Zabusky と Kruskal らは FPU 問題を調べ（1965 年），波長 λ が長いときには，伝播速度を v，$\delta^2=d\alpha/24$，$s=x-vt$，$\tau=\alpha dv$，$u(s,\tau)=\partial y/\partial s$ とおいてみると，

$$\frac{\partial u}{\partial\tau}+u\frac{\partial u}{\partial s}+\delta^2\frac{\partial^3u}{\partial s^3}=0 \quad (2)$$

という非線形方程式となって，$u(s,\tau)\approx A/\cosh^2[A(s-s_0-A\tau/3)/12\delta^2]$ という孤立波解があることを示し，ソリトン (Soliton) と命名した．孤立波（ソリトン）は，様々な非線形現象に現れる．ソリトン解を与える非線形方程式は，浅水波方程式，KdV 方程式，MKdV 方程式，sine-Gordon 方程式，戸田格子など多数ある．sine-Gordon 方程式の解（キンク解，反キンク解）

$$\phi(y,t)=4\arctan\{\exp[\pm m(y-y_0-vt)/\sqrt{1-v^2/c^2}]\} \quad (3)$$

は，位相ソリトンともよばれ，磁性のスピン波や結晶転位などが絡んだ物理現象の説明に使われている．

孤立派のソリトンは，物質を運ぶはたらきをもっている．ソリトン解は「時間がたっても同じ形で伝播する」あるいは「二つのソリトンが交差しても，互いの形を変えないで分かれていく」．同じ波でも音波や格子振動では，分子や原子が平均位置から振動するだけで，実質的な物質移動は起こっていない．物質（水）の移動をともなう Tsunami は大きな運動量をもつため，多大な被害を及ぼす．

第 6 章 中心力を受ける運動

万有引力やクーロン力は「物体の質量中心を結ぶ方向で距離の 2 乗に反比例する力」である．ケプラーによる惑星運動の観測がやがてニュートンの力学に集大成されるなかで中心的役割を担った力である．これらは中心力とよばれる保存力であり，力学的エネルギー保存則と角運動量保存則が成り立つ．

6.1 角運動量保存則

■ 角運動量

運動している質点の**角運動量** (angular momentum) は，物体の位置を $\boldsymbol{r}$ として運動量を $\boldsymbol{p}$ とすると，

$$\boxed{\boldsymbol{\ell} \equiv \boldsymbol{r} \times \boldsymbol{p} \qquad (\boldsymbol{p} = m\boldsymbol{v})} \tag{6.1}$$

で定義される．ここに，「×」はベクトルの外積（ベクトル積 (vector product)）という演算を表す．角運動量ベクトル $\boldsymbol{\ell}$ の向きは，図 6.1(a) の $\boldsymbol{r}$ と $\boldsymbol{p}$ が作る平面に垂直方向で，$\boldsymbol{r}$ から $\boldsymbol{p}$ に回転したときに右ねじが進む向きである．大きさ ℓ は $\boldsymbol{r}$ と $\boldsymbol{p}$ の作る平行四辺形の面積に等しく，

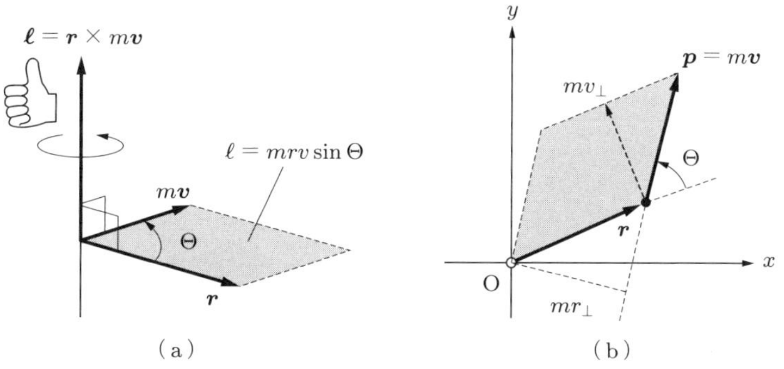

図 6.1　角運動量ベクトル

$$\ell = mrv\sin\Theta \tag{6.2}$$

となる．ここに，Θ は $\boldsymbol{r}$ から $\boldsymbol{p}$ へ向けて測った角である．さらに，図 6.1(b) に示したように，速度ベクトルを位置ベクトルに垂直な方向に投影した成分を $v_\perp$ とすると，

$$\ell = mr(v\sin\Theta) = mrv_\perp \tag{6.3}$$

とも表される．また，位置ベクトルの速度ベクトルに垂直方向の成分を $r_\perp$ と書くと，

$$\ell = m(r\sin\Theta)v = mr_\perp v \tag{6.4}$$

とも表される．

角運動量ベクトル $\boldsymbol{\ell}(\ell_x, \ell_y, \ell_z)$ を，位置ベクトル $\boldsymbol{r}$ と運動量ベクトル $\boldsymbol{p}$ の x，y，z 成分で表す．式 (6.1) から計算した結果だけ示すと，付録を参照して，

$$\boldsymbol{\ell} = (yp_z - zp_y)\boldsymbol{e}_x + (zp_x - xp_z)\boldsymbol{e}_y + (xp_y - yp_x)\boldsymbol{e}_z \tag{6.5}$$

となる．運動が xy 平面内であれば（$z = 0$，$p_z = 0$），ℓ_z 成分だけが残る．

例題 6.1 xy 平面上を運動する質量 m の質点が $\boldsymbol{r}(r, 0)$ を速度 $\boldsymbol{v}(v\cos\theta, v\sin\theta)$ で通過した．角運動量の z 成分 ℓ_z を求め，式 (6.2) と比べよ．

解 $\ell_z = xp_y - yp_x = r(mv\sin\theta) - 0(mv\cos\theta) = mrv\sin\theta$

例題 6.2 図 6.2 のように，xy 平面を x 方向に一定速度 v で x 軸の正の向きに直進している質点がある．原点と直線との距離を b とする．質量を m とすると，角運動量の大きさは一定値 $\ell = mbv$ で，向きは $-z$ 方向であることを確かめよ．

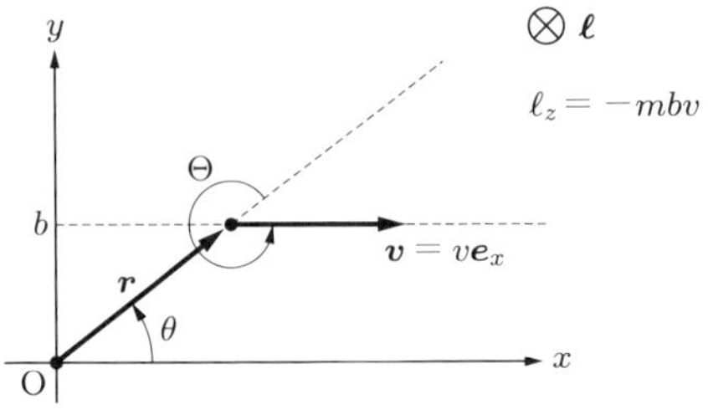

図 6.2 直線運動する物体の角運動量

解 原点から速度ベクトル $\boldsymbol{v}$ 方向に垂線を下ろすと，$r_\perp = r\sin\theta = b$ である．$\Theta = 2\pi - \theta$ なので，角運動量の z 成分は，$\ell_z = mvr_\perp = mvr\sin\Theta = -mvb$．ここに $(-)$ 符号は，角運動量の向きが z 軸の $(-)$ 方向であることを示す．

別解 $\ell_z = m(xv_y - yv_x)$ に従って求める．図 6.2 から $x = r\cos\theta$，$y = r\sin\theta = b$，$v_x = v$，$v_y = 0$ であるから，$\ell_z = 0 - mbv = -mbv$．

■ 角運動量ベクトルと角速度

角運動量は物体の回転と密接に関連している．図 6.3(a) のように，質量 m の物体が半径 r（$=$ 一定値）で速さ v の等速円運動しているとき，角運動量は回転面に垂直で大きさは $\ell = mrv$ である．この回転の角速度を ω とすると，$v = r\omega$ なので $\ell = mr^2\omega$ となる．

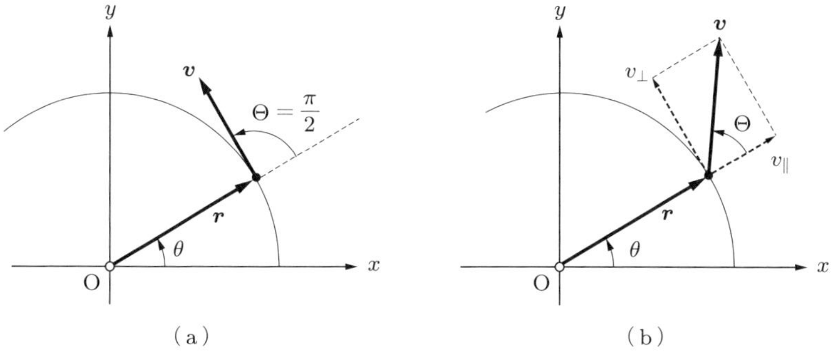

図 6.3　角運動量．(a) 等速円運動の $\ell/m = rv = r^2\omega$，(b) 一般の $\ell/m = rv_\perp = r^2\omega$

図 6.3(b) では，物体までの距離が r（$\neq$ 一定）で，速度が $\boldsymbol{v}$ である場合を示している．回転の角速度を ω とする．速度を図のように，$\boldsymbol{r}$ 方向に平行な成分 $v_\parallel$ とそれに垂直な成分 $v_\perp$ とに分けてみる．すると，速さ $v_\perp$ で半径 r の等速円運動と同じように，$v_\perp = r\omega$ となる．結局，角運動量と角速度の関係は

$$\ell \equiv mrv_\perp = mr^2\omega \tag{6.6}$$

と表される．ここで，$r^2\omega/2 = (r^2/2)(d\theta/dt)$ は**面積速度** (areal velocity) とよばれる．

■ 力のモーメント

質点にはたらく**力のモーメント** (moment of force) は，質点の位置を $\boldsymbol{r}$，はたらく力を $\boldsymbol{F}$ とするとき，

$$\boxed{\boldsymbol{N} \equiv \boldsymbol{r} \times \boldsymbol{F}} \tag{6.7}$$

と定義される（図 6.4）．力のモーメントを直交座標の成分 $\boldsymbol{N} = (N_x, N_y, N_z)$ で表すと，

$$\boldsymbol{N} = (yF_z - zF_y)\boldsymbol{e}_x + (zF_x - xF_z)\boldsymbol{e}_y + (xF_y - yF_x)\boldsymbol{e}_z \tag{6.8}$$

となる．力のモーメントの大きさ N は，$\boldsymbol{r}$ と $\boldsymbol{F}$ のなす角度を Θ とすると

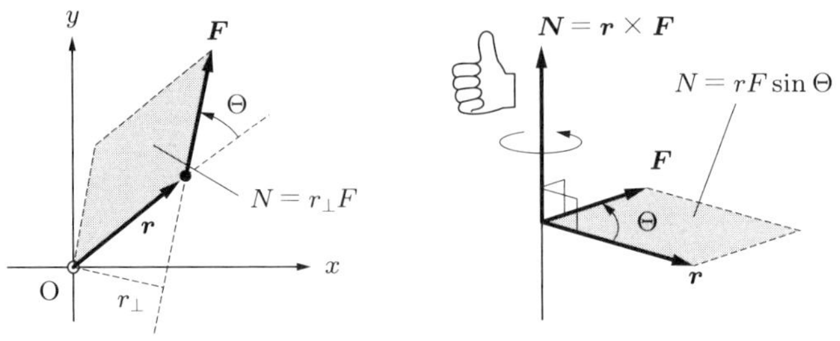

図 6.4　力のモーメント

$$N = Fr\sin\Theta = r_{\perp}F \tag{6.9}$$

となる．ここに，$r_{\perp} = r\sin\Theta$ は原点 O から力 $\boldsymbol{F}$ の作用線に下ろした垂線の長さで，回転の**うでの長さ**ともよばれる．力のモーメントの大きさは，ベクトル $\boldsymbol{r}$ と $\boldsymbol{F}$ の作る平行四辺形の面積となる．平行四辺形に垂直方向で，$\boldsymbol{r}$ から $\boldsymbol{F}$ に回転したときに右ねじが進む向きである．

■ 力のモーメントと角運動量

力のモーメント $\boldsymbol{N}$ を受ける質点の角運動量 $\boldsymbol{\ell}$ は，角運動量の運動方程式

$$\boxed{\frac{d\boldsymbol{\ell}}{dt} = \boldsymbol{N}} \tag{6.10}$$

に従って変化する．これは運動方程式 $d\boldsymbol{p}/dt = \boldsymbol{F}$ から次のようにして導かれる．

式 (6.10) の左辺から，

$$\begin{aligned}\frac{d\boldsymbol{\ell}}{dt} &= \frac{d}{dt}(\boldsymbol{r}\times\boldsymbol{p}) = \left(\frac{d\boldsymbol{r}}{dt}\right)\times\boldsymbol{p} + \boldsymbol{r}\times\left(\frac{d\boldsymbol{p}}{dt}\right)\\ &= \boldsymbol{v}\times(m\boldsymbol{v}) + \boldsymbol{r}\times\left(\frac{d\boldsymbol{p}}{dt}\right) = 0 + \boldsymbol{r}\times\boldsymbol{F} = \boldsymbol{N}\end{aligned} \tag{6.11}$$

となる．ここで，ベクトル積 $\boldsymbol{v}\times\boldsymbol{v}$ は必ずゼロであることを使った．

■ 角運動量が保存されている運動

物体に作用する力のモーメントがないとき，

$$\text{力のモーメント } \boldsymbol{N} = 0 \quad \rightarrow \quad \frac{d\boldsymbol{\ell}}{dt} = 0$$

したがって角運動量の時間変化 $d\boldsymbol{\ell}/dt$ はゼロとなる．それで，角運動量ベクトル $\boldsymbol{\ell}$ は一定の値をもつ．ベクトルが一定ということは，ベクトルの向きと大きさが一定に保存されることを意味する．この一定な角運動量ベクトルの向き（方向）を z 軸とすれば，物体は角運動量ベクトルに垂直な面内（xy 面内）で運動する．まとめると，**力のモーメントがゼロであれば角運動量は保存される**，すなわち**物体は一つの面で運動し，角運動量は運動面に垂直で大きさは一定に保たれる．**

■ 力積による角運動量変化

さて，いま，ある角運動量 $\boldsymbol{\ell}$ で運動している質点に力 $\boldsymbol{F}$ が微小時間 Δt はたらいたとする．このとき，物体には微小な力のモーメント $\Delta\boldsymbol{N} = \boldsymbol{r} \times (\boldsymbol{F}\Delta t)$ が加わる．そのときの角運動量の変化 $\Delta\boldsymbol{\ell}$ を考えてみよう（図 6.5）．この角運動量変化は $\Delta(\boldsymbol{r} \times \boldsymbol{p}) = (\Delta\boldsymbol{r}) \times \boldsymbol{p} + \boldsymbol{r} \times (\Delta\boldsymbol{p})$ で，位置変位による第 1 項と運動量変化による第 2 項からなる．ここで，第 1 項は，運動方程式から $\Delta\boldsymbol{r} = (\boldsymbol{p}/m)\Delta t$ であるので，$\Delta\boldsymbol{r} \times \boldsymbol{p} = 0$ である．一方，第 2 項は，$\Delta\boldsymbol{p} = \boldsymbol{F}\Delta t$ である．結局，力積 $\boldsymbol{F}\Delta t$ による角運動量変化は

$$\boxed{\Delta\boldsymbol{\ell} = \boldsymbol{r} \times \boldsymbol{F}\Delta t} \tag{6.12}$$

となる．

質点に作用する力（力積）が (a) $\boldsymbol{r}$ 方向，(b) $\boldsymbol{v}$ 方向，(c) $\boldsymbol{r} \times \boldsymbol{v}$ 方向のときの角運動量変化を図 6.5 に示した．角運動量変化は，位置ベクトルから力積の加わった方向に回転したときに右ねじが進む向きに起こる．図 6.5(a) のように，力積が $\boldsymbol{r}$ 方向であるときは $\Delta\boldsymbol{\ell} = 0$ である．すなわち，**力積が中心方向にはたらくときは角運動量は変化しない．**

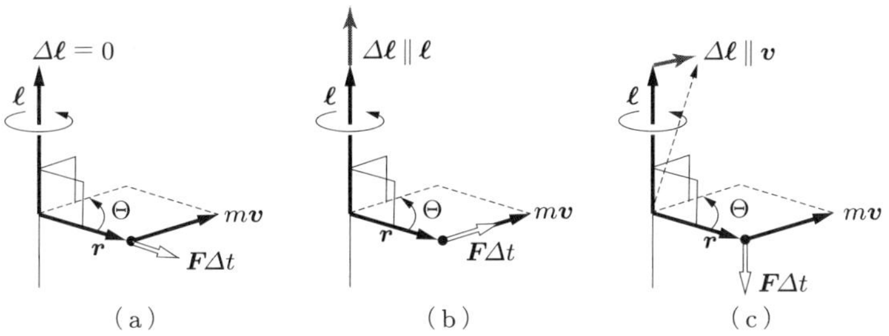

図 6.5　作用力と角運動量変化．力は (a) $\boldsymbol{r}$ 方向，(b) $\boldsymbol{v}$ 方向，(c) $\boldsymbol{r} \times \boldsymbol{v}$ 方向

6.2 中心力

質点にはたらく力 $\boldsymbol{F}$ が質点と原点 O を結ぶ方向で，物体の位置だけに依存するとき，この力を中心力という．**中心力** (central force) $\boldsymbol{F}$ は，位置ベクトルを $\boldsymbol{r}$ とすると，

$$\boxed{\boldsymbol{F} = f(r)\boldsymbol{r}} \tag{6.13}$$

と表される．ここに，$f(r)$ は位置ベクトルの大きさ $r = |\boldsymbol{r}|$ の関数（距離だけの関数）である．

中心力による力のモーメントは $\boldsymbol{N} = \boldsymbol{r} \times \boldsymbol{F} = \boldsymbol{r} \times \boldsymbol{r} f(r)$ となるが，ベクトル積 $\boldsymbol{r} \times \boldsymbol{r} = 0$ の関係から，常に $\boldsymbol{N} = 0$ である．すると角運動量の運動方程式 (6.10) は $d\boldsymbol{\ell}/dt = \boldsymbol{N} = 0$ となり，角運動量 $\boldsymbol{\ell}$ は一定値をもつ．すなわち，**中心力による運動では角運動量の保存則が成り立ち，角運動量の大きさと方向が一定に保たれる**．

中心力では，$\mathrm{rot}\,\boldsymbol{F} = 0$ が空間のすべての点で成り立つことが示される（例題 6.3 を参照）．よって，3.3 節で学んだように，中心力は保存力である．すると，3.4 節で学んだように，この保存力 $\boldsymbol{F}$ に対して $\boldsymbol{F} = -\,\mathrm{grad}\,\phi(\boldsymbol{r})$ となるスカラー関数 $\phi(\boldsymbol{r})$ を定めると，$V(\boldsymbol{r}) = \phi(\boldsymbol{r}) + \phi_0$（$\phi_0$ は適当に選んだ定数）は位置エネルギーを与える．すなわち，**中心力は保存力で，力学的エネルギーが保存される**．

例題 6.3 中心力の一般形は $\boldsymbol{F} = f(r)\boldsymbol{r}$ と表される，$\mathrm{rot}\,\boldsymbol{F} = 0$ であることを示せ．

解 $\boldsymbol{A} = \mathrm{rot}\,\boldsymbol{F}$ とおく．ベクトルの z 成分 A_z は $A_z = \partial F_y/\partial x - \partial F_x/\partial y$ と表される．

$$\frac{\partial r}{\partial x} = \frac{\partial}{\partial x}\sqrt{x^2 + y^2 + z^2} = \frac{1}{2}\frac{1}{\sqrt{x^2 + y^2 + z^2}}(2x) = \frac{x}{r}$$

となる．これを使うと，関数 $f(r)$ の x による偏微分は，

$$\frac{\partial f(r)}{\partial x} = \left(\frac{\partial f}{\partial r}\right)\left(\frac{\partial r}{\partial x}\right) = \left(\frac{\partial f}{\partial r}\right)\left(\frac{x}{r}\right)$$

となる．次に，A_z の表式に，中心力の各成分 $F_x = f(r)x$，$F_y = f(r)y$，$F_z = f(r)z$ を代入して，整理すると，

$$\begin{aligned}
A_z &= \frac{\partial(f(r)y)}{\partial x} - \frac{\partial(f(r)x)}{\partial y} \\
&= y\left(\frac{\partial f}{\partial x}\right) + f(r)\left(\frac{\partial y}{\partial x}\right) - x\left(\frac{\partial f}{\partial y}\right) - f(r)\left(\frac{\partial x}{\partial y}\right) \\
&= y\left(\frac{x}{r}\right)\left(\frac{\partial f}{\partial r}\right) - x\left(\frac{y}{r}\right)\left(\frac{\partial f}{\partial r}\right) = 0
\end{aligned}$$

となる．同様にして，$A_x = 0$，$A_y = 0$ となる．結果，$\boldsymbol{A} = \mathrm{rot}\,\boldsymbol{F} = 0$ が示される．

問　$\boldsymbol{F} = (0, 0, kxy)$ について，ベクトル $\boldsymbol{A} = \mathrm{rot}\,\boldsymbol{F}$ の x，y，z 各成分を求めよ．

例題 6.4　中心力 $\boldsymbol{F} = f(r)\boldsymbol{r}$ による位置エネルギーが $V(r) = -\int^r f(r)rdr$ となることを示せ．

解　$V(r) = -\int^r f(r)\boldsymbol{r}\cdot d\boldsymbol{r}$ であり，$2rdr = dr^2 = d(\boldsymbol{r}\cdot\boldsymbol{r}) = \boldsymbol{r}\cdot d\boldsymbol{r} + d\boldsymbol{r}\cdot\boldsymbol{r}$ の関係から示される．

問　中心力 $\boldsymbol{F} = -kr^3\boldsymbol{r}$ の位置エネルギー（なべぞこ型ポテンシャル）を求めよ．

6.3　距離に比例する中心力

距離に比例する中心力がはたらく運動を考え，角運動量と力学的エネルギーが保存されることを確かめる．回転運動の角速度と角運動量の関係について学ぶ．

中心力を $\boldsymbol{F} = -k\boldsymbol{r}$ $(k > 0)$ とする．運動する物体（質点）の質量を m として，$\Omega = \sqrt{k/m}$ とする．保存される角運動量の向きを z 軸 $(+)$ 方向として，xy 平面内で運動するとする．運動方程式は

$$m\frac{d^2x}{dt^2} + m\Omega^2 x = 0, \qquad m\frac{d^2y}{dt^2} + m\Omega^2 y = 0 \tag{6.14}$$

と書かれ，4.4 節を参照すると，時刻 t での位置 $\boldsymbol{r}(x, y)$ は

$$x(t) = A\cos(\Omega t + \phi), \qquad y(t) = B\sin(\Omega t + \chi) \tag{6.15}$$

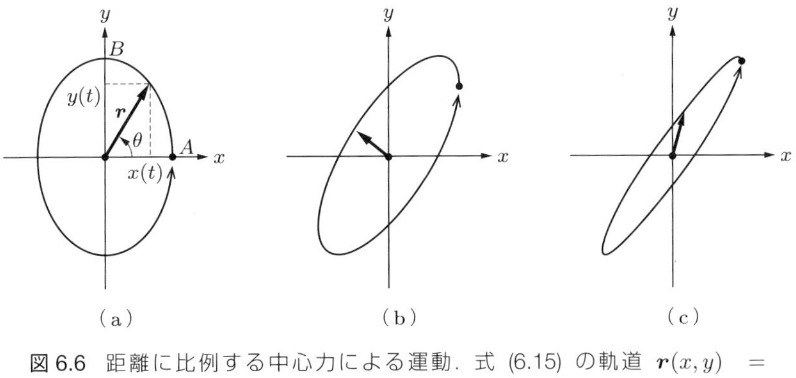

図 6.6　距離に比例する中心力による運動．式 (6.15) の軌道 $\boldsymbol{r}(x, y) = (A\cos(\Omega t + \phi), B\sin(\Omega t + \chi))$．$A/B = 1/2$ で $\phi = 0$ のとき，(a) $\chi = 0$：長短径が $2A$，$2B$ の楕円，(b) $\chi = \pi/4$：主軸が x，y 軸から傾いた楕円，(c) $\chi = 2\pi/5$：つぶれた楕円．

となる．ここに，A，B，ϕ，χ は任意定数である．運動する質点の軌道は，任意定数の選び方，すなわち初期条件によって円か楕円か直線のどれかになる．たとえば，$\phi = \chi$ であれば，長短径を $2A$，$2B$ とする楕円軌道

$$\left(\frac{x}{A}\right)^2 + \left(\frac{y}{B}\right)^2 = 1$$

となることはすぐわかる．図 6.6 に，$\phi - \chi$ が異なる場合の軌道を示した．

■ 二つの保存量

質点のもつ力学的エネルギー E と角運動量 ℓ を求めてみよう．位置 $\boldsymbol{r}(x, y)$ での速度 $\boldsymbol{v}(v_x, v_y)$ は

$$v_x = -\Omega A \sin(\Omega t + \phi), \qquad v_y = \Omega B \cos(\Omega t + \chi)$$

である．それで，力学的エネルギー $E = mv^2/2 + m\Omega^2 x^2/2$ は

$$\begin{aligned} E &= \frac{m}{2}[\Omega^2 A^2 \sin^2(\Omega t) + \Omega^2 B^2 \cos^2(\Omega t)] \\ &\quad + \frac{m\Omega^2}{2}[A^2 \cos^2(\Omega t) + B^2 \sin^2(\Omega t)] \\ &= \frac{m}{2}\Omega^2(A^2 + B^2) \end{aligned} \tag{6.16}$$

と計算される．この力学的エネルギーは，時間に依存しない一定値となる．

z 方向の角運動量 $\ell = m(xv_y - yv_x)$ は，

$$\begin{aligned} \frac{\ell}{m} &= A\cos(\Omega t + \phi)\Omega B \cos(\Omega t + \chi) + B \sin(\Omega t + \chi)\Omega A \sin(\Omega t + \phi) \\ &= \Omega AB \cos(\phi - \chi) \end{aligned} \tag{6.17}$$

と計算される．この角運動量は，時間に依存しない一定の値である．

■ 保存される角運動量と軌道：面積速度一定

角運動量は，式 (6.17) を見ると，位相角の差 $\phi - \chi$ に依存し，位相差がないときに最大で，$\pi/2$ でゼロとなる．一方，図 6.6 に示される軌道を見ると，位相差が増えると楕円がつぶれてくる．位相差が $\pi/2$ では $y = (B/A)x$ の直線となる．

そこで，少し脇道にそれるが，軌道が囲む面積（軌道面積）を計算してみる．図 6.6(a) に示す長短径が $2A$，$2B$ の楕円の面積は，$S_0 = \pi AB$ である．図 6.6(b)，(c) に示すような $\phi \neq \chi$ の軌道面積は，$\oint y dx = -\oint \Omega AB \sin(\Omega t + \chi) \sin(\Omega t + \phi) dt$ を計算

して，$S = \pi AB\cos(\phi - \chi)$ となる．

以上の結果と軌道を 1 周する時間が $T = 2\pi/\Omega$ であることをあわせると，角運動量 ℓ と軌道面積 S は $\ell/m = \Omega AB\cos(\phi - \chi) = 2S/T$ の関係を満たす，すなわち $\ell/m = 2 \times$ (軌道の囲む面積)/(周期) が成り立つことがわかる．

図 6.3(b) と式 (6.6) で示したように，運動の各瞬間で $\ell/m = r^2\omega = 2 \times$ (面積速度) であるから，(面積速度) $= r^2\omega/2 = S/T =$ (軌道の囲む面積)/(周期) となる．

章末問題

6.1 図 6.7 のように，長さ a の糸の先端に質量 m の物体をつけ，水平位置で初速度 v_0 を与えて鉛直面内で回転させた．問いに答えよ．重力加速度を g とする．

(a) 糸が鉛直方向から θ 回転したときの速度 $v(\theta)$ を求めよ．

(b) 回転角 θ に依存する角速度 $\omega(\theta)$ を求めよ．

(c) 物体が O の真下にきたときから半径 $a/2$ で ϕ 回転したとき，点 O の周りの角運動量 $L(\phi)$ を求めよ．

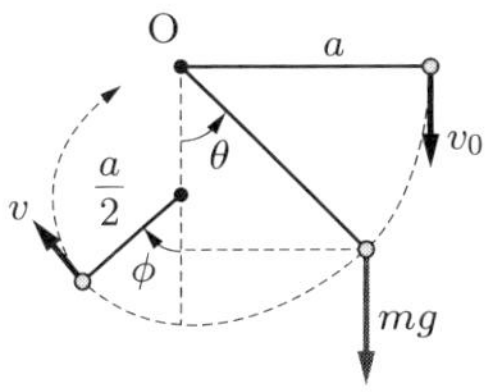

図 6.7 糸の長さが変わる回転運動

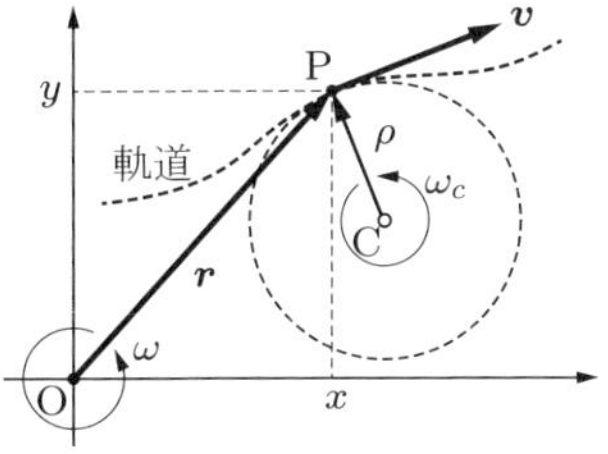

図 6.8 軌道に接する円，曲率半径，曲率中心

6.2 平面曲線 $y = f(x)$ 上の点 $\mathrm{P}(x, y)$ で曲線と接する円の半径を曲率半径といい，その円の中心を曲率中心という（図 6.8）．曲率半径は $\rho = \left[1 + (dy/dx)^2\right]^{3/2}/(d^2y/dx^2)$ と表される．平面内の運動を考えてみよう．質点の運動する軌道が $y = f(x)$ で，時刻 t で位置 $\boldsymbol{r}(x, y)$，速度 $\boldsymbol{v}(v_x, v_y)$，加速度 $\boldsymbol{\alpha}(\alpha_x, \alpha_y)$ であるとすると，曲率半径は $(v_x^2 + v_y^2)^{3/2}/(v_x\alpha_y - v_y\alpha_x)$ で与えられることを示せ．

6.3 距離に比例する中心力を受ける質点が楕円軌道を描いて運動している．時刻 t での位置 $\boldsymbol{r}(x, y)$ を $x = A\cos(\Omega t)$，$y = B\sin(\Omega t)$ とする．

(a) 曲率半径 $\rho = v^3/(v_x\alpha_y - v_y\alpha_x)$ を求めよ．

(b) 曲率半径 ρ を，角運動量 ℓ/m $(= \Omega AB)$ を使って表せ．

(c) 曲率中心から見た角速度 ω_c を求め，原点から見た角速度 ω と比べよ．

6.4 水平面内で一定の角速度 ω で回転している円盤がある．回転の中心を O とする．いま，物体 P が円盤上を O から一定速さ a で外向きに進むとする．すると，図 6.9 に示すように，時刻 t での位置は原点 O からの距離が $\mathrm{OP} = at$，x 軸からの回転角度 $\theta = \omega t$

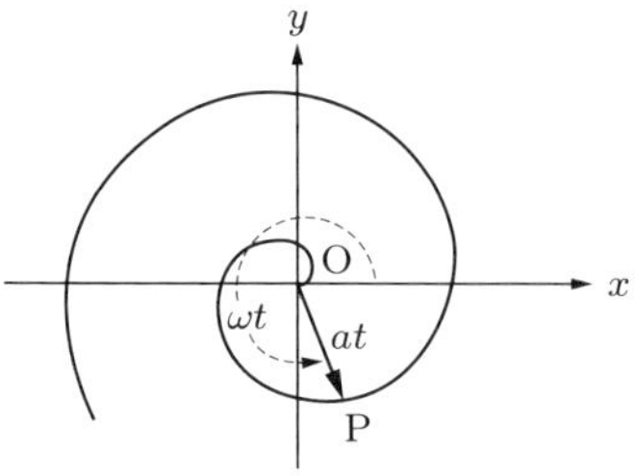

図 6.9 アルキメデスのらせん

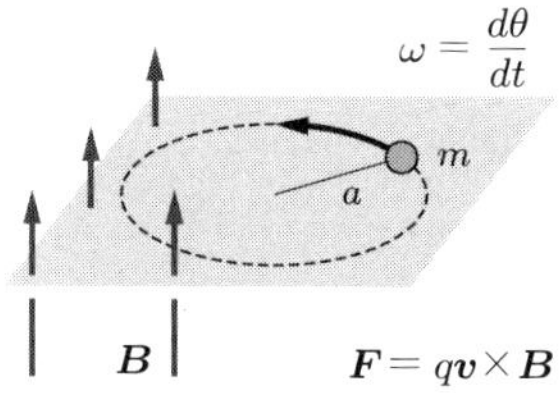

図 6.10 ラモーアの歳差運動

となる．時刻 t における物体の角運動量を求めよ．物体の質量を m とする．

6.5　力 $\boldsymbol{F}(F_x, F_y, F_z) = (-m\omega^2 x, -m\omega^2 y, 0)$ を受けて，半径 a で水平面内を角速度 ω で円運動する質量 m の質点がある．質点は電荷 q (< 0) をもつとする．この電荷をもつ質点に一様な磁束密度 $\boldsymbol{B}$ を加えると，図 6.10 のように，速度 $\boldsymbol{v}$ に依存した力 $\boldsymbol{F}_B = (qBv_y, -qBv_x, 0)$ が加わる．質点はラモーアの歳差運動を行う．

(a) 質点の位置を $\boldsymbol{r}(x, y)$ として，運動方程式を立てよ．

(b) 角振動数 ω の変化をラモーアの角振動数 $\omega_L = |q|B/2m$ を用いて表せ．

6.6　鉛直面内で微小振動している単振り子がある（図 6.11）．糸の長さが振り子の周期に比べてゆっくり変化するときの振動について，以下の問いに答えよ．

(a) 振動角を θ として，重力 mg による力のモーメントを求め，振り子の支点から見た角運動量変化について，運動方程式を立てよ．

(b) 微小振動として，$s = \ell\theta$（円弧の長さ）とした運動方程式に書き換えよ．

(c) 糸の長さ変化が $\ell = \ell_0 + \alpha t$ $(\alpha < 0)$ の場合，糸が短くなると振動数は増える．長さ変化はゆっくりで，角振動数が数周期の間には大きく変化しない場合には，角振動数が $\omega(t) = \sqrt{g/\ell}$ で時間変化し，振幅の 2 乗が $\omega(t)$ に反比例することを示せ．

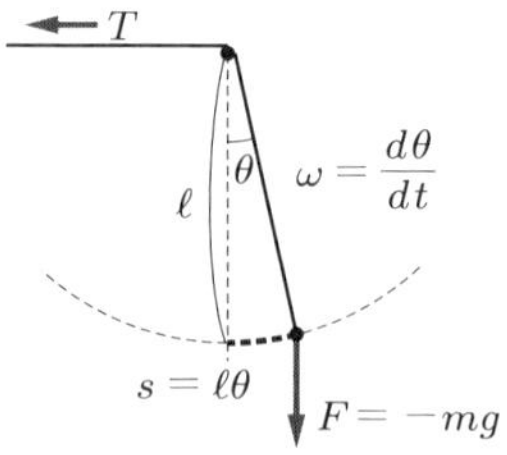

図 6.11 糸の長さがゆっくり変わる微小振動

6.7　力 $\boldsymbol{F} = (-kx, -Ky)$ $(k \neq K)$ は中心力でないことを示せ．k/K が有理数，無理数のときこの力による軌道を描き，リサージュ図形になることを示せ．

第7章 惑星の運動

この章では，ニュートンの運動法則に従って，惑星の運動を解析してみよう．

太陽と惑星の間には万有引力がはたらいており，その大きさはそれぞれの質量に比例し，互いの距離の 2 乗に反比例する．惑星にはたらく力は常に太陽に向かっており，惑星の軌道上での角運動量が一定であることが示される．これは，太陽を中心とした惑星運動の等面積速度則，つまり，ケプラーの第 2 法則を導いたことになる．

さらに，惑星の軌道は太陽を一つの焦点とした楕円となることも導かれる．これはケプラーの第 1 法則である．中心力を扱った前章とは異なり，力の中心は楕円の中心ではないことを注意したい．また，各惑星の公転周期の 2 乗は軌道長半径の 3 乗に比例することを導くことができる．

この章では，二次元の極座標 (r, θ) を用いて解析している．極座標の基本ベクトルは質点の位置によって異なり，$\boldsymbol{e}_r$ は動径方向，$\boldsymbol{e}_\theta$ は原点（太陽）を中心とした同心円の接線方向である．極座標による速度や加速度の表式や，運動法則の表式を示した．

7.1 惑星運動の規則性

■ ケプラーの法則と万有引力の法則

太陽系の惑星の規則正しい運動は，ニュートン力学を検証する壮大な舞台である．チコ・ブラエの膨大な惑星運動の観測結果を分析して，ケプラーは惑星の運動について，**ケプラーの 3 法則**とよばれる三つの法則を導いた．

1. **惑星は太陽を一つの焦点とする楕円軌道 (elliptic orbit) 上を運動する．**
2. **太陽を中心として，惑星の動径ベクトルの描く面積速度は軌道上はどの位置でも同じである．**
3. **惑星の公転周期 (revolution period) の 2 乗は，軌道の長半径の 3 乗に比例する．**

ニュートンは，惑星にはたらく力は常に太陽に向いている**中心力**で，太陽が惑星に及ぼす力は互いの距離の 2 乗に反比例し，惑星の質量に比例するとした．そして，この種の力はすべての物体に存在すると考え，**万有引力** (universal gravitation) と名付けた．万有引力は，「**二つの質点を結ぶ直線に平行で，互いに引き合う向きにあり，そ**

の大きさはその距離の2乗に反比例し，質量の相乗積に比例する」．すなわち，太陽と惑星の質量をそれぞれ M，m とすれば，惑星に作用する万有引力は

$$\boxed{\boldsymbol{F}(\boldsymbol{r}) = -G\frac{Mm}{r^2}\cdot\frac{\boldsymbol{r}}{r}} \tag{7.1}$$

で表される．ただし，太陽の位置を原点にとり，惑星の位置ベクトルを $\boldsymbol{r}$ とおいた．ここで，G は**万有引力定数** (universal gravity constant)

$$G = 6.674\times10^{-11}\ \mathrm{N{\cdot}m^2/kg^2}$$

である．G の値はキャベンデッシュが金属球間の引力をねじれ秤で 1798 年に測定したのがはじめである†.

万有引力に比例する質量を，とくに**重力質量** (gravitational mass) とよぶことがある．物体に力を加えたときに生じる加速度の大きさは，その質量に反比例するが，この物体の慣性の大きさを表す質量を**慣性質量** (inertial mass) という．この原理的に異なる二つの定義を区別して使うときに，この用語が用いられる．実験的にはこれらの量は常に比例している．力の単位をニュートン [N]，G の値を上式のようにとれば，両者の値は完全に一致している．

■ 角運動量保存則（面積速度保存則）

惑星の運動量 $\boldsymbol{p}$ を用いて，$\boldsymbol{\ell}\equiv\boldsymbol{r}\times\boldsymbol{p}$ は，太陽を中心とした角運動量である．万有引力は中心力であるので，前章で示したように，$d\boldsymbol{\ell}/dt=0$ となる．したがって，**惑**

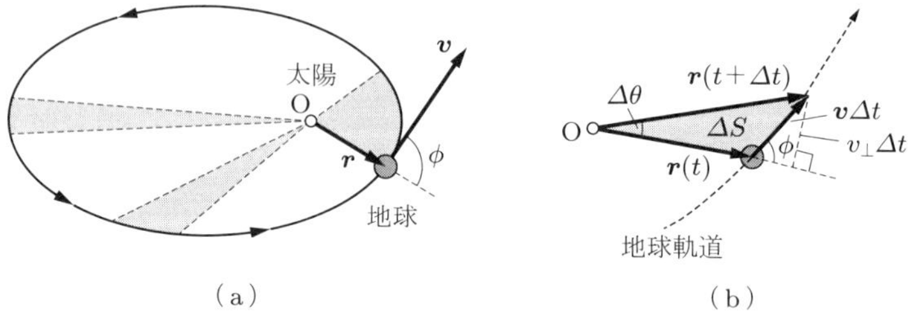

図 7.1 (a) 太陽の位置は楕円の焦点 O にあり，太陽から地球への動径 $\boldsymbol{r}$ が単位時間に掃く扇形の面積が面積速度である．これは軌道上どの位置でも一定である．(b) $v_\perp$ は速度 $\boldsymbol{v}$ の $\boldsymbol{r}$ に垂直な成分とすれば，動径が Δt の間に描く面積 $\Delta S = rv_\perp\Delta t/2 = rv\sin\phi\,\Delta t/2$，面積速度は $\Delta S/\Delta t$ となる．

† 万有引力の逆2乗則は，両物体が点でなく，球のときも，球の中心間の距離をとれば，厳密に成り立つことが示される．

星の太陽の周りの角運動量が保存される．

$\boldsymbol{\ell}$ はまた $m(\boldsymbol{r} \times \boldsymbol{v})$ と書けるので，角運動量ベクトル $\boldsymbol{\ell}$ は $\boldsymbol{r}$ と $\boldsymbol{v}$ に垂直，すなわち惑星が運動する平面に垂直の方向である．また，その向きは図 7.1 に示すように，$\boldsymbol{r}$ を $\boldsymbol{v}$ の方向に回転したとき，右ねじの進む方向である．

面積速度とは，図 7.1 に示されているように，惑星の動径 $\boldsymbol{r}$ が単位時間に掃く扇形の面積である．$\boldsymbol{r}$ と $\boldsymbol{v}$ のなす角を ϕ とすれば，角運動量の大きさは

$$\ell = m|\boldsymbol{r} \times \boldsymbol{v}| = mrv \sin\phi \tag{7.2}$$

で一定である．ℓ を $2m$ で割った量は面積速度 $\Delta S/\Delta t$ を表し，面積速度も一定となる．すなわち，**太陽の万有引力場での惑星の運動は，太陽の周りの面積速度が一定になる**という，ケプラーの第 2 法則が導かれる．

7.2　軌道運動の極座標表示による解析

■ 極座標表示

惑星の運動を太陽を中心とした極座標を用いて表してみよう．中心力場では，惑星の位置 $\boldsymbol{r}$ とその速度 $\boldsymbol{v}$ を含む平面を考えると，惑星にはたらく力は $\boldsymbol{r}$ と逆方向で，加速度も $\boldsymbol{r}$ と逆向きにある．したがって，速度の変化もこの面内にあり，惑星の位置も常にこの面内にあることがわかる．この面を**軌道面**という．

この平面を xy 面として，二次元の極座標を (r, θ) で表す．r は動径の長さ，θ は x 軸と動径のなす角である．図 7.2(a) から明らかなように

$$\boxed{x = r\cos\theta, \qquad y = r\sin\theta} \tag{7.3}$$

となる．

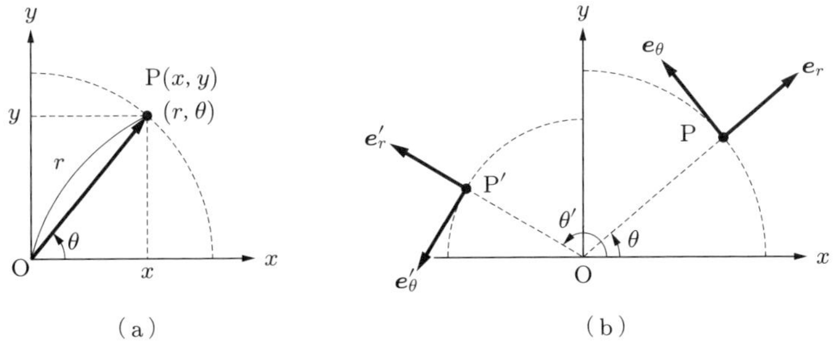

図 7.2　極座標と基本ベクトル

図 7.2(b) に示されているように，極座標の基本ベクトル $\boldsymbol{e}_r$ は動径外向きの方向，$\boldsymbol{e}_\theta$ は円周の接線で，偏角 θ の増加する方向である．直角座標の基本ベクトル $\boldsymbol{e}_x$，$\boldsymbol{e}_y$ を用いると，

$$\boxed{\begin{aligned}\boldsymbol{e}_r(\theta) &= \boldsymbol{e}_x\cos\theta + \boldsymbol{e}_y\sin\theta\\ \boldsymbol{e}_\theta(\theta) &= -\boldsymbol{e}_x\sin\theta + \boldsymbol{e}_y\cos\theta\end{aligned}} \tag{7.4}$$

のように表される．極座標の基本ベクトルは，質点の位置により向きが変わることに注意しよう．具体的には，r には関係なく，θ の関数となっている．それぞれの基本ベクトルの内積は $\boldsymbol{e}_r\cdot\boldsymbol{e}_r = \boldsymbol{e}_\theta\cdot\boldsymbol{e}_\theta = 1$，また $\boldsymbol{e}_r\cdot\boldsymbol{e}_\theta = 0$ が示されるので，$\boldsymbol{e}_r$，$\boldsymbol{e}_\theta$ はたしかに長さ 1 の単位ベクトルであり，互いに直交する．質点が運動すると θ も変わるので，基本ベクトルも変わり，その時間変化は

$$\left.\begin{aligned}\frac{d\boldsymbol{e}_r}{dt} &= -\dot{\theta}\sin\theta\,\boldsymbol{e}_x + \dot{\theta}\cos\theta\,\boldsymbol{e}_y = \dot{\theta}\boldsymbol{e}_\theta\\ \frac{d\boldsymbol{e}_\theta}{dt} &= -\dot{\theta}\cos\theta\,\boldsymbol{e}_x - \dot{\theta}\sin\theta\,\boldsymbol{e}_y = -\dot{\theta}\boldsymbol{e}_r\end{aligned}\right\} \tag{7.5}$$

となる．ここで，$\dot{\theta} \equiv d\theta/dt$ を表す．θ の上付き「·」は時間微分を表し，ドットと読む．

極座標の基本ベクトルを用いると，点 P の位置ベクトル $\boldsymbol{r}$ は

$$\boxed{\boldsymbol{r} = r\boldsymbol{e}_r} \tag{7.6}$$

と書かれる．速度 $\boldsymbol{v}$ は上式を時間で微分して，

$$\boldsymbol{v} = \dot{\boldsymbol{r}} = \frac{dr}{dt}\boldsymbol{e}_r + r\frac{d\boldsymbol{e}_r}{dt} = \dot{r}\boldsymbol{e}_r + r\dot{\theta}\boldsymbol{e}_\theta \tag{7.7}$$

となる．したがって，速度 $\boldsymbol{v}$ の r，θ 成分は

$$\boxed{v_r = \frac{dr}{dt} = \dot{r}, \qquad v_\theta = r\frac{d\theta}{dt} = r\dot{\theta}} \tag{7.8}$$

となる．さらに加速度 $\boldsymbol{\alpha}$ は式 (7.7) より，式 (7.5) の関係を用いて，

$$\begin{aligned}\boldsymbol{\alpha} = \frac{d\boldsymbol{v}}{dt} &= \ddot{r}\boldsymbol{e}_r + \dot{r}\frac{d\boldsymbol{e}_r}{dt} + \dot{r}\dot{\theta}\boldsymbol{e}_\theta + r\ddot{\theta}\boldsymbol{e}_\theta + r\dot{\theta}\frac{d\boldsymbol{e}_\theta}{dt}\\ &= (\ddot{r} - r\dot{\theta}^2)\boldsymbol{e}_r + (2\dot{r}\dot{\theta} + r\ddot{\theta})\boldsymbol{e}_\theta\end{aligned} \tag{7.9}$$

で与えられるから，その成分は

$$\alpha_r = \frac{d^2 r}{dt^2} - r\left(\frac{d\theta}{dt}\right)^2, \qquad \alpha_\theta = 2\left(\frac{dr}{dt}\right)\left(\frac{d\theta}{dt}\right) + r\left(\frac{d^2\theta}{dt^2}\right) \tag{7.10}$$

となる．運動方程式は万有引力 $\boldsymbol{F} = -(GmM/r^2)\boldsymbol{e}_r$ と表されるので，成分では

$$m\alpha_r = m(\ddot{r} - r\dot{\theta}^2) = -G\frac{mM}{r^2}, \qquad m\alpha_\theta = m(2\dot{r}\dot{\theta} + r\ddot{\theta}) = 0 \tag{7.11}$$

と表される．

■ 遠心力ポテンシャル

速度の 2 乗は，式 (7.7) を用いると，

$$v^2 = \boldsymbol{v} \cdot \boldsymbol{v} = v_r^2 + v_\theta^2 = \dot{r}^2 + (r\dot{\theta})^2 \tag{7.12}$$

となるので，これをエネルギー保存則 $mv^2/2 - GMm/r = E$ に代入すれば，

$$\frac{1}{2}m[\dot{r}^2 + (r\dot{\theta})^2] - \frac{GmM}{r} = E \tag{7.13}$$

となる．一方，角運動量 $\boldsymbol{\ell}$ を式 (7.7) を用いて，極座標で表せば

$$\boldsymbol{\ell} = m(\boldsymbol{r} \times \boldsymbol{v}) = mr\boldsymbol{e}_r \times (\dot{r}\boldsymbol{e}_r + r\dot{\theta}\boldsymbol{e}_\theta) = mr^2\left(\frac{d\theta}{dt}\right)\boldsymbol{e}_z \tag{7.14}$$

となる．ここで，$\boldsymbol{e}_z$ は軌道面に垂直な基本ベクトルである．角運動量は保存されるから，$mr^2\dot{\theta} = l$（定数）とおく．面積速度は $r^2\dot{\theta}/2$ であり，この定数を用いれば，$l/2m$ となる．$\dot{\theta}$ について解き，式 (7.13) に代入すれば，

$$\frac{1}{2}m\left(\frac{dr}{dt}\right)^2 + m\left(\frac{l^2}{2m^2r^2} - \frac{GM}{r}\right) = E \tag{7.15}$$

が得られる．この式は基本的にエネルギー保存の式であるが，角運動量保存の条件も含まれている．式は r と $\dot{r}$ は含んでいるが，もう一つの変数 θ は含まれていない．左辺第 1 項は動径方向の運動エネルギーである．第 2 項の括弧内の第 2 項は万有引力エネルギーである．位置エネルギーを物体の質量で割った量を**ポテンシャル** (potential) という．したがって，括弧内のこの項は**万有引力ポテンシャル**という．常に負の量で，引力を表している．一方，括弧内の第 1 項は**遠心力ポテンシャル** (centrifugal force potential) とよばれている．このポテンシャルは $l = 0$ 以外では正で，常に斥力であ

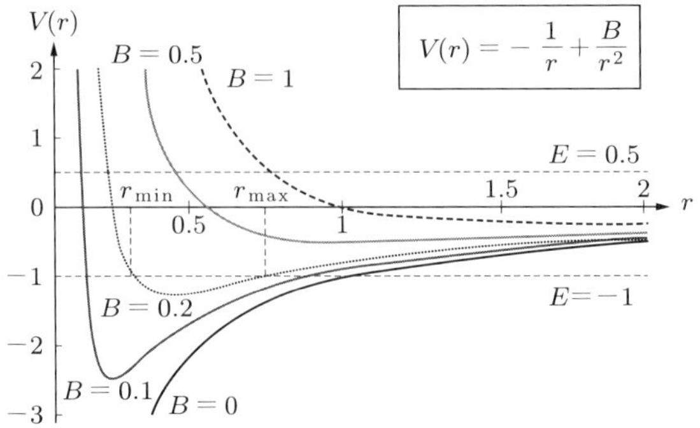

図 7.3 万有引力と遠心力ポテンシャルの和 $V(r)$．B は角運動量の 2 乗に比例した量であり，B の値により $V(r)$ の曲線が変わる．$B = 0$ のときは太陽にいくらでも近づく．$B \neq 0$ であれば，$E < 0$ では，太陽からの距離は $r_{\max}$ と $r_{\min}$ の間の束縛軌道になる．$E > 0$ では，太陽から無限に遠ざかる軌道が許される．

り，r が小さいほど r^{-2} に比例して正に大きくなり，r^{-1} に比例して負に大きくなる万有引力ポテンシャルに打ち勝つ．

図 7.3 に，角運動量一定の軌道の「万有引力ポテンシャル＋遠心力ポテンシャル」$V(r)$ の曲線が示されている．$r \to 0$ では $V(r) \to \infty$ となるので，一定のエネルギー E をもち，$l \neq 0$ $(B \neq 0)$ ならば，惑星はある程度しか太陽に接近できないことになる．

一方，$r \to \infty$ では，ポテンシャルは負のほうからゼロに漸近するので，中間点に極小値が存在する．

エネルギー E を与えたとき，$E < 0$ であれば，E と $V(r)$ の二つの交点の間に束縛される．式 (7.15) では，$\dot{r} = 0$ となる位置が遠日点 $r_{\max}$ と近日点 $r_{\min}$ を与える．

$$r_{\min,\max} = \frac{-GMm^2 \pm \sqrt{(GMm^2)^2 + 2mEl^2}}{2mE} \tag{7.16}$$

である．

一方，$E > 0$ のとき，運動は無限の彼方から太陽に近づき，また無限の彼方へ飛び去る．これは一度だけしか現れない彗星の運動になる．太陽系を離れて探査をする太陽系外探査衛星は，このような条件を満たす必要がある．

■ 惑星の軌道の決定

やっと惑星の軌道を求める段階になった．式 (7.15) は dr/dt と r の関係を決める方程式であるが，軌道は r と θ の関係式で表されるので，r と θ の関係式に書き換えてみよう．$dr/dt = (dr/d\theta) \cdot (d\theta/dt)$，$d\theta/dt = l/mr^2$ の関係を用いて式 (7.15) を書き

換えると，

$$\frac{dr}{d\theta} = \pm\frac{mr^2}{l}\sqrt{\frac{2(E-U(r))}{m} - \left(\frac{l}{mr}\right)^2} \tag{7.17}$$

となる．ここで，$U(r) = GMm/r$ を用いた．さらに $r = 1/z$ の変換により

$$\frac{dz}{d\theta} = \mp\sqrt{\frac{2m(E-U)}{l^2} - z^2} \tag{7.18}$$

となる．ここで，$c = GmM$ として，$U(r) = -c/r$ とおくと

$$d\theta = \frac{\mp dz}{\sqrt{\dfrac{2mE}{l^2} + \dfrac{m^2c^2}{l^4} - \left(z - \dfrac{mc}{l^2}\right)^2}} \tag{7.19}$$

となる．この式は積分可能で，$\int (1/\sqrt{a^2 - x^2})dx = -\cos^{-1}(x/a) +$（定数）を用い，任意定数を δ とすれば，

$$r = \frac{k}{1 + \varepsilon\cos(\theta - \delta)} \tag{7.20}$$

が得られる．ただし，

$$\varepsilon = \sqrt{1 + \frac{2El^2}{mc^2}}, \qquad k = \frac{l^2}{mc} \tag{7.21}$$

である．面内の x 軸を $\theta = \delta$ の方向，つまり長径の方向にとれば，式 (7.20) は

$$\boxed{r = \frac{k}{1 + \varepsilon\cos\theta}} \tag{7.22}$$

となる．この式は二次曲線で，ε を離心率，k を半直弦という．$\varepsilon = 0$ で円，$1 > \varepsilon > 0$ で楕円，$\varepsilon = 1$ で放物線，$\varepsilon > 1$ で双曲線を表す．したがって，軌道は $E < 0$ で楕円または円，$E = 0$ で放物線，$E > 0$ で双曲線になる．この表式の原点は焦点である．楕円軌道の場合，焦点からの距離は，$\theta = 0$ より，近日点では $r_{\min} = k/(1+\varepsilon)$，遠日点では $\theta = \pi$ より $r_{\max} = k/(1-\varepsilon)$ である．長半径 $= a$，短半径 $= b$ とすれば，$2a = r_{\max} + r_{\min} = 2k/(1-\varepsilon^2)$，$2b = 2k/\sqrt{1-\varepsilon^2}$ である．

楕円軌道を 1 周する周期 T は，楕円の面積を面積速度 $l/2m$ で割り，$c = GMm$ を用いれば，

$$T = 2\pi \left(\frac{ma^3}{c}\right)^{1/2} = 2\pi \left(\frac{a^3}{GM}\right)^{1/2} \tag{7.23}$$

となる．ここで，$a = k/(1-\varepsilon^2)$ は楕円の長半径である．このようにして，惑星の周期は惑星の質量と関係なく，**惑星の公転周期 T の 2 乗は長半径 a の 3 乗に比例する**というケプラーの第 3 法則が示された．

問 式 (7.23) を確かめよ．

章末問題

7.1 公転運動に関する次の問いに答えよ．

(a) 地球の公転周期を 365 日として，公転角速度と公転速度を求めよ．ただし，地球と太陽の距離を 1.5×10^{11} m とし，円軌道とする．

(b) 遠日点と近日点での太陽までの距離を，それぞれ，1.521×10^{11} m，1.471×10^{11} m とするとき，公転楕円軌道の長半径 a と短半径 b を求め，さらに，楕円軌道の離心率 ε を求めよ．

(c) 水星の公転軌道の太陽からの最大距離と最小距離を，それぞれ 0.698×10^{11} m，0.460×10^{11} m とすると，軌道の長半径，短半径と離心率を求めよ．

(d) 水星と地球の公転周期を比べよ．

7.2 焦点を原点とした惑星の軌道の式 $r = k/(1 + \varepsilon\cos\theta)$ について，以下のそれぞれの場合に図に示し，直角座標を用いて表せ．

(a) $\varepsilon = 0$ (b) $0 < \varepsilon < 1$ (c) $\varepsilon = 1$ (d) $1 < \varepsilon$

7.3 6.3 節の運動（二次元等方的なばね）の場合について，以下の問いに答えよ．

(a) 極座標での力学的エネルギーの保存則を書け．

(b) 角運動量保存則を用いて，上式から $\dot{\theta}$ を消去し，遠心力ポテンシャルと復元力ポテンシャルの和を求め，r の関数として図示し，運動の範囲を示せ．

(c) このときの軌道はどんな形になるか．

7.4 中心力が万有引力でなく，距離の 2 乗に反比例した斥力の場合，位置のポテンシャルと遠心力ポテンシャルの和を求め，図示せよ．このとき，惑星の軌道はどうなるか，説明せよ．

コラム 万有引力が逆 2 乗則からはずれると，惑星の軌道は？

自然界に存在する力が互いの距離の逆 2 乗則に従うのは，万有引力に限らず，静電気の間にはたらくクーロン則にも共通である．何故そのようになるのかも不思議であるが，もし，力の法則がこの規則から外れていたら，惑星の軌道にどのような影響があるかを考えてみよう.

引力のポテンシャル $U(r)$ が一般に $r^{-\alpha}$ のような距離依存性をもっているとしよう．このとき，力 $f(r) = -\partial U/\partial r$ は $r^{-(\alpha+1)}$ のような距離依存性となる．万有引力の場合は $\alpha = 1$ である．これに対し，斥力である遠心力ポテンシャルの距離依存性は r^{-2} であるから，遠心力の距離依存性は r^{-3} である.

(1) $2 > \alpha > 0$ の場合

$r \to 0$ で遠心力ポテンシャルの斥力が優勢となり，$r \to \infty$ で引力ポテンシャルが優勢になるので，中間点に極小値が存在する．そのため，$E < 0$ であるときは惑星は束縛状態となることが可能である．惑星は近日点と遠日点の間を往復する．しかし，$\alpha = 1$ 以外では，惑星の軌道は楕円にならない．太陽の周りを異なった楕円状の軌道をとる．動径方向の周期と角度方向の周期が異なる多重周期運動になる．例として，$\alpha = 1.5$ のときの軌道を数値計算し，図 7.4 に示した.

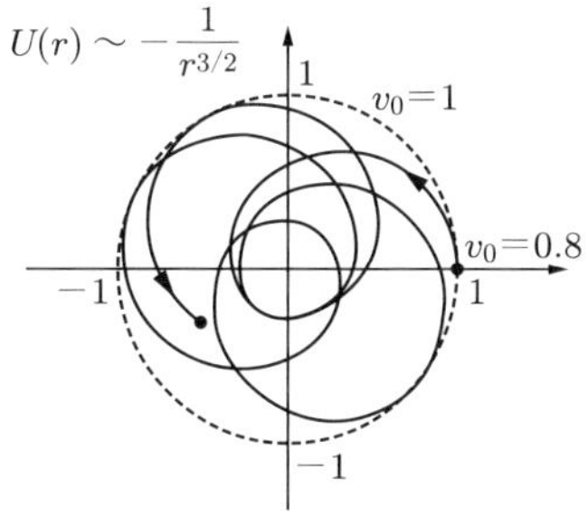

図 7.4　$\alpha = 1.5$ のときの軌道

(2) $\alpha > 2$ の場合

$r \to 0$ では引力ポテンシャルが優勢になり，$r \to \infty$ では，遠心力ポテンシャルの斥力が優勢になるので，中間で極大になる．中間に極大値があるが，この極大点は不安定点である.

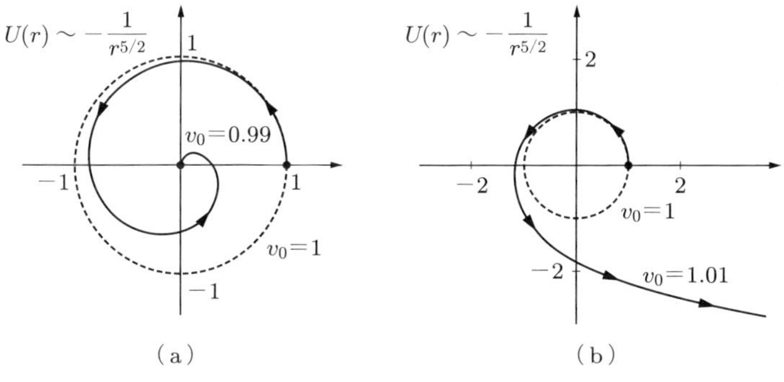

図 7.5　$\alpha = 2.5$ のときの軌道．(a) 初速度 $v_0 = 0.99$，(b) 初速度 $v_0 = 1.01$.

第 8 章 運動方程式の数値解法

これまで述べたように，物体の運動の法則は微分方程式で与えられ，初期条件が与えられると，その物体の運動は決定できる．しかし，厳密に解ける例は簡単な力の場合のみで，実際の場合には，数値的な解法に頼らざるを得ないことが多い．ここでは，微分方程式を差分方程式で近似して，初期条件から出発して数値的に運動を追っていく解法について述べる．たとえば，振幅が大きい振り子（球面振り子）の運動方程式は非線形で，解析的に解くと楕円積分が現れる．ここでは数値解法の例として扱う．また，二次元の運動の例として，太陽の引力を受ける惑星の運動も数値的に調べ，解析的な解と比べてみる．

現実の運動や物理現象を用いた実験でなく，それを模倣した別の方法で行うことを模擬実験，またはシミュレーションという．とくに計算機を利用して行うとき，数値（計算機）シミュレーションという．最近，計算機の大型化と高速化，そして近似法の進歩で，広い分野で応用され，大量のデータの解析や，人工知能の開発に利用されている．

8.1 数値計算：微分方程式から差分方程式へ

数値計算の身近な応用先に天気予報がある．天気の数値予報には時々刻々地球上の気象データを入力し，その後の気象の予測を数値的に求めて出力する．大気の変化だけではなく，海水の循環流（海流）も含めた壮大な地球の営みをシミュレートする全地球シミュレータのプログラムが超大型スーパーコンピュータ上で稼働している．難しいとされた長期の予測も試みられるようになった．

宇宙衛星を打ち上げる軌道計算，衛星自体の制御，外部との通信も，コンピュータなしでは成り立たない．電気製品に限らず，近代的な工業製品の制御にもマイクロコンピュータが使われている．普通に使われているパソコンでも，加減乗除の計算は現在 1 秒間に 1000 億回 (10^{11} flops) も可能で，かつての大型計算機にも劣らない性能をもつに至った．現在，物理の研究や学習にも広く用いられている．熱統計物理学でよく用いられるモンテカルロ法，原子や分子の量子状態を第 1 原理から求める方法など多岐にわたった応用がある．ここでは，ニュートンの運動方程式を数値的に解く方法を取り上げよう．

一次元の質点の運動の例を取り上げよう．初期の位置と速度を与え，微小時間 Δt 後の速度と位置を，運動方程式から近似的に求める．次に，これをもとにして，次の Δt 後の速度と位置を求める．このように次々と先の時刻の速度や位置を求める方法を，**前進解法**という．

以下では，連続的な運動を微小（有限）時間 Δt で区切って考える．Δt を時間の**差分**という．位置 x の時間変化は速度 v であるから，

$$\frac{dx}{dt} = v \tag{8.1}$$

となる．この式から，Δt 後の $x(t + \Delta t)$ と $x(t)$ の差分をとれば，

$$x(t + \Delta t) = x(t) + v(t)\Delta t + (\Delta t)^2 \text{の項} + \cdots \tag{8.2}$$

となる．Δt が十分小さいときは，右辺第 3 項以下を無視しても，よい近似となり，Δt 後の位置は，時刻 t での位置 $x(t)$ と速度 $v(t)$ より知ることができる．

また，Δt 後の速度 $v(t + \Delta t)$ は，$\alpha(t)$ を加速度として $dv/dt = \alpha$ より，差分をとれば，

$$v(t + \Delta t) = v(t) + \alpha(t)\Delta t + (\Delta t)^2 \text{の項} + \cdots \tag{8.3}$$

と表される．上と同じ近似で，右辺第 3 項以下を無視すると，Δt 後の速度は，時刻 t での $v(t)$ と $\alpha(t)$ から求めることができる．

時刻 t で質量 m の質点の位置 $x(t)$，速度 $v(t)$ が与えられて，質点にはたらく力を f とすれば，運動方程式は $mdv/dt = m\alpha = f(x, v, t)$ で表される．加速度 $\alpha(t)$ は次式で与えられる．

$$\alpha(t) = \frac{f(x(t), v(t), t)}{m} \tag{8.4}$$

Δt 秒後の質点の速度 $v(t + \Delta t)$ は，$v(t)$ と式 (8.3) に式 (8.4) で与えられた $\alpha(t)$ を代入して求めることができる．また，位置 $x(t + \Delta t)$ は式 (8.2) に $x(t)$ と $v(t)$ を代入して求めることができる．つまり，時刻 t の位置と速度がわかれば，運動方程式を用いて，Δt 後の速度と位置を近似的に求めることができる．

もし，初期条件として $t = 0$ での位置 $x(0)$ と速度 $v(0)$ が与えられていれば，このような手続きの繰り返しで，次々と先の時刻の速度と位置を求めることができる．このような解法を差分方程式の前進解法とよんでいる．

さて，式 (8.2) と式 (8.3) は最低次の近似式である．精度を高めるには，Δt の刻みを小さくすることも一つの方法である．あるいは，Δt の高次の展開項を含んだ差分方

程式を使うルンゲ–クッタ法もあるが，ここでは，中点法といい，式 (8.3) の右辺で $v(t)$ の代わりに時間の中間点の $v(t+\Delta t/2)$ を用いて，簡単に精度を上げることにする．式 (8.2) でも同様である．したがって，

$$x(t+\Delta t) = x(t) + v\left(t+\frac{\Delta t}{2}\right)\Delta t + \cdots \tag{8.5}$$

$$v\left(t+\frac{\Delta t}{2}\right) = v\left(t-\frac{\Delta t}{2}\right) + \alpha(t)\Delta t + \cdots \tag{8.6}$$

を用いる．高次の展開でも図 8.1(a)，(b) に示すように，直観的にも (b) のほうが精度がよいことがわかる．ただ，この方法は式 (8.4) の右辺に $v(t)$ が含まれないことが必要である．

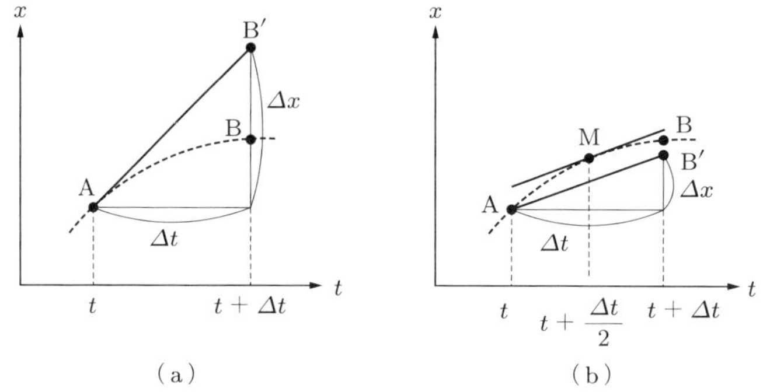

図 8.1 関数曲線 $x(t)$ を近似するのに，(a) 勾配を t の位置にとる，(b) 勾配を t と $t+\Delta t$ の中間点にとる．

8.2 数値計算例題

運動方程式の数値計算例として，振幅の大きい球面振り子と，太陽の万有引力場における惑星の運動について調べてみよう．

■ 球面振り子

長さ ℓ の軽い棒の先端に質量 m のおもりをつけた球面振り子の運動方程式は，鉛直線と棒の角を θ とすれば

$$m\ell\frac{d^2\theta}{dt^2} = -mg\sin\theta \tag{8.7}$$

となり，力は θ のみで決まる．ここで，振幅が小さいときの単振動の固有角振動数 $\omega = \sqrt{g/\ell}$ を用い，t の代わりに $\omega t = t'$ とすれば，t' は無次元の時間となる．元の時間で $t = T$（周期）は $t' = 2\pi$ と表される．

新しい変数のもと，式 (8.7) は

$$\boxed{\frac{d^2\theta}{dt'^2} = -\sin\theta} \tag{8.8}$$

のように変換できる．元の方程式には系に固有の g，ℓ などの値が含まれているが，無次元化した式 (8.8) の方程式には含まれていない．そのため，数値計算の結果が固有角振動数によらず適用できることになる．以下では，煩雑を避けるため，t' をまた t と書く．

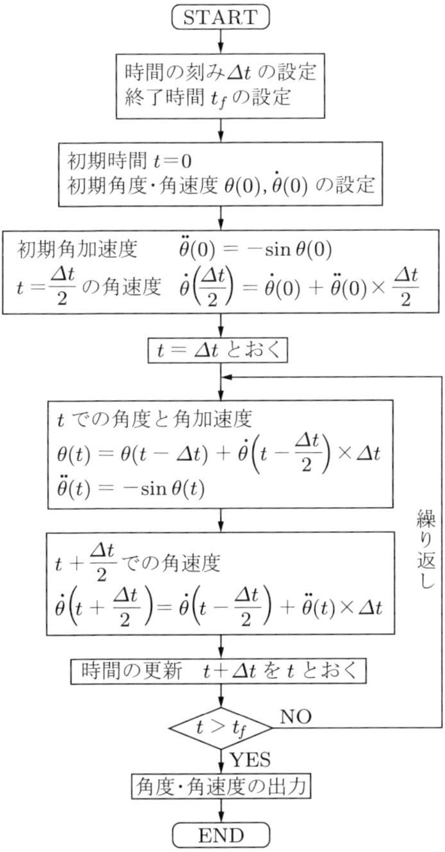

図 8.2 球面振り子の数値計算の流れ図（等号は代入文である）

前節で述べた差分方程式の前進解法を用いる．式 (8.5) と式 (8.6) を用いるが，$x \to \theta$，無次元化角速度を $\dot{\theta}$，無次元化角加速度を $\ddot{\theta}$ とおく．具体的な手順は，図 8.2 の**流れ図** (flow chart) を参照する．時間の差分 Δt と終了時間 t_f をまず与えておく．次に，初期の振り子の角度と角速度を与える．これから，初期の加速度を求める．これを用いて，$\Delta t/2$ 後の角速度を求め，それから，Δt 後の角度を求め，角加速度も求める．次の時間 $2\Delta t$ 後も同様な手続きで計算する．これを繰り返し，終了時間 t_f まで角度や角速度を求めることができる．

計算機のプログラムを作るとき，このような流れ図を描くことが第 1 ステップである．計算の手順が明確になるだけでなく，手順の誤りの発見も容易になる．将来プログラムを改良したり，再利用する場合も，プログラム自体を直接見るより効率的である．また，他人にプログラムの説明するのにも役に立つ．したがって，プログラム言語（C 言語，Fortran など）を用いて書き下ろす前に，流れ図を描くことを勧めたい．

初期条件として，振り子を鉛直線から θ_0 傾け，初速ゼロで離したときの運動を計算してみよう．$t = 0$ で $\theta(0) = \theta_0$，$d\theta/dt = 0$ とおけばよい．以下，$\Delta t = 0.1$ とおいて計算を進める．これを元の時間で表すと，単振動の周期 T の $1/(2\pi) \times 0.1 \approx 1/60$ となる．初期の角度 $\theta_0 = 1$，かつ初速 $\dot{\theta}_0 = 0$ のときの計算結果の一部を，表 8.1 に示す．時間の刻みが 0.1 程度でもほぼ満足できる結果であるので，角度が大きい場合でもこの値を用いて計算する．

表 8.1 球面振り子の数値解

時刻 t	角度 θ	角速度 $\dfrac{d\theta}{dt}$	角加速度
0.0	1.000	0.0	−1.000
0.1	0.995	−0.050	−0.995
0.2	0.980	−0.150	−0.980
0.3	0.955	−0.248	−0.955
0.4	0.921	−0.343	−0.921

初期角度 $\theta_0 = 0.2$, 1.0, 2.0, 3.0 のときの振動の角度変化を図 8.3 に示した．$\theta_0 = 0.2$ では解析解とほぼ一致する．初期角度が大きくなると，振動の周期は明らかに長くなることがわかる．時間変化の形は初期角度が小さいときは単振動とあまり変わらないように見えるが，$\theta_0 = 3.0$ では，明らかに異なる．

■ 惑星の運動

太陽の万有引力に引かれた惑星の運動を，数値計算で扱ってみよう．第 7 章で述べたように，惑星は一つの平面上で太陽を一つの焦点とした楕円軌道上を動くことが知

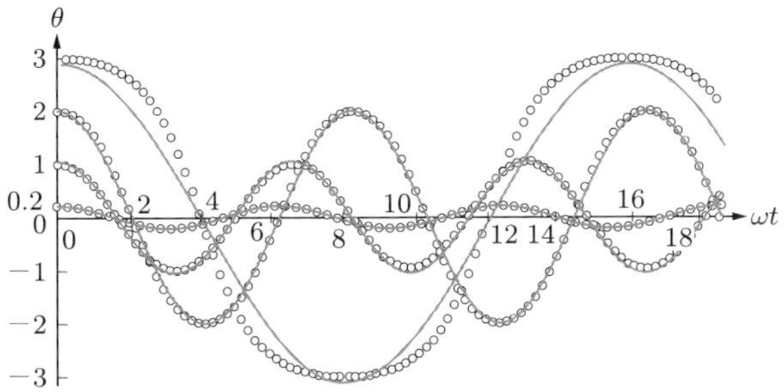

図 8.3 球面振り子の角度 $\theta(t)$ の時間変化．○印は数値解で，θ_0 は初期角度である．角度の振幅が大きくなると，周期も長くなる．比較のため，実線の曲線は周期を数値解に適合させた単振動の角度変化 $\theta_0\cos(\omega' t)$ を示す．初期角度 $\theta_0 = 3.0$ で，数値解は周期を適合させた単振動の解と明らかに異なる曲線を描く．

られている．惑星の初期位置と初速度を与えたとき，どのような速度で，どんな軌道を動くのかを計算してみよう．

太陽の万有引力場での第 7 章に述べられているように，惑星運動は平面内に限られている．ほかの惑星からの影響を無視すれば，惑星の運動方程式は，惑星を質点とみなして，太陽を原点とした直角座標 (x, y) をとって，次のように表される．

$$m\frac{d^2x}{dt^2} = -G\frac{mM}{r^2}\cdot\frac{x}{r}, \qquad m\frac{d^2y}{dt^2} = -G\frac{mM}{r^2}\cdot\frac{y}{r} \tag{8.9}$$

ここで，m，M は惑星と太陽の質量，$r = \sqrt{x^2 + y^2}$ は太陽から惑星までの距離，G は万有引力定数である．ここで，惑星の太陽からの初期距離を r_0 とし，$r' = r/r_0$，$x' = x/r_0$，$y' = y/r_0$ とおき，距離を無次元化する．

また，惑星が半径 r_0 の円軌道で，太陽の周りを回っているとしたときの周期 T_0 を用いて，無次元時間 $t'/(2\pi) = t/T_0$ と定義する．太陽の引力による求心加速度は $r_0(2\pi/T_0)^2 = GM/r_0^2$ であるから，$T_0 = 2\pi\sqrt{r_0^3/GM}$ となる．これを用いると，運動方程式は

$$\boxed{\frac{d^2x'}{dt'^2} = -\frac{x'}{r'^3}, \qquad \frac{d^2y'}{dt'^2} = -\frac{y'}{r'^3}} \tag{8.10}$$

と表され，無次元化される．この系に固有な量 G，M，m が式から消えるので，これらの値を知らなくとも軌道計算ができるので，都合がよい．

さて，式 (8.10) は $r' = \sqrt{x'^2 + y'^2}$ が含まれているので，上の両式は連立して解く必要がある．図 8.4 に計算手順の流れ図を示した．直角座標 (x, y) を用いて，$\Delta t' = 0.1$

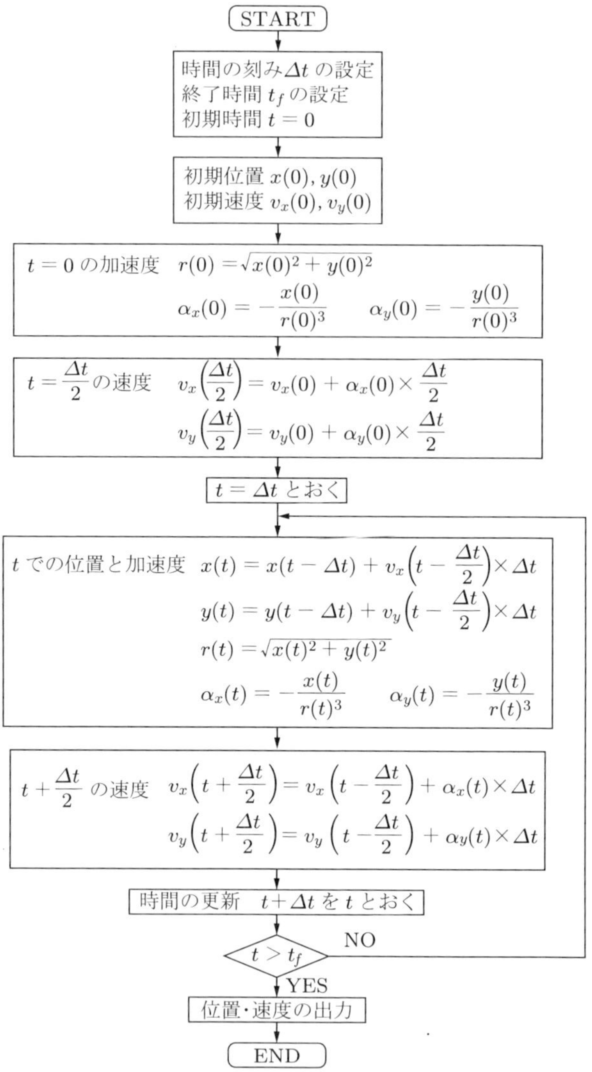

図 8.4 惑星の軌道の数値計算の流れ図

の刻みの前進解法で計算をしている．この数値計算そのものには，エネルギー保存則や角運動量保存則は使っていないが，数値計算の結果の精度を検証するのに用いる．

以下では，煩雑を避けるため，すべての「$'$」を落とす．時間の刻みを $\Delta t = 0.1$ としよう．初期位置を $x = 1.0$，$y = 0.0$ とする．初期速度を $v_x = 0$，$v_y = v_0$ とおき，$v_0 = 1.0$, 1.1, 1.2, 1.3 に対して，惑星の位置を計算して軌道を求めた．これを図 8.5 に示す．点で示されたのは各時刻での惑星の位置である．$v_0 = 1$ は点が等間隔に並ん

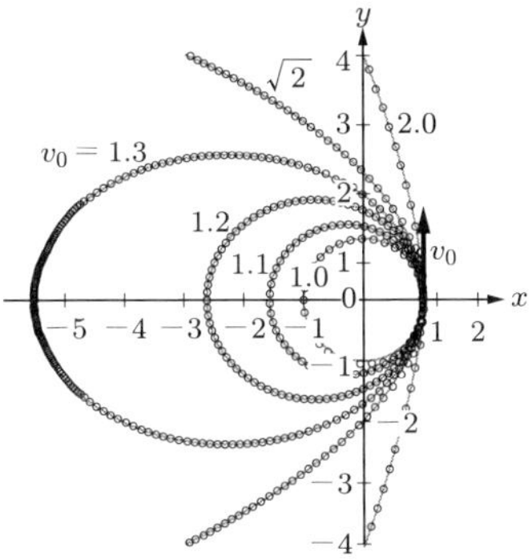

図 8.5　数値計算による惑星の軌道．惑星の初期位置は $x = 1$, $y = 0$, 初期度 $v_x = 0$, $v_y = v_0$ で，$v_0 = 1.0$ で円軌道，$v_0 = 1.1, 1.2, 1.3$ で楕円軌道，$v_0 = \sqrt{2}$ で放物線軌道，$v_0 > \sqrt{2}$ で双曲線軌道となる．実曲線は軌道の厳密解である．すべて無次元化した量である．

で，円軌道となっている．$v_0 = 1.1$, 1.2, 1.3 の計算結果は，x, y 方向を軸とする楕円である．初速度が速いほど長い楕円軌道になる．また，初期位置が近日点になっている．点と点の間隔は惑星の速さに比例している．太陽に近いときは速度が速く，太陽から遠いときは遅くなることがわかる．初速度 $v_0 = \sqrt{2}$ になると，軌道は楕円ではなく，開いた曲線となる．惑星は遠く飛び去ってしまい，二度と戻ってはこない．

この近似の数値解と実曲線で示された厳密解は，ほぼ一致している．

章末問題

8.1　本章で説明したように，惑星の運動で物理量を無次元化して数値計算を行ったが，次の量を無次元化して表せ．

(a) 角運動量

(b) 力学的エネルギー

(c) r 方向に対するポテンシャル $V(r)$

8.2　球面振り子の場合，初期角度をゼロとし，初期角速度 Ω_0 を与えたときの運動方程式の数値解法のプログラムを書いて，角速度 $\Omega(t)$ および角度の時間変化 $\theta(t)$ の解を求め，グラフで示せ．とくに初角速度が大きく，振動でなく，一方向に回転するときも含めよ．

8.3　質量 m の質点がばねにつながれており，その固有角振動数を ω とする．

(a) この質点に振動外力 $F_0 \sin(\omega t)$ を作用したときの質点の変位の時間変化を表す運動方程式を書け．

(b) この方程式を無次元化して，数値的に解を求め，図に示せ．ただし，質点の初期変位と初速度はゼロとする．

(c) (b) の方程式の解析解の振動のモードは $-\cos(\omega t)$ となり，その振幅は時間に比例することを確かめよ．

8.4 非線形振動子の方程式が定数 k (>0)，b (>0) を用いて

$$m\frac{d^2x}{dt^2} = -kx - bx^3$$

と表されるとき，数値解法で解を求めよ．

(a) この式を非線形項 $b=0$ のときの単振動の角振動数を ω として，無次元の時間 $t' = \omega t$ 上の方程式を書き換えたとき，方程式は

$$\frac{d^2x}{dt'^2} = -x - b'x^3$$

のように書けることを示せ．このとき，b' はどう表されるか．

(b) 上の方程式の位置エネルギーを求め，$b'=0$，1 の場合を図示せよ．

(c) $b'=1$ の場合，初速ゼロ，初期変位 $x=0.2$，0.5，1.0，2.0 で，振動の時間変化を数値的に求め，図示せよ．

8.5 非線形の運動方程式が，定数 a (>0)，b (>0) を用いて

$$m\frac{d^2x}{dt^2} = ax - bx^3$$

と表されている．

(a) $b=0$ のとき，この方程式の一般解を求めよ．さらに，初期条件 $x=x_0$，$v=v_0$ としたときの解を求めよ．

(b) この方程式を，前問にならって時間を無次元化した方程式を求めよ．

(c) 位置エネルギーを $b'=0$，0.2，0.5，1.0 の場合に図示し，全エネルギー E の値により，運動範囲がどのように変化するかを説明せよ．

コラム　スイングバイ航法

2014 年に打ち上げられた小惑星探査衛星はやぶさ 2 号は，2015 年 12 月 3 日に地球に再接近し，地球の引力によるスイングバイで増速した．この方法は太陽系の人工惑星を燃料を消費せず増速させる方法で，太陽系外の宇宙へ旅立ったボイジャー 2 号でも使われている．はやぶさ 2 号は小惑星 Ryugu に 2019 年 2 月 25 日に到着し，地表から土を採取した．その後，地表に弾丸を撃ち込み，クレーターを作った．目的はその内部の土を持ち帰り，太陽系創生の頃の謎を探ることにある．

人工惑星が惑星に近づくとき，惑星の重力で，人工惑星の進行する向きが変わり，軌道が曲がるのは理解できる．惑星の引力圏に入った後，人工惑星は加速するが，引力圏から出るときまで，同じだけ減速される．結局，人工惑星の速さはその前後で変わらないように思われる．それは，惑星の重力場も保存力場であり，惑星の引力圏境界では，その場のポテンシャルの値が同じであるからである．加速される理由は，実は惑星が公転運動して

いるからである．

考えやすくするために，人工惑星が惑星から離れているときは，太陽の引力場に従い運動する．惑星に近づいて，惑星の引力が優勢になる惑星の引力圏内では，太陽の引力を無視してもよい．引力圏内では，惑星とともに動く（運動）座標系をとる．図 8.6 に模式的に示されているように，このとき，人工惑星の軌道は惑星を焦点とした双曲線軌道である．人工惑星が外から惑星の引力圏の境界に差し掛かったときの運動を考察しよう．太陽に対する人工惑星の速度 $\boldsymbol{v}_0$ とし，惑星の公転速度を $\boldsymbol{V}$ としよう．惑星とともに動く運動座標系での人工惑星の進入速度は $\boldsymbol{v}_0' = \boldsymbol{v}_0 - \boldsymbol{V}$ と表される．引力圏を離脱するときの境界は，惑星からの距離が同じで，惑星に対する位置のエネルギーは進入したときと同じであるから，エネルギー保存則から，惑星に対する速度の大きさは進入したときと変わらない．したがって，離脱するときの運動座標系での速度を $\boldsymbol{v}_1'$ とすれば $|\boldsymbol{v}_1'| = |\boldsymbol{v}_0'|$ である．

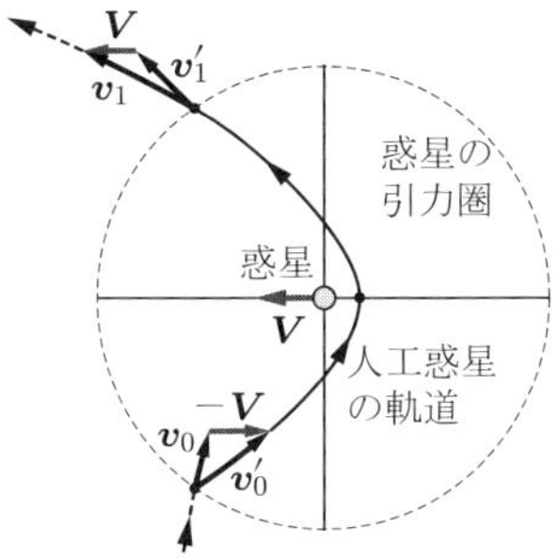

図 8.6 スイングバイ航法で加速される理由

太陽座標系では，離脱速度は $\boldsymbol{v}_1 = \boldsymbol{v}_1' + \boldsymbol{V}$ で，進入速度は $\boldsymbol{v}_0 = \boldsymbol{v}_0' + \boldsymbol{V}$ となる．図 8.6 のように，人工惑星が，惑星の公転速度とほぼ逆の方向からその引力圏に進入し，曲がって，惑星の速度方向と同じような方向に脱出するときは，加速されることになる．つまり，$|\boldsymbol{v}_1| > |\boldsymbol{v}_0|$ となる．

さて，図 8.6 で時間を逆転したときの人工惑星は，同じ軌道を，逆の速度で運動する．したがって，左上方から，惑星に近づき，右下方に抜ける軌道をとる．惑星の運動も逆となり，左から右に運動することになる．このときは人工惑星は $-\boldsymbol{v}_1$ で進入し，$-\boldsymbol{v}_0$ で，離脱するので，スイングバイで減速されることがわかる．一般に，太陽系座標で，人工惑星の進入の向きが惑星の公転速度の向きとほぼ同じ向きとなっている場合は，減速されることがわかる．

第 9 章 非慣性座標系

人工衛星の内部は無重力状態であることはよく知られている．人工衛星は地表から数千，数万 km 離れているが，地球の引力が届かないほど遠いわけではない．地球の引力のため，地球を回る軌道に束縛されている．それではなぜ無重力になるか，この章で改めて考えてみよう．

物体の運動は，これまで静止した座標系で記述されていたが，動いている座標系から見るとどうなるか調べてみよう．加速度運動している座標系に乗った観測者から見れば，物体には見かけの力が現れる．その力は加速度と逆向きで，物体の質量に比例している．この力を慣性力という．回転運動している座標系では，見かけの力として遠心力とコリオリ力が現れる．このように見かけの力が現れる座標系を，非慣性座標系とよぶ．

9.1 並進運動座標系

日常，電車に乗っていると，いろいろな力を受ける．走っている電車が急に停止するときは，前方に押されるような力を受ける．停止していた電車が発進するときは，逆に後方に押されるように感じる．直線を一定速度で走っているときは，多少の上下左右の揺れはあるが，前後の方向の力は感じない．しかし，左に曲がるときには右に，右に曲がるときには左に押されるように感じる．また，エレベーターに乗ると，上昇し始めるとき下方に押しやられ，停止するときは体が浮き上がるような感じになる．逆に，下降し始めたとき体が浮き上がり，停止するときには体が重く感じる．途中の定速で動いているときは，特別な感じはなく，停止しているときと同じ感じである．ここでは，運動している乗り物の乗客が感じる力について考えてみよう．

物体の運動を正確に表すとき，まず，座標系を用意し，物体の位置座標の時間変化を追う．この座標系として，普通，地上に固定したものをとる．ここでは，この座標系を**静止座標系** (rest coordinate system)，または**静止系**という．この座標系で観測した物体の運動は，ニュートンの運動法則を満たしている．つまり，「力の作用していない物体は，静止しているか等速直線運動している」ことになる．このような座標系を**慣性（座標）系** (inertial system) という．

さて，図 9.1 に示されているように，静止系（系 O-xyz）に対し並進運動している座標系（系 O$'$-$x'y'z'$）を考えよう．系 O$'$ の各座標軸は，系 O の対応する座標軸と常に平行にとる．系 O$'$ の原点の位置は系 O の位置ベクトル $\boldsymbol{r}_0$ にあるとし，物体の位置 P は系 O で $\boldsymbol{r}$，系 O$'$ で $\boldsymbol{r}'$ と表されているとすれば，

$$\boldsymbol{r} = \boldsymbol{r}_0 + \boldsymbol{r}' \tag{9.1}$$

の関係がある．物体が運動しているとき，上式を時間で微分すれば，

$$\frac{d\boldsymbol{r}}{dt} = \frac{d\boldsymbol{r}_0}{dt} + \frac{d\boldsymbol{r}'}{dt} \tag{9.2}$$

で表される．これは，静止系（系 O）で見た物体の速度 $d\boldsymbol{r}/dt$ は，運動系（系 O$'$）に乗った観測者が見る速度 $d\boldsymbol{r}'/dt$ に系 O$'$ の速度 $d\boldsymbol{r}_0/dt$ が加わった値になることを意味している．上式をさらに時間で微分すれば，

$$\frac{d^2\boldsymbol{r}}{dt^2} = \frac{d^2\boldsymbol{r}_0}{dt^2} + \frac{d^2\boldsymbol{r}'}{dt^2} \tag{9.3}$$

となり，加速度も同様な加算則が満たされていることになる．

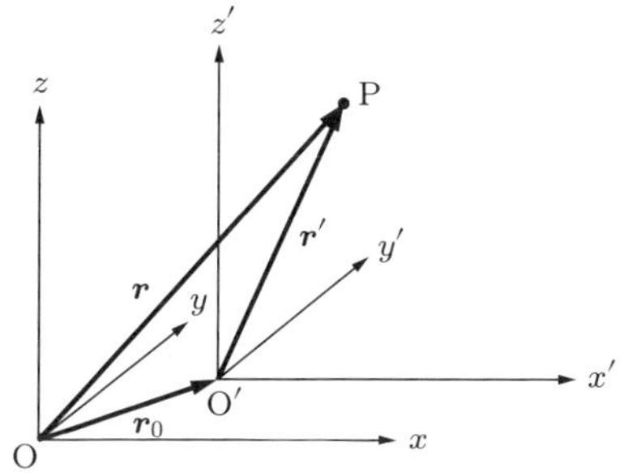

図 9.1　静止座標系 (O-xyz) と並進運動座標系 (O$'$-$x'y'z'$)，P は物体の位置

■ 等速運動座標系

さて，系 O$'$ が系 O に対し等速運動している座標系であれば，$d\boldsymbol{r}_0/dt =$（一定）であるから，$d^2\boldsymbol{r}_0/dt^2 = 0$ となるので，物体の速度は両系で異なるが，加速度は両系で等しくなる．物体の質量を m，力を $\boldsymbol{F}$ とすれば，系 O での運動方程式は $md^2\boldsymbol{r}/dt^2 = \boldsymbol{F}$ となるが，系 O$'$ でも $md^2\boldsymbol{r}'/dt^2 = \boldsymbol{F}$ となる．同じ力がはたらいたときの加速度が系 O と同じになるという意味で，運動の第 2 法則が系 O$'$ でも成り立っている．力が作用していないとき，系 O で物体は等速直線運動するが，系 O$'$ で見ても，等速直線運動している．ただし，式 (9.2) の関係がある．

したがって，**一つの慣性系に対し等速で並進運動する座標系では，同じ運動法則が成り立つ．つまり，すべて慣性系となる．**慣性系は，同じ運動法則が成り立つという意味で，互いに等価である．お互いに等速で並進運動する座標系の間の位置，速度，加速度などの変換を**ガリレオ変換** (Galilei transformation) という．

■ 加速度座標系

次に，慣性系に対し，加速度をもって並進運動をしている座標系について考えてみよう．物体に作用している力を $\boldsymbol{F}$ とすれば，慣性系での物体の加速度は

$$m\frac{d^2\boldsymbol{r}}{dt^2} = \boldsymbol{F} \tag{9.4}$$

で与えられる．一方，加速度系に乗った観測者が見る物体の加速度は，式 (9.3) を上式に代入すれば，

$$\boxed{m\frac{d^2\boldsymbol{r}'}{dt^2} = \boldsymbol{F} - m\frac{d^2\boldsymbol{r}_0}{dt^2}} \tag{9.5}$$

と表すことができる．**加速度系に乗った観測者から見た物体の加速度は，物体に作用している力のほかに，$-md^2\boldsymbol{r}_0/dt^2$ の項が付け加わる．この項は慣性質量に比例しているので，慣性力** (force of inertia) とよばれる．この力は，静止系（慣性系）に対する加速度系のもつ加速度と逆向きである．このように慣性力が現れる座標系を，**非慣性（座標）系** (non-inertial system) という．

電車やエレベーターでは，発進や停止の際，加速度運動をするので，車中の乗客は，この加速度とは逆方向に慣性力を受けることになる．また，車が定速で走行中でも，左に曲がるとき，車は左方向への加速度が生じている．したがって，車中の乗客の受ける慣性力は逆方向の右方向である．円運動している乗り物では，乗り物の加速度は常に中心に向かうので，乗客は外向きの慣性力，いわゆる遠心力を受ける．

9.2 回転座標系

慣性系に対し，軸の周りに一定の角速度 $\boldsymbol{\omega}_0$ で回転している座標系について考えてみよう．このような座標系を**回転（座標）系** (rotating system) という．回転が等角速度でも，回転系は求心加速度をもつので，非慣性系である．しかも，物体の位置により加速度の大きさや方向が変化するので，慣性系との関係が複雑である．

静止した慣性系を考え，回転系の原点と静止系の原点を一致させておく．**角速度ベ**

クトル $\boldsymbol{\omega}_0$ とは，回転角速度の大きさが ω_0 で，各成分が ω_{0x}，ω_{0y}，ω_{0z} をもつベクトル

$$\boldsymbol{\omega}_0 = \omega_{0x}\boldsymbol{e}_x + \omega_{0y}\boldsymbol{e}_y + \omega_{0z}\boldsymbol{e}_z \tag{9.6}$$

である．このベクトルの回転軸の方向余弦を (λ, μ, ν) とすれば $\omega_{0x} = \lambda\omega_0$, $\omega_{0y} = \mu\omega_0$, $\omega_{0z} = \nu\omega_0$ となる．角速度の和もベクトル和の法則，つまり平行四辺形則に従う．図 9.2 のように，$\boldsymbol{\omega}_0$ のベクトルが回転軸の上に向いているとすれば，右ねじの進む向き，つまり，軸の上から見て，回転が反時計回りであると約束する．逆に，$\boldsymbol{\omega}_0$ が下向きなら，回転が時計回りとなる．

静止系の基本ベクトルを $\boldsymbol{e}_x$，$\boldsymbol{e}_y$，$\boldsymbol{e}_z$ とし，回転系の基本ベクトルを $\boldsymbol{e}'_x$，$\boldsymbol{e}'_y$，$\boldsymbol{e}'_z$ としよう．以下，回転系での量にはすべて「$'$」をつける．回転系の基本ベクトルはすべて，図 9.2 で示すように，原点 O を頂点とした円錐上を回転運動している．時刻 t で，回転系の基本ベクトル $\boldsymbol{e}'_x(t)$ は $\boldsymbol{\omega}_0$ に対し θ 傾いているとすれば，回転によって θ は変わらず，回転軸の周りに $\boldsymbol{\omega}_0$ の角速度で回転している．Δt 後には，$\boldsymbol{e}'_x$ は $\omega_0 \Delta t \sin\theta$ だけ変化する．その方向は，軸に垂直な $\boldsymbol{e}'_x$ にも垂直である．これをベクトルで表すと，$(\boldsymbol{\omega}_0 \times \boldsymbol{e}'_x)\Delta t$ となる．したがって，基本ベクトル $\boldsymbol{e}'_x$ の時間変化は，ベクトル積を用いて表される．さらに y，z 成分も同様なので，

$$\frac{d\boldsymbol{e}'_x}{dt} = \boldsymbol{\omega}_0 \times \boldsymbol{e}'_x(t), \qquad \frac{d\boldsymbol{e}'_y}{dt} = \boldsymbol{\omega}_0 \times \boldsymbol{e}'_y(t), \qquad \frac{d\boldsymbol{e}'_z}{dt} = \boldsymbol{\omega}_0 \times \boldsymbol{e}'_z(t) \tag{9.7}$$

が成り立つ．

物体の点 P の位置ベクトルは，静止系で $\boldsymbol{r} = x\boldsymbol{e}_x + y\boldsymbol{e}_y + z\boldsymbol{e}_z$ と表されるとしよう．

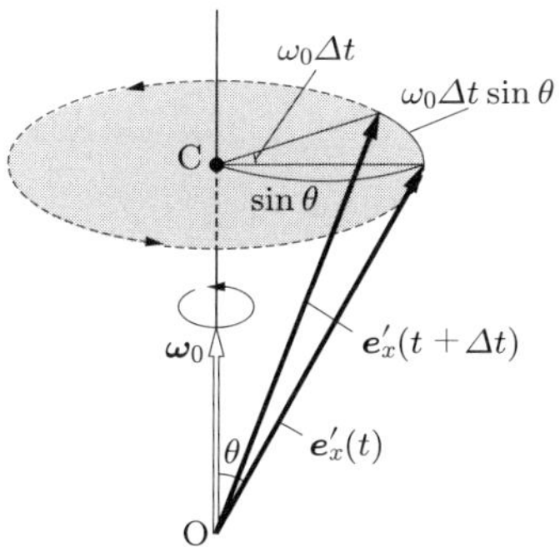

図 9.2　回転系の基本ベクトルの時間変化．時刻 t の回転系の基本ベクトル $\boldsymbol{e}'_x(t)$ の先端を通り，回転軸に垂直な平面を考える．このベクトルは軸の周りを回転するが，その先端は常にこの平面内にあり，軸を中心とした円周上にある．

回転系の基本ベクトルを用いると，同じ位置ベクトルは $x'\boldsymbol{e}'_x+y'\boldsymbol{e}'_y+z'\boldsymbol{e}'_z$ と表される．この表式を，単に $\boldsymbol{r}'$ のように書いて代用する．成分は両者で異なっているが，もちろん $\boldsymbol{r}=\boldsymbol{r}'$ である．また，速度ベクトル $\boldsymbol{v}=v_x\boldsymbol{e}_x+v_y\boldsymbol{e}_y+v_z\boldsymbol{e}_z$ も $v'_x\boldsymbol{e}'_x+v'_y\boldsymbol{e}'_y+v'_z\boldsymbol{e}'_z$ とも表され，これを $\boldsymbol{v}'$ と書き，$\boldsymbol{v}=\boldsymbol{v}'$ である．ほかの「$'$」をつけたベクトルも同様に定義される．

さて，両系で物体の速度はどのような関係にあるか考えてみよう．両系での物体の速度の関係式を得るため，$\boldsymbol{r}=\boldsymbol{r}'$ の時間微分を行ってみよう．

$$\frac{d\boldsymbol{r}}{dt}=\frac{d\boldsymbol{r}'}{dt}=\frac{dx'}{dt}\boldsymbol{e}'_x+\frac{dy'}{dt}\boldsymbol{e}'_y+\frac{dz'}{dt}\boldsymbol{e}'_z+x'\frac{d\boldsymbol{e}'_x}{dt}+y'\frac{d\boldsymbol{e}'_y}{dt}+z'\frac{d\boldsymbol{e}'_z}{dt} \tag{9.8}$$

ここで，右辺のはじめの3項を $(dx'/dt)\boldsymbol{e}'_x+(dy'/dt)\boldsymbol{e}'_y+(dz'/dt)\boldsymbol{e}'_z\equiv d'\boldsymbol{r}'/dt$ と書く．d'/dt はベクトルをすべて回転系に射影した成分に対してのみ時間微分を行うことを示しており，回転系の時間微分を表す．また，この式は回転系とともに動く観測者が見る物体の速度であるから，$d'\boldsymbol{r}'/dt=\boldsymbol{v}'_R$ と書く．ここで，$\boldsymbol{v}=\boldsymbol{v}'\neq\boldsymbol{v}'_R$ であることに注意しよう．

残りの3項は，式 (9.7) を用いれば $x'(\boldsymbol{\omega}_0\times\boldsymbol{e}'_x)+y'(\boldsymbol{\omega}_0\times\boldsymbol{e}'_y)+z'(\boldsymbol{\omega}_0\times\boldsymbol{e}'_z)=\boldsymbol{\omega}_0\times\boldsymbol{r}'$ となり，また，$\boldsymbol{\omega}_0$ を回転系の基本ベクトルで表した $\boldsymbol{\omega}'_0=\omega'_{0x}\boldsymbol{e}'_x+\omega'_{0y}\boldsymbol{e}'_y+\omega'_{0z}\boldsymbol{e}'_z$ を用いれば，

$$\frac{d\boldsymbol{r}}{dt}=\frac{d'\boldsymbol{r}'}{dt}+\boldsymbol{\omega}'_0\times\boldsymbol{r}'=\left(\frac{d'}{dt}+\boldsymbol{\omega}'_0\times\right)\boldsymbol{r}' \tag{9.9}$$

と表される．この第2式の第1項は**回転系での時間微分**とよばれ，回転系とともに運動する観測者の見る物体の速度ベクトルである．第2項は物体の位置での静止系から見た回転系自身の速度を表している．第3式の（）内の因子は**演算子**とよばれ，右側のベクトル関数に演算を施す．ここでは，回転系での時間微分と $\boldsymbol{\omega}'_0$ とのベクトル積をとり，その和をとることを表している．

静止系での物体の速度 $\boldsymbol{v}$ は，式 (9.9) を用いれば，

$$\boldsymbol{v}=\boldsymbol{v}'_R+\boldsymbol{\omega}'_0\times\boldsymbol{r}' \tag{9.10}$$

と表され，回転系にいる観測者が見る物体の速度 $\boldsymbol{v}'_R$ に，物体の位置での回転系自身の速度が加わっていることがわかる．これは，前節の式 (9.2) と同様である．ただ回転系では，物体の位置により系の速度も異なっているので，もっと複雑である．

式 (9.9) は，位置ベクトルの時間変化が静止系と回転系でどのように表せるかの関係式である．この導出過程を見れば，位置ベクトルでなく，任意のベクトルの時間変化の関係も同じ式の形で表されることがわかる．そのベクトルを静止系で $\boldsymbol{A}(t)=$

$\boldsymbol{A}_x\boldsymbol{e}_x+\boldsymbol{A}_y\boldsymbol{e}_y+\boldsymbol{A}_z\boldsymbol{e}_z$，回転系で $\boldsymbol{A}'(t)=\boldsymbol{A}'_x\boldsymbol{e}'_x+\boldsymbol{A}'_y\boldsymbol{e}'_y+\boldsymbol{A}'_z\boldsymbol{e}'_z$ とすれば，

$$\boxed{\frac{d\boldsymbol{A}}{dt}=\frac{d\boldsymbol{A}'}{dt}=\frac{d'\boldsymbol{A}'}{dt}+\boldsymbol{\omega}'_0\times\boldsymbol{A}'} \tag{9.11}$$

と表される．ここで，

$$\frac{d'\boldsymbol{A}'}{dt}\equiv\frac{dA'_x}{dt}\boldsymbol{e}'_x+\frac{dA'_y}{dt}\boldsymbol{e}'_y+\frac{dA'_z}{dt}\boldsymbol{e}'_z \tag{9.12}$$

である．

加速度については，式 (9.11) で $\boldsymbol{A}$ の代わりに $\boldsymbol{v}=d\boldsymbol{r}/dt$ を用いて，もう一度微分すれば

$$\begin{aligned}\boldsymbol{\alpha}&=\frac{d}{dt}\frac{d\boldsymbol{r}}{dt}=\frac{d}{dt}\frac{d\boldsymbol{r}'}{dt}=\left(\frac{d'}{dt}+\boldsymbol{\omega}'_0\times\right)\left(\frac{d'}{dt}+\boldsymbol{\omega}'_0\times\right)\boldsymbol{r}'\\&=\frac{d'^2\boldsymbol{r}'}{dt^2}+2\boldsymbol{\omega}'_0\times\frac{d'\boldsymbol{r}'}{dt}+\boldsymbol{\omega}'_0\times(\boldsymbol{\omega}'_0\times\boldsymbol{r}')\end{aligned} \tag{9.13}$$

となる．$d'^2\boldsymbol{r}'/dt^2=(d^2x'/dt^2)\boldsymbol{e}'_x+(d^2y'/dt^2)\boldsymbol{e}'_y+(d^2z'/dt^2)\boldsymbol{e}'_z\equiv\boldsymbol{\alpha}'_R$ とおくと，これは回転系にいる観測者が見る物体の加速度である．これを用いると，

$$\boldsymbol{\alpha}=\boldsymbol{\alpha}'_R+2\boldsymbol{\omega}'_0\times\boldsymbol{v}'_R+\boldsymbol{\omega}'_0\times(\boldsymbol{\omega}'_0\times\boldsymbol{r}') \tag{9.14}$$

となる．物体に力 $\boldsymbol{F}$ が作用しているとき，静止系での運動方程式は $md^2\boldsymbol{r}/dt^2=m\boldsymbol{\alpha}=\boldsymbol{F}$ で与えられるから，式 (9.13) を用いれば，

$$\boxed{m\frac{d'^2\boldsymbol{r}'}{dt^2}=\boldsymbol{F}'-2m\boldsymbol{\omega}'_0\times\frac{d'\boldsymbol{r}'}{dt}-m\boldsymbol{\omega}'_0\times(\boldsymbol{\omega}'_0\times\boldsymbol{r}')} \tag{9.15}$$

となる．ここで，$\boldsymbol{F}'=\boldsymbol{F}$ であるが，「$'$」は回転系の基本ベクトルとその成分で表されていることを示している．回転系に乗った観測者の見る物体の加速度は，物体にはたらく力 $\boldsymbol{F}=\boldsymbol{F}'=0$ のときでも，上式によれば右辺第 2 項と第 3 項による加速度があることがわかる．第 2 項は**コリオリ力** (Coriolis force) といい，

$$\boxed{\text{コリオリ力}=-2m\boldsymbol{\omega}'_0\times\boldsymbol{v}'_R} \tag{9.16}$$

と表される．図 9.3(a) に示されたように，**コリオリ力の大きさ回転ベクトル $\boldsymbol{\omega}'_0$ と回転系での物体の速度 $\boldsymbol{v}'_R$ のベクトル積に比例して，その方向は速度 $\boldsymbol{v}'_R$ と角速度ベクトル $\boldsymbol{\omega}_0$ に垂直な方向であり，物体の位置には無関係**である．

第 3 項は**遠心力** (centrifugal force) という．第 3 項を，付録に示すベクトル三重積

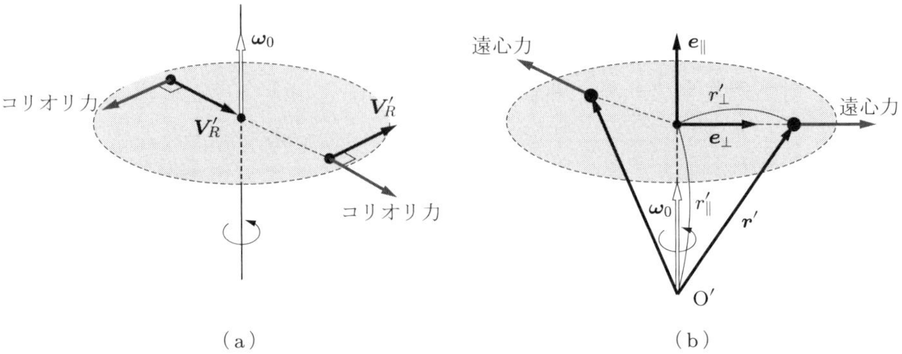

図 9.3 (a) コリオリ力の大きさは $2mv'_R\omega'_0$ で，その方向は物体の速度と回転軸にも垂直である．(b) 遠心力の大きさは垂線の長さと角速度の 2 乗に比例し，$mr'_\perp(\omega'_0)^2$ であり，その方向は物体の位置から回転軸に下ろした垂線の外向きである．

の公式で変形すれば，

$$-m\boldsymbol{\omega}'_0\times(\boldsymbol{\omega}'_0\times\boldsymbol{r}')=-m\boldsymbol{\omega}'_0(\boldsymbol{\omega}'_0\cdot\boldsymbol{r}')+m\boldsymbol{r}'\omega_0^2=-m\omega_0^2r'_\parallel\boldsymbol{e}_\parallel+m\omega_0^2\boldsymbol{r}'$$

となる．ここで，$r'_\parallel$ は $\boldsymbol{r}'$ の回転軸への射影成分で，$\boldsymbol{e}'_\parallel$ は回転軸方向の単位ベクトルである．結局，第 3 項は

$$\boxed{遠心力=m\omega_0^2r'_\perp\boldsymbol{e}_\perp}\tag{9.17}$$

となる．$\boldsymbol{e}_\perp$ は，図 9.3(a) に示されるように，物体の位置 $\boldsymbol{r}'$ から回転軸に下ろした垂線の外向きの方向である．また，$r'_\perp$ は垂線の長さである．したがって，**遠心力の大きさは，回転軸に下ろした垂線の長さに比例し，角速度の大きさの 2 乗に比例する**．ここで，コリオリ力と遠心力はともに物体の慣性質量 m に比例するので，慣性力である．

例題 9.1 回転軸に垂直な平面内の物体の運動方程式は，どのように表されるか．

解 回転軸を z 軸にとり，回転系の z' 軸も同じにとれば，$\boldsymbol{e}_z=\boldsymbol{e}'_z$，角速度の z' 成分は $\omega'_0=\omega_0$ であり，角速度の x'，y' 成分はゼロとなるので，コリオリ力は

$$\begin{aligned}-2m(\omega_0\boldsymbol{e}'_z\times\boldsymbol{v}'_R)&=-2m[\omega_0\boldsymbol{e}'_z\times(v'_{Rx}\boldsymbol{e}'_x+v'_{Ry}\boldsymbol{e}'_y+v'_{Rz}\boldsymbol{e}'_z)]\\&=2m\omega_0(v'_{Ry}\boldsymbol{e}'_x-v'_{Rx}\boldsymbol{e}'_y)\end{aligned}$$

となり，遠心力は

$$\begin{aligned}-m[\boldsymbol{\omega}'_0\times(\boldsymbol{\omega}'_0\times\boldsymbol{r}')]&=-m\{\omega_0\boldsymbol{e}'_z\times[\omega_0\boldsymbol{e}'_z\times(x'\boldsymbol{e}'_x+y'\boldsymbol{e}'_y+z'\boldsymbol{e}'_z)]\}\\&=-m[\omega_0\boldsymbol{e}'_z\times(\omega_0x'\boldsymbol{e}'_y-\omega_0y'\boldsymbol{e}'_x)]=m\omega_0^2(x'\boldsymbol{e}'_x+y'\boldsymbol{e}'_y)\end{aligned}$$

となる．したがって，回転系での運動方程式の x，y 成分は

$$m\frac{d^2x'}{dt^2} = F'_x + 2m\omega_0\frac{dy'}{dt} + m\omega_0^2 x'$$
$$m\frac{d^2y'}{dt^2} = F'_y - 2m\omega_0\frac{dx'}{dt} + m\omega_0^2 y'$$

となる.

9.3 地球自転による慣性力

■ 地上付近の運動に対する地球自転の影響

地上に固定した座標系は，地球の自転を考慮すれば，静止系ではなく回転系となる．地上付近で運動する物体にはたらく，地球の自転による遠心力やコリオリ力がどの程度か調べてみよう．

例題 9.2 赤道半径を $R = 6.4 \times 10^6\,\mathrm{m}$ として，地球自転による赤道上の遠心加速度と，時速 1000 km で飛ぶ航空機にはたらくコリオリ加速度を見積もれ．

解 地球自転の角速度は $\omega_0 = 2\pi/(24 \times 60 \times 60) = 7.27 \times 10^{-5}\,\mathrm{rad/s}$ である．

遠心加速度は地軸に垂直で，赤道上では，天頂方向で重力とは逆方向である．その大きさは，$R\omega_0^2 = 6.4 \times 10^6 \times (7.27 \times 10^{-5})^2 \simeq 0.03\,\mathrm{m/s^2}$．重力加速度の 3/1000 程度である．

一方，$1000\,\mathrm{km/h} = 278\,\mathrm{m/s}$ を用いて，コリオリ加速度は $2\omega_0 v = 2 \times 7.27 \times 10^{-5} \times 278 \simeq 0.04\,\mathrm{m/s^2}$ 程度である．

さて，物体の地上付近の運動について，図 9.4 に示されているように，地上の点 O′ に固定された局所座標系 O′-$x'y'z'$ で記述する．z' 軸は天頂方向，$x'y'$ 面は地表に水平で，x' 軸は南方向，y' 軸は東方向にとる．この局所系は地球の自転とともに回転するので，回転系である．地球の中心を原点 O とする静止座標系 O-xyz では，z 軸は北極方向，x，y 軸は地軸に垂直で，互いに垂直にとる．O から O′ へ向かうベクトル $\overrightarrow{\mathrm{OO'}} = \boldsymbol{R} = R_x\boldsymbol{e}_x + R_y\boldsymbol{e}_y + R_z\boldsymbol{e}_z = R\boldsymbol{e}'_z = \boldsymbol{R}'$ とする．ここで，R は地球の半径である．質点 P の静止系 O での位置ベクトルを $\boldsymbol{r} \equiv x\boldsymbol{e}_x + y\boldsymbol{e}_y + z\boldsymbol{e}_z$，局所座標系 O′ で表した位置ベクトルを $\boldsymbol{r}'_R = x'\boldsymbol{e}'_x + y'\boldsymbol{e}'_y + z'\boldsymbol{e}'_z$ とすれば，前節とは異なり

$$\boldsymbol{r} = \boldsymbol{R}' + \boldsymbol{r}'_R \tag{9.18}$$

の関係がある．両辺を t で微分することにより，静止系での質点の速度を $\boldsymbol{v}$ とすれば，

$$\boldsymbol{v} = \frac{d\boldsymbol{r}}{dt} = \frac{d\boldsymbol{R}'}{dt} + \frac{d\boldsymbol{r}'_R}{dt} \tag{9.19}$$

となる．

地上の点 O′ は，地球の自転角速度 $\boldsymbol{\omega}_0$ で回転するので，式 (9.19) の右辺第 1 項は

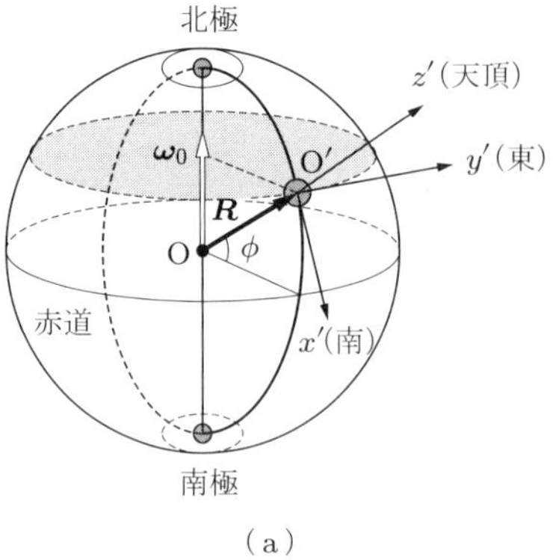

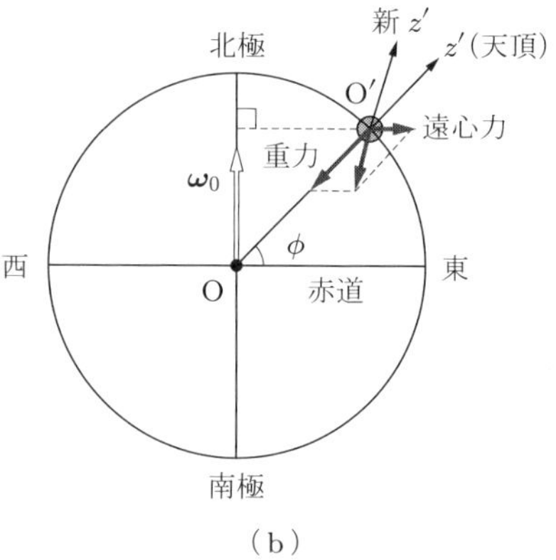

図 9.4 (a) 地球の経度・緯度線と地表点 O′ の局所座標系．O′ の地表に鉛直な方向（天頂方向）を z' 軸とする．x' 軸は南方向，y' 軸は東方向にとる．この系は地球自転のため角速度 $\boldsymbol{\omega_0}$ の回転系となる．(b) 緯度 ϕ の地点 O′ の地球中心に向かう重力加速度 g と遠心加速度ベクトルの和の方向を，新たな鉛直方向つまり新 z' の方向とする．

$$\frac{d\boldsymbol{R}'}{dt} = R\frac{d\boldsymbol{e}'_z}{dt} = R(\boldsymbol{\omega}'_0 \times \boldsymbol{e}'_z) = \boldsymbol{\omega}'_0 \times \boldsymbol{R}'$$

となる．また，第 2 項は式 (9.10) と同じく

$$\frac{d\boldsymbol{r}'_R}{dt} = \dot{x}'\boldsymbol{e}'_x + \dot{y}'\boldsymbol{e}'_y + \dot{z}'\boldsymbol{e}'_z + x'\dot{\boldsymbol{e}}'_x + y'\dot{\boldsymbol{e}}'_y + z'\dot{\boldsymbol{e}}'_z = \boldsymbol{v}'_R + \boldsymbol{\omega}'_0 \times \boldsymbol{r}'_R$$

となる．したがって，静止系での物体の速度は，式 (9.19) より式 (9.7) を用いて，

$$\boldsymbol{v} = \boldsymbol{\omega}'_0 \times \boldsymbol{R}' + \boldsymbol{v}'_R + \boldsymbol{\omega}'_0 \times \boldsymbol{r}'_R \tag{9.20}$$

と表される．ここで，右辺第 2 項は $\boldsymbol{v}'_R \equiv \dot{x}'\boldsymbol{e}'_x + \dot{y}'\boldsymbol{e}'_y + \dot{z}'\boldsymbol{e}'_z$ であり，局所座標系で見た物体の速度である．

また，質点 P の静止系での加速度 $\boldsymbol{\alpha}$ は

$$\boldsymbol{\alpha} = \frac{d^2\boldsymbol{r}}{dt^2} = \frac{d^2\boldsymbol{R}'}{dt^2} + \frac{d^2\boldsymbol{r}'_R}{dt^2} \tag{9.21}$$

であり，右辺第 1 項は

$$\frac{d^2\boldsymbol{R}'}{dt^2} = \frac{d}{dt}(\boldsymbol{\omega}'_0 \times \boldsymbol{R}') = \boldsymbol{\omega}'_0 \times (\boldsymbol{\omega}'_0 \times \boldsymbol{R}') \tag{9.22}$$

となる．点 O′ での遠心加速度を与える．また，右辺第 2 項は式 (9.13) の $\boldsymbol{r}'$ を $\boldsymbol{r}'_R$ と置き換えて，

$$\frac{d^2\boldsymbol{r}'_R}{dt^2} = \boldsymbol{\alpha}'_R + 2\boldsymbol{\omega}'_0 \times \boldsymbol{v}'_R + \boldsymbol{\omega}'_0 \times (\boldsymbol{\omega}'_0 \times \boldsymbol{r}'_R) \tag{9.23}$$

となる．式 (9.21) より，式 (9.22) と式 (9.23) を用いて，局所系での質点の運動方程式は

$$m\boldsymbol{\alpha}'_R = m\boldsymbol{\alpha} - 2m\boldsymbol{\omega}'_0 \times \boldsymbol{v}'_R - m\boldsymbol{\omega}'_0 \times (\boldsymbol{\omega}'_0 \times \boldsymbol{r}'_R) - m\boldsymbol{\omega}'_0 \times (\boldsymbol{\omega}'_0 \times \boldsymbol{R}') \tag{9.24}$$

となる．この式の右辺の第 1 項は $m\boldsymbol{\alpha} = \boldsymbol{F}$ で，この質点にはたらいている力 $\boldsymbol{F}$ である．第 2 項はコリオリ力，第 3 項は遠心力を表している．第 4 項は地上の局所原点 O′ に質点がいるときの遠心力である．式 (9.22) より，この値は $|-\omega_0^2 R[\boldsymbol{e}_z \times (\boldsymbol{e}_z \times \boldsymbol{e}'_z)]| = |-\omega_0^2 R[\boldsymbol{e}_z(\boldsymbol{e}_z \cdot \boldsymbol{e}'_z) - \boldsymbol{e}'_z]| = \omega_0^2 R_\perp$ となるので，点 O′ から地軸までの距離 $R_\perp$ に比例する．一方，質点の運動範囲 $|\boldsymbol{r}'_R|$ が地球の半径 $|\boldsymbol{R}|$ に比べずっと小さい場合は，近似として，r'_R に比例する第 3 項の遠心力は無視してもよい．したがって，O′ 付近の運動では遠心加速度は，方向も含めてほぼ一定としてよい．図 9.4(b) に示すように，重力加速度と遠心加速度のベクトル和がその場所での見かけの重力加速度となり，その方向は平衡のときの振り子の糸の方向で，つまり，鉛直方向（天頂方向）である．端的にいえば，遠心加速度は重力加速度の補正として取り込まれ，遠心力の項は局所系の運動方程式に現れない．

一方，式 (9.23) の右辺第 3 項のコリオリ加速度は小さいものの，長時間運動している物体では，速度変化は次第に大きくなるので，無視することはできない．

■ フーコー振り子

長い糸につるした重いおもりをもつ振り子は減衰が少なく，数日間も振動を続けることができる．このような振り子を，鉛直面内をほぼ直線を描くように振動させる．糸の描く振動面の方向が次第に回転する現象を，1851 年に実験ではじめて示したのがフーコーで，これを**フーコー振り子**という．フーコーはこの現象を地球の自転の証拠と主張した．

振動面の回転は，赤道上以外なら地球上どこでも観測される．観測地点の緯度 ϕ として，$\sin\phi$ に比例して回転速度は異なる．北極 $\phi = 90°$ では，回転は地球の自転と同じ 1 日に 1 回転する．低緯度に進むにつれ，1 日の回転角は減少し，赤道では $\phi = 0°$ で，回転角はゼロとなる．東京は $\phi = 35°$ であるから，地球自転の約半分の角速度で回転する．つまり，1 日で半回転することがわかる．東京上野の国立科学博物館† の吹き抜けに，フーコー振り子があるので，ぜひ見てほしいと思う．

† ほかに，名古屋市科学館，弘前大学理工学棟，札幌市青少年科学館など．

図 9.5 に，後に示す式 (9.26) を用いて，フーコー振り子の軌跡を数値計算で求めた結果を示している．ここでは，$2(\omega_0/\omega)\sin\phi = 0.1$ とした．また，$\omega = \sqrt{g/\ell}$ は振り子の固有角振動数である．はじめ振り子の変位が x 軸上の 1 にあり，初速ゼロで離したときの振り子の位置の時間変化を示している．振動面は時計回りに回転していく．

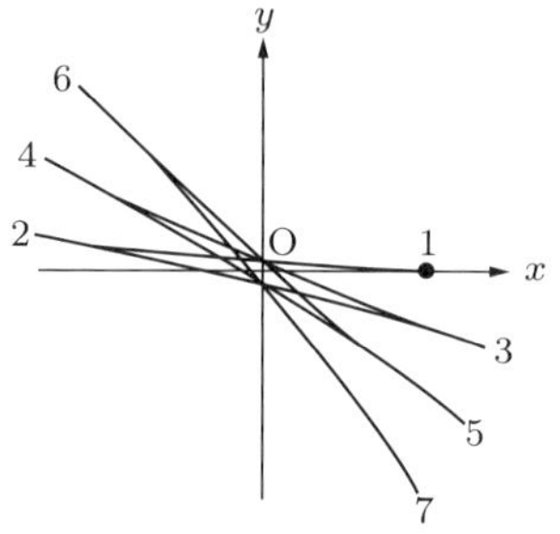

図 9.5　フーコー振り子の軌跡．出発点は 1 であり，2，3，$\cdots$ のように運動する．

なぜ振動面が回転していくのか考えてみよう．図 9.6 に示されているように，振り子が北緯 ϕ の地点 O′ につり下げられているとしよう．O′ を局所座標系の原点とする．鉛直方向を z' 軸とすれば，振幅が小さいとき，おもりの運動は z' 軸に垂直な，ほぼ水平面内にある．x'，y' 軸を水平面内の南と東方向にとる．地球自転の角速度ベクトル $\boldsymbol{\omega}_0 = \omega_0 \boldsymbol{e}_z$ は北極星方向にあり，この地点 O′ の鉛直方向と $\pi/2 - \phi$ の角をなすので，局所座標系では $\boldsymbol{\omega}_0' = -\omega_0 \cos\phi\, \boldsymbol{e}_x' + \omega_0 \sin\phi\, \boldsymbol{e}_z'$ となる．

おもりの局所系での速度は $\boldsymbol{v}_R' = v_x' \boldsymbol{e}_x' + v_y' \boldsymbol{e}_y'$ と表されるとすれば，式 (9.24) のコリオリ力は

$$
\begin{aligned}
-2m\boldsymbol{\omega}_0' \times \boldsymbol{v}_R' &= -2m\omega_0(-\cos\phi\, \boldsymbol{e}_x' + \sin\phi\, \boldsymbol{e}_z') \times (v_x' \boldsymbol{e}_x' + v_y' \boldsymbol{e}_y') \\
&= 2m\omega_0(v_y' \sin\phi\, \boldsymbol{e}_x' - v_x' \sin\phi\, \boldsymbol{e}_y' + v_z' \cos\phi\, \boldsymbol{e}_z') \qquad (9.25)
\end{aligned}
$$

となる．コリオリ力の z' 軸方向の成分は，振り子の張力を少し変えるだけで，おもりの運動には影響しない．自転角速度ベクトルによるコリオリ力は水平面にあり，初期の振動方向を x' 軸とすると，図 9.6 に示すように，おもりは振動方向が時計回りに回転することがわかる．

したがって，局所座標系での糸の長さ ℓ の単振り子の運動方程式は，振幅の小さいとき，次の式で表される．以下の式では，煩雑を避けるためプライムの記号がすべて省略されているが，すべて局所座標系に乗った観測者の見る値である．

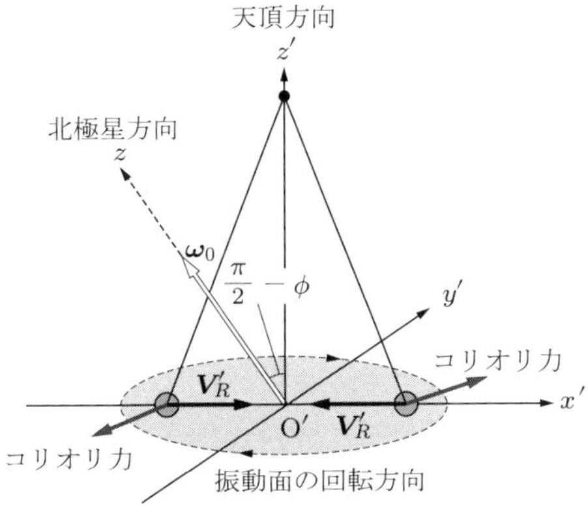

図 9.6 北緯 ϕ の地上に置かれたフーコー振り子．鉛直方向を z' 軸とする回転系で，北極星の方向を向いた地球自転の角速度ベクトル $\boldsymbol{\omega}_0$ と $\pi/2-\phi$ の角となる．コリオリ力は図に示されたように，おもりの速度方向を右に曲げるように作用する．振り子のおもりの速度が x' 軸の正の方向に動いているときは，コリオリ力は y' 軸の正の方向に向かう．一方，おもりの速度が x' 軸の負の方向なら，コリオリ力も y' 軸の負の向きとなる．したがって，おもりの振動方向を時計回りに回転させることになる．

$$\left.\begin{aligned}\frac{d^2x}{dt^2} &= -\frac{g}{\ell}x + 2\omega_0\frac{dy}{dt}\sin\phi \\ \frac{d^2y}{dt^2} &= -\frac{g}{\ell}y - 2\omega_0\frac{dx}{dt}\sin\phi\end{aligned}\right\} \tag{9.26}$$

例題 9.3 上式から角運動量の時間変化を求めて，振動面の回転を求めよ．

解 z 軸周りの角運動量の時間変化は $md(x\dot{y}-y\dot{x})/dt = m(x\ddot{y}-y\ddot{x})$ となるから，式 (9.25) を用いて，

$$\frac{d\ell_z}{dt} = -m\omega_0\sin\phi\,\frac{d}{dt}(x^2+y^2) \tag{1}$$

となる．$\omega_0=0$ のときは当然ゼロとなり，角運動量は保存し，振動方向は変わらない．xy 面での二次元極座標 (r,θ) を用いれば，

$$\frac{d}{dt}(r^2\dot{\theta}) = -\omega_0\sin\phi\,\frac{d}{dt}(r^2) \tag{2}$$

となり，これを積分すれば，

$$\frac{d\theta}{dt} = -\omega_0\sin\phi + \frac{(\text{定数})}{r^2} \tag{3}$$

となる．

例題 9.3 の式 (3) において，初期の振動方向が x 方向（南北）とすれば，$\theta=0$ で

あるから，(定数) $= 0$ となる．振動方向は $\omega_0 \sin\phi$ の角振動数で，時計回りに回転していく．

章末問題

9.1 列車の天井に質量 1 kg のおもりが長さ 1 m の糸でつるされている．列車が次の条件で運動するとき，平衡の位置での糸の張力，糸の鉛直からの傾き，振り子の振動周期を求めよ．

(a) 列車が一定の加速度 $2\,\mathrm{m/s^2}$ で加速するとき．

(b) 列車が曲率半径 100 m のカーブを 100 km/h で曲がるとき．

9.2 地球を回る人工衛星内は無重力となることを説明せよ．

9.3 ロケットを地表に鉛直に打ち上げる．ある程度上昇したら，燃料を止める．ロケットはそのまま上昇する．最高点に達した後，自然に落下する．地上に近づいたら，また燃料を噴射し，ゆっくりと地上に降りる．乗客が無重力を感じるのは，飛行経路のどの範囲か．

9.4 一定の角速度で反時計回りに回転する，水平で滑らかな板がある．次の問いに答えよ．

(a) 回転板の上に静かに置いた物体が止まったままでいるのは，どのような力を加えることが必要か．

(b) 加えた力を取り除くと，物体はどのような運動を始めるか．静止系で見ると，物体はどのような運動となるか．

(c) 回転板の中心から周辺に直球を投げた．回転板内の観測者が見る球の運動はどうなるか．

9.5 上空から見ると，台風は北半球では反時計回りに回転し，南半球では時計回りに回転することを，コリオリ力に基づいて説明せよ．

9.6 フーコー振り子について，次の問いに答えよ．

(a) 角運動量保存則は満たされないが，力学的エネルギーは保存することを確かめよ．

(b) 力学的エネルギーを二次元極座標 (r, θ) で表し，エネルギー E が与えられたとき，おもりの運動が許される r の範囲を図示せよ．

9.7 地上付近の h の高さから自由落下する物体の運動に対する，地球自転のコリオリ力の影響を調べよ．

(a) 図 9.4(a) のように北緯 45° の地上に置かれた回転系 O′ で，速度 $\boldsymbol{v}_z$ で落下する物体に対し，地球自転によるコリオリ力の各成分を求めよ．（ヒント：自転角速度 $\boldsymbol{\omega}_0 = -\omega_0 \cos\phi\, \boldsymbol{e}_x + \omega_0 \sin\phi\, \boldsymbol{e}_z$ と表される．）

(b) コリオリ力を取り入れた物体の x，y 方向の運動方程式を書き，これから，物体が落下する間の水平方向の速度の変化と変位を求めよ．

(c) 高さ 100 m および 1000 m から自由落下させた物体が地上に着いたとき，真下の位置からのずれとその方向を求めよ．

コラム　潮汐力

海は 1 日に干潮と満潮をそれぞれ 2 回ずつ繰り返している．干潮と満潮を引き起こす力を潮汐力または起潮力といい，月と太陽の引力が原因である．

太陽による潮汐力を考えてみよう．太陽に近い地球の表面の海水にはたらく太陽の引力は，地球の重力で球面となっている海水を太陽側に引き付け，海面を持ち上げ，満潮となる．一方，太陽から遠い地球の反対側の海水にはたらく太陽引力は逆に，海面を押し下げ，干潮となる．地球の自転により，満潮と干潮の位置が移っていく．この説明では，1 日 1 回の干満しか起こらない．

上の説明では，地球が静止していることを暗黙に仮定している．しかし，地球が太陽の周りを公転していることを忘れてはいけない．第 9 章で説明したように，地球は太陽を中心としたほぼ円運動による求心加速度系である．地球上で観測するとき，常に地球上のすべての物体にはこの加速度と逆のみかけの加速度，つまり遠心加速度がはたらいている．遠心加速度は太陽の方向と逆に向いている．R を太陽中心から地球の中心までの距離，ω を地球公転の角速度とすれば，遠心加速度の大きさは，地球の任意の点で，$\alpha_c = R\omega^2$ と表される．これは，地球の自転がないとして，たとえば，地球の太陽に最も近い表面は太陽を中心とした円を描くのではなく，太陽中心から地球の半径 d だけ遠い点を中心として，半径 R の回転をしているからである．ほかの点も同様である．

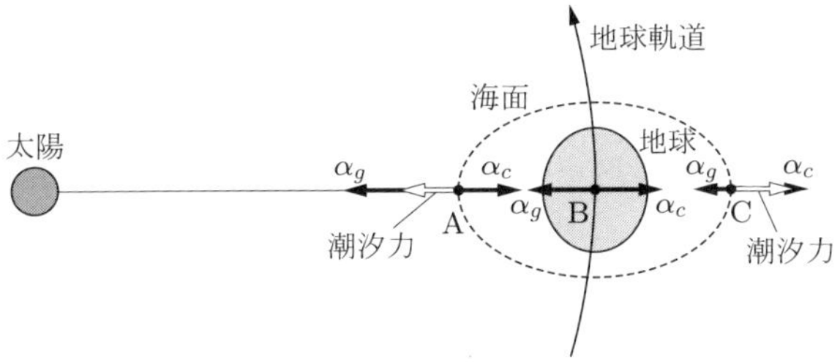

図 9.7

図 9.7 に示すように，潮汐力は引力と遠心力の合成加速度は $\alpha_c - \alpha_g$ で，地球上の位置で変化する．地球の中心では，$\alpha_c - \alpha_g(\mathrm{B}) = R\omega^2 - GM/R^2$ は 0 である．ここで，G は万有引力定数，M は太陽の質量である．地球の半径を d とすれば，太陽に近い点 A では，$GM/R^2 - GM/(R-d)^2 \simeq -GM/R^2(2d/R) \simeq -2d\omega^2$ で負，太陽に遠い点 C では $R\omega^2 - GM/(R+d)^2 \simeq 2d\omega^2$ で正である．ここで，$d \ll R$ を用いた．上に述べた関係より，地球の中心では，太陽の引力と遠心力は打ち消し合う．太陽に近い地球の表面では，太陽の引力は遠心力より大きく，海面を持ち上げる．太陽に遠い地球の表面では，太陽の引力が小さくなり，遠心力が勝って，海面は太陽と反対側に持ち上がることになる．満潮は太陽に近い側だけでなく，遠い側にも生じる．干潮は太陽の方向と垂直な方向の海面に生じる．こうして，地球が 1 日 1 回自転することにより 1 日に 2 回の干満潮が説明できる．

第 10 章 質点系の力学

これまでは 1 個の質点の運動を調べてきた．この章では，2 個以上の質点がお互いに力を及ぼしながら運動をしている力学系を考えよう．このような系を**質点系** (system of particles) という．太陽と 1 個の惑星，あるいは水素原子のような陽子と 1 個の電子は 2 体系の運動である．2 体系の運動は，相互作用が互いの相対位置のみによる場合は，1 体の運動方程式に帰着される．

一方，多数の惑星をもつ太陽系で惑星間の引力や，多数の電子をもつ原子で電子間の静電力を考慮すれば，多体系になる．しかも，わずか 3 個の系でも，それぞれの運動の解析解を得ることはできない．多体系では，各質点の運動を具体的に解くことよりも，惑星全体の運動量保存則，角運動量保存則について学ぶ．

太陽・地球・月の 3 体系では，太陽を回る地球の公転周期と月が地球を回る公転周期が，それぞれほぼ一定であることが知られている．角運動量を分離することで，個々の角運動量保存はどのような条件のもとで成り立つのかを考察する．

10.1　2 体系

■ 2 体の運動方程式と全運動量保存の式

二つの質点が互いの相互作用で運動している系を **2 体系** (two-body system) とよぶ．ここでは，2 体系に，ほかからの力もはたらいている場合を考えよう．

二つの質点の質量を m_1，m_2，その位置を $\boldsymbol{r}_1$，$\boldsymbol{r}_2$ とすれば，運動方程式は

$$m_1 \frac{d^2\boldsymbol{r}_1}{dt^2} = \boldsymbol{f}_{1,2} + \boldsymbol{F}_1^{外} \tag{10.1}$$

$$m_2 \frac{d^2\boldsymbol{r}_2}{dt^2} = \boldsymbol{f}_{2,1} + \boldsymbol{F}_2^{外} \tag{10.2}$$

で与えられる．力 $\boldsymbol{f}_{1,2}(\boldsymbol{r}_1, \boldsymbol{r}_2)$ は質点 1 が質点 2 から，$\boldsymbol{f}_{2,1}$ は質点 2 が質点 1 から受ける**相互作用力**である．互いに作用と反作用の関係にあるので，$\boldsymbol{f}_{1,2} = -\boldsymbol{f}_{2,1}$ である．この力を**内力** (internal force) という．また，$\boldsymbol{F}_1^{外}$，$\boldsymbol{F}_2^{外}$ は外からこの質点にはたらく力であり，**外力** (external force) とよんでいる．一般に，内力はお互いの位置にも依存するので，二つの方程式は連立しており，独立に解くことはできない．

上の二つの式を加え合わせると，

$$m_1\frac{d^2\boldsymbol{r}_1}{dt^2}+m_2\frac{d^2\boldsymbol{r}_2}{dt^2}=\frac{d}{dt}\left(m_1\frac{d\boldsymbol{r}_1}{dt}+m_2\frac{d\boldsymbol{r}_2}{dt}\right)=\boldsymbol{F}_1^{外}+\boldsymbol{F}_2^{外} \tag{10.3}$$

となる．また，運動量 $\boldsymbol{p}_1=m_1\dot{\boldsymbol{r}}_1$，$\boldsymbol{p}_2=m_2\dot{\boldsymbol{r}}_2$ を用いると

$$\frac{d}{dt}(\boldsymbol{p}_1+\boldsymbol{p}_2)=\boldsymbol{F}_1^{外}+\boldsymbol{F}_2^{外} \tag{10.4}$$

となる．2 体の運動量の和を**全運動量**といい，この式は，**全運動量の時間変化は，内力に関係なく，外力の和に比例する**ことを意味している．また，**外力がないときは，全運動量が保存される**という**全運動量保存則** (conservation law of total momentum) が成り立つ．

■ 質量中心の運動と相対運動

二つの質点の**質量中心** (center of mass) の位置は，m_1 から m_2 に引いた線分を m_2 対 m_1 に内分する点である．その位置を $\boldsymbol{r}_\mathrm{G}$ とすれば

$$\boxed{\boldsymbol{r}_\mathrm{G}=\frac{m_1\boldsymbol{r}_1+m_2\boldsymbol{r}_2}{m_1+m_2}} \tag{10.5}$$

で与えられる（図 10.1）．これを用いると，式 (10.3) は

$$\boxed{M\frac{d^2\boldsymbol{r}_\mathrm{G}}{dt^2}=\boldsymbol{F}^{外}} \tag{10.6}$$

とも表すことができる．ここで，$M=m_1+m_2$ は全質量であり，$\boldsymbol{F}^{外}=\boldsymbol{F}_1^{外}+\boldsymbol{F}_2^{外}$ は外力の和を表している．よって，**質量中心の運動は内力に関係なく，全質量 M の質点に，外力の和がはたらいたときと同じ加速度をもつ**ことがわかる．一方，相対運動

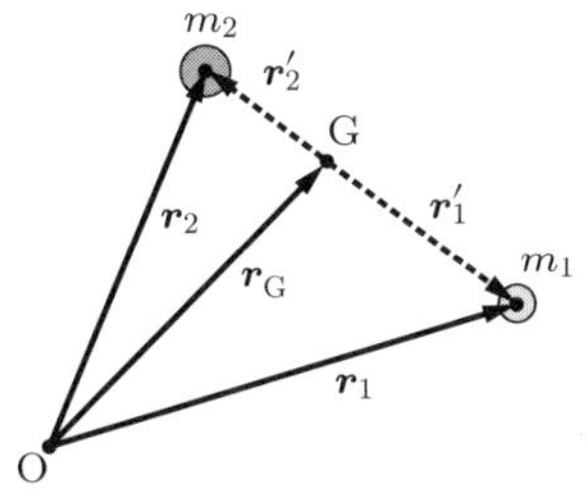

図 10.1　質量中心 G の位置

は次のように表される．式 (10.1) に m_2，式 (10.2) に m_1 をかけ，その差をとれば，

$$m_1 m_2 \frac{d^2}{dt^2}(\boldsymbol{r}_2 - \boldsymbol{r}_1) = m_1 \boldsymbol{f}_{2,1} - m_2 \boldsymbol{f}_{1,2} + m_1 \boldsymbol{F}_2^{外} - m_2 \boldsymbol{F}_1^{外} \tag{10.7}$$

となる．さらに，$\boldsymbol{f} \equiv \boldsymbol{f}_{2,1} = -\boldsymbol{f}_{1,2}$ を用いると

$$m_1 m_2 \frac{d^2(\boldsymbol{r}_2 - \boldsymbol{r}_1)}{dt^2} = (m_1 + m_2)\boldsymbol{f}(\boldsymbol{r}_2, \boldsymbol{r}_1) - m_2 \boldsymbol{F}_1^{外} + m_1 \boldsymbol{F}_2^{外} \tag{10.8}$$

と表される．相互作用は，たとえば，万有引力のように力が相対位置のみによる場合は，$\boldsymbol{f}$ は $\boldsymbol{r}_2 - \boldsymbol{r}_1 = \boldsymbol{r}$ の関数となる．この $\boldsymbol{r}$ を**相対座標**という．

まず，外力がない場合を考えよう．式 (10.6) の右辺はゼロとなるので，$d^2\boldsymbol{r}_{\mathrm{G}}/dt^2 = 0$ である．$d\boldsymbol{r}_{\mathrm{G}}/dt =$（一定）となるから，外力がないときは，質量中心は等速度直線運動を行う．一方，相対運動は式 (10.8) の第 2，3 項はゼロとなるので，両辺を $m_1 + m_2$ で割り，さらに，次式で定義される**換算質量** (reduced mass)

$$\boxed{\mu \equiv \frac{m_1 m_2}{m_1 + m_2}} \tag{10.9}$$

を用いれば，式 (10.8) は

$$\boxed{\mu \frac{d^2\boldsymbol{r}}{dt^2} = \boldsymbol{f}(\boldsymbol{r})} \tag{10.10}$$

となる．これを，**相対座標系** (relative coordinate system) での運動方程式という．式 (10.10) の右辺は相対座標 $\boldsymbol{r}$ だけの関数となり，未知関数 $\boldsymbol{r}(t)$ を決める閉じた微分方程式となっており，1 質点の運動方程式と同じ形となっている．以上より，**外力がないときの 2 体系の運動は，質量中心の等速度運動と，内力による相対運動の方程式とに分離される**ことがわかった．ただし，内力が相対位置のみの関数であることが条件である．たとえば，相互作用がばねや万有引力や静電気力なら，この条件が満たされる．

太陽と一つの惑星系の運動としたとき，m_1 は太陽の質量，m_2 は惑星の質量とすれば，相対位置 $\boldsymbol{r}$ は太陽を原点とした惑星の位置である．m_2 が m_1 に比べて圧倒的に小さいので，換算質量 μ は近似的に m_2 と同じ程度になる．式 (10.10) は，太陽を固定したときの惑星の運動方程式（第 6 章）に帰着される．

2 体系の力学的エネルギー保存則を調べてみよう．2 体の運動エネルギー T は，質量中心の速度を $\boldsymbol{v}_{\mathrm{G}}$，相対速度 $\boldsymbol{v} = \boldsymbol{r}_2 - \boldsymbol{r}_1$ とすれば，

$$T = \frac{1}{2}M\boldsymbol{v}_{\mathrm{G}}^2 + \frac{1}{2}\mu\boldsymbol{v}^2 \tag{10.11}$$

と表すことができる．式 (10.6) より，$\boldsymbol{v}_{\mathrm{G}}$ が一定なので，質量中心の運動エネルギー $Mv_{\mathrm{G}}^2/2$ は保存される．また，相互作用が保存力であれば，相対位置エネルギーは $V(\boldsymbol{r})$ で表され，相対運動エネルギーと相対位置エネルギーの和 $\mu\boldsymbol{v}^2/2+V(\boldsymbol{r})$ も保存される．

問 式 (10.11) を示せ．

問 地球の質量を 1 としたとき，太陽の質量は 3.3×10^5，最大の惑星である木星の質量は 3.2×10^2 である．それぞれの換算質量を元の質量と比べよ．

次に，外力がある場合を考える．外力は一般には $\boldsymbol{r}_1$，$\boldsymbol{r}_2$ の関数であり，質量中心の運動と相対運動の方程式は独立には解くことができない．しかし，外力の和が定数ベクトルや質量中心の位置 $\boldsymbol{r}_{\mathrm{G}}$ のみの関数である場合には，外力がない場合と同様に質量中心運動と相対運動を分離することができる．

たとえば，地上付近の重力場中で運動する 2 体は，重力加速度を g として $\boldsymbol{F}_i^{外} = -m_i g\boldsymbol{e}_z$ であるから，質量中心の運動方程式 (10.6) で外力は $-(m_1+m_2)g\boldsymbol{e}_z = -Mg\boldsymbol{e}_z$ となる．ここで，$\boldsymbol{e}_z$ は鉛直上方を向いた基本ベクトルである．したがって，力は定数ベクトルとなり，式 (10.6) より，質量中心は加速度が $-g$ の落下運動となる．

また，相対運動の方程式 (10.7) の外力の項は，右辺より $m_1\boldsymbol{F}_2^{外}-m_2\boldsymbol{F}_1^{外} = m_1m_2g\boldsymbol{e}_z - m_2m_1g\boldsymbol{e}_z = 0$ となって，外力である重力とは無関係である．相互作用の力が相対位置 $\boldsymbol{r}$ のみの関数となるとき，相対運動は質量中心運動と完全に分離し，この方程式のみで運動が定まる．

例題 10.1 質量 m，$2m$ の二つの質点を，自然長 ℓ，ばね定数 k のばねで結び，m の質点を天井に糸でつり下げた．この糸を切ったときの，この二つの質点の運動を求めよ．ここで，重力加速度を g とする．

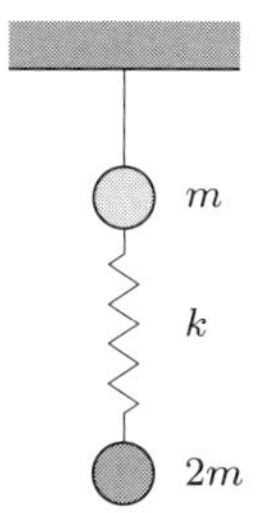

解 二つの質点の質量中心は，質量 $m+2m=3m$ の質点と同じように自由落下する．したがって，鉛直上方を正にとって，落下速度は $v_{\mathrm{G}}(t) = -gt$，元の位置からの落下距離は

$z_G(t) = -gt^2/2$ となる．一方，換算質量は

$$\frac{1}{\mu} = \frac{1}{m} + \frac{1}{2m} \tag{1}$$

より，$\mu = 2m/3$ となる．質点 1，2 の高さを z_1，z_2 として，相対座標 $z = z_1 - z_2$ に対する相対運動の方程式は

$$\mu\ddot{z} = -k(z - \ell) \tag{2}$$

となるから，解は単振動となる．A，B を任意定数として，

$$z(t) = A\cos(\omega t) + B\sin(\omega t) + \ell \tag{3}$$

とおく．ここで，$\omega = \sqrt{k/\mu} = \sqrt{3k/2m}$ である．初期条件で，ばねは自然長より $2mg/k$ 伸びているので，$z(0) = \ell + 2mg/k$．また，相対初速度ゼロを用いると，式 (3) から $A = 2mg/k$，かつ $B = 0$ となる．相対運動の解は

$$z(t) = \left(\frac{2mg}{k}\right)\cos\left(\sqrt{\frac{3k}{2m}}t\right) + \ell \tag{4}$$

となる．

10.2 多体系の運動

ここでは，**多体系** (many-body system)，つまり，多数の質点が相互作用しているときの運動について考えてみよう．個々の粒子の運動を解くのではなく，多粒子系に一般的に成り立つ保存則について調べてみよう．

■ 質量中心の運動

N 個の質点よりなる多体系の質点に 1，2，$\cdots$，N まで番号をつけ，それぞれの質量を m_1，m_2，$\cdots$，m_N で表し，その位置を $\boldsymbol{r}_1$，$\boldsymbol{r}_2$，$\cdots$，$\boldsymbol{r}_N$ としよう．この系内の質点間にはたらく力を内力という．この系以外の物体より系内の質点にはたらく力を外力という．i 番目の質点の運動方程式は

$$m_i\frac{d^2\boldsymbol{r}_i}{dt^2} = \boldsymbol{F}_i^{外} + {\sum_{j=1}^{N}}' \boldsymbol{f}_{i,j}^{内} \qquad (i = 1,\ 2,\ \cdots,\ N) \tag{10.12}$$

と表される．ここで，$\boldsymbol{F}_i^{外}$ は i 番目の質点にはたらく外力であり，$\boldsymbol{f}_{i,j}^{内}$ は j 番目の質点が i 番目の質点に及ぼす内力相互作用である．$\sum_j'$ は，j の和から $j = i$ を除くことを意味する．

さて，式 (10.12) をすべての i について加え合わせると，

$$\sum_{i=1}^{N} m_i \frac{d^2 \boldsymbol{r}_i}{dt^2} = \sum_{i=1}^{N} \boldsymbol{F}_i^{外} + \sum_{i,j=1}^{N}{}' \boldsymbol{f}_{i,j}^{内} \tag{10.13}$$

となる．内力は作用・反作用の法則により，$\boldsymbol{f}_{i,j}^{内} = -\boldsymbol{f}_{j,i}^{内}$ であるから，右辺第 2 項はゼロとなる．i 番目の質点の運動量を $\boldsymbol{p}_i$ とすれば，式 (10.12) は

$$\frac{d}{dt}\left(\sum_i m_i \frac{d\boldsymbol{r}_i}{dt}\right) = \frac{d}{dt}\left(\sum_i \boldsymbol{p}_i\right) = \sum_i \boldsymbol{F}_i^{外} \tag{10.14}$$

と表される．運動量の和を質点系の**全運動量** (total momentum) という．**質点系の全運動量の時間変化は，内力とは無関係で，外力の和に等しい．とくに外力のない場合は全運動量は保存される．**

全運動量を別の見方で見てみよう．N 個の質点の質量中心の位置 $\boldsymbol{r}_{\mathrm{G}}$ を

$$\boxed{\boldsymbol{r}_{\mathrm{G}} \equiv \frac{\displaystyle\sum_i m_i \boldsymbol{r}_i}{\displaystyle\sum_i m_i}} \tag{10.15}$$

と定義する．この式の時間微分を 2 回行い，式 (10.13) と比べれば，

$$\boxed{M \frac{d^2 \boldsymbol{r}_{\mathrm{G}}}{dt^2} = \boldsymbol{F}^{外}} \tag{10.16}$$

と表すことができる．ここで，$M = \sum_i m_i$ は質点系の全質量，$\boldsymbol{F}^{外} = \sum_i \boldsymbol{F}_i^{外}$ は外力の和である．**質点系の質量中心の運動は，ここに全質量 M が集中し，外力の和がこの質量に作用したときの 1 体の運動方程式で表される．外力の和がゼロのとき，全運動量は保存され，質量中心は等速直線運動をする．**

質点系が地上付近にあり，外力としては一様な重力場のみであれば，質点の配置と無関係で，外力の総和は $F_x^{外} = F_y^{外} = 0$，$F_z^{外} = -\sum_i m_i g = -Mg$ となるから，式 (10.16) は閉じた形で解ける．このとき，質量中心 G の運動は重力場での落体運動で表される．

■ 質量中心に対する相対運動

[相対座標の自由度] 質量中心に対する i 番目の質点の相対位置 $\boldsymbol{r}_i'$ は，図 10.2 に示されるように $\boldsymbol{r}_i' = \boldsymbol{r}_i - \boldsymbol{r}_{\mathrm{G}}$ であるから，

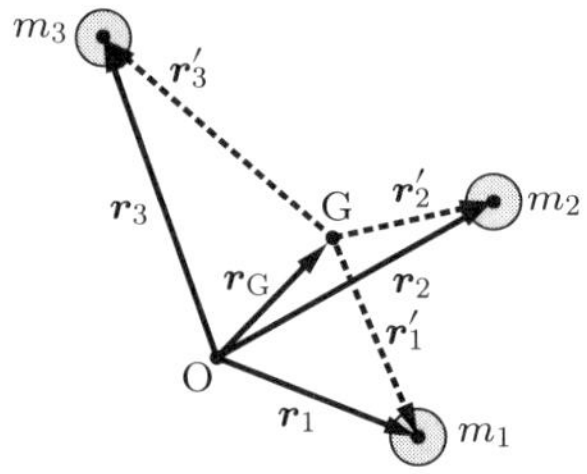

図 10.2 質量中心 G と相対座標

$$\boxed{\sum_i m_i \boldsymbol{r}'_i = \sum_i m_i \boldsymbol{r}_i - \sum_i m_i \boldsymbol{r}_G = 0} \tag{10.17}$$

となる．したがって，$\boldsymbol{r}'_i$ の変数の独立な数は $3(N-1)$ 個となる．**質点系の質量中心に対する質量の相対位置のモーメントの和はゼロとなる**．さらに，上式を時間で微分をすれば，$\sum_i (m_i \boldsymbol{v}'_i) = 0$ となり，**質点系の質量中心に対する相対運動量の和もゼロである**ことがわかる．この式をもう一度 t で微分すれば，相対加速度について，$\sum_i (m_i \boldsymbol{\alpha}'_i) = 0$ となる．

[質量中心の周りの角運動量] 質量中心の周りの角運動量について調べてみよう．i 番目の質点の質量を m_i，質量中心からの位置を $\boldsymbol{r}'_i = \boldsymbol{r}_i - \boldsymbol{r}_G$ とする．質量中心の周りの角運動量は $\boldsymbol{L}'_i = m_i \boldsymbol{r}'_i \times d\boldsymbol{r}'_i/dt$ で表されるので，角運動量の時間変化は

$$\frac{d\boldsymbol{L}'_i}{dt} = m_i \boldsymbol{r}'_i \times \frac{d^2 \boldsymbol{r}'_i}{dt^2} \tag{10.18}$$

となる．$m_i \ddot{\boldsymbol{r}}'_i = m_i \ddot{\boldsymbol{r}}_i - m_i \ddot{\boldsymbol{r}}_G$ となり，式 (10.12) と式 (10.16) を用いれば，

$$\frac{d\boldsymbol{L}'_i}{dt} = \boldsymbol{r}'_i \times \boldsymbol{F}_i^{外} + \boldsymbol{r}'_i \times \sum_j{}' \boldsymbol{f}_{i,j}^{内} - \boldsymbol{r}'_i \times \frac{m_i \boldsymbol{F}^{外}}{M} \tag{10.19}$$

となる．ここで，右辺の第 1 項は外力のモーメントである．第 2 項はほかの質点からの力 $\boldsymbol{f}_{i,j}^{内}$ によるモーメントである．

式 (10.19) をすべての質点について和をとり，全角運動量 $\boldsymbol{L}'$ について調べてみよう．

$$\frac{d\boldsymbol{L}'}{dt} = \sum_i \frac{d\boldsymbol{L}'_i}{dt} = \sum_i (\boldsymbol{r}'_i \times \boldsymbol{F}_i^{外}) + \sum_i \left(\boldsymbol{r}'_i \times \sum_j{}' \boldsymbol{f}_{i,j}^{内} \right) - \sum_i \left(\boldsymbol{r}'_i \times \frac{m_i \boldsymbol{F}^{外}}{M} \right)$$

$$= \sum_i (\boldsymbol{r}'_i \times \boldsymbol{F}_i^{外}) + {\sum_{i,j}}' (\boldsymbol{r}'_i \times \boldsymbol{f}_{i,j}^{内}) - \sum_i (m_i \boldsymbol{r}'_i) \times \frac{\boldsymbol{F}^{外}}{M} \qquad (10.20)$$

ここで，右辺第 3 項は式 (10.17) よりゼロとなる．右辺第 2 項は作用・反作用の法則より $\boldsymbol{f}_{i,j}^{内} = -\boldsymbol{f}_{j,i}^{内}$ であるから ${\sum}'_{i,j}(-\boldsymbol{r}'_i \times \boldsymbol{f}_{j,i}^{内})$ となり，さらに添え字を取り替えると ${\sum}'_{j,i}(-\boldsymbol{r}'_j \times \boldsymbol{f}_{i,j}^{内})$ となる．この式を上式の右辺に加えて半分にすれば，式 (10.20) は

$$\frac{d\boldsymbol{L}'}{dt} = \sum_i (\boldsymbol{r}'_i \times \boldsymbol{F}_i^{外}) + \frac{1}{2}{\sum_{i,j}}' \left[(\boldsymbol{r}'_i - \boldsymbol{r}'_j) \times \boldsymbol{f}_{i,j}^{内}\right] \qquad (10.21)$$

となる．質点間の相互作用の力が**中心力**であれば，質点間の相対位置ベクトルと相互作用力は平行となり，$(\boldsymbol{r}'_i - \boldsymbol{r}'_j) \times \boldsymbol{f}_{i,j}^{内} = 0$ である．したがって，

$$\boxed{\frac{d\boldsymbol{L}'}{dt} = \sum_i (\boldsymbol{r}'_i \times \boldsymbol{F}_i^{外}) = \sum_i \boldsymbol{N}_i'^{\,外} = \boldsymbol{N}'^{\,外}} \qquad (10.22)$$

となる．**質点間の相互作用が中心力であれば，質点系の全角運動量の時間変化は，内力と無関係で，外力のモーメントにより決定される．外力モーメントの和がゼロなら，全角運動量は保存される．**

10.3 太陽系の惑星の角運動量

太陽の周りをめぐる多数の惑星，さらに各惑星の周りをめぐる衛星の角運動量の保存と分離について調べてみよう．ここでは，惑星の自転による角運動量は考えない．

■ 惑星の全角運動量の保存

太陽の周りの軌道を運動する惑星が多数あるので，惑星どうしの万有引力を考慮して，惑星の運動を調べてみよう．以下では，太陽の位置が原点に固定されているとして，話を進めよう[†]．

まず，惑星の角運動量について調べてみよう．惑星を質点として，太陽を除いたすべての惑星を多体系と考えれば，太陽からの引力は外力となる．その引力は中心力であり，各惑星の太陽の周りの角運動量は保存される．

一方，i 番目の惑星の角運動量の時間変化は

† 全惑星の質量の和は太陽の質量の約 1000 分の 1 なので，太陽の位置が固定しているとしても，よい近似が成り立つ．

$$\frac{d\boldsymbol{L}_i}{dt} = \boldsymbol{r}_i \times \boldsymbol{F}_i^{外} + \boldsymbol{r}_i \times \sum_j{}' \boldsymbol{f}_{i,j}^{内} \tag{10.23}$$

となる．ここで，右辺の第 1 項は，太陽の万有引力による力 $\boldsymbol{F}_i^{外}$ のモーメントであり，$\boldsymbol{r}_i \parallel \boldsymbol{F}_i^{外}$ であるから，寄与はゼロとなる．一方，第 2 項はほかの惑星からの力 $\boldsymbol{f}_{i,j}^{内}$ によるモーメントの和である．$\boldsymbol{r}_i$ と $\sum_j' \boldsymbol{f}_{i,j}^{内}$ は図 10.3 に示すように互いに平行と限らないので，第 2 項は一般にはゼロとならない．したがって，**惑星間の力は個々の惑星の太陽の周りの角運動量を変化させ，軌道が変わる**．

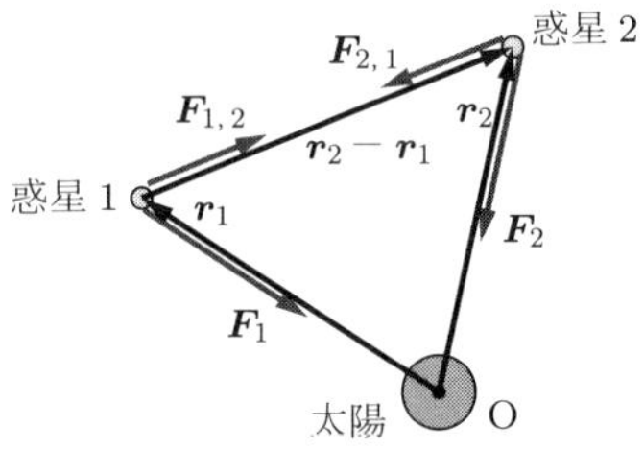

図 10.3　惑星間引力

とくに，質量の小さい小惑星や人工惑星が惑星に近づくと，小惑星や人工惑星の軌道が変わることが明確に観測される（第 8 章コラム「スイングバイ航法」を参照）．

さらに，惑星間の相互作用は万有引力による中心力なので，上式の i の和をとれば，式 (10.21) で示されるように，$\sum_i d\boldsymbol{L}_i/dt = 0$ となる．したがって，**惑星の角運動量の和は保存される**．

■ 地球と月の公転角運動量の分離

太陽と地球と月の系では，地球は太陽の周りを公転しているが，その地球の周りをさらに月が公転している．それぞれの周期はほぼ一定で，互いに独立しているように見える．ほかの惑星の影響がなく，太陽の引力だけが作用しているとき，地球と月の角運動量の和は一定になることは前節で示されている．しかし，それぞれの角運動量が保存されるのかどうかを調べよう．

まず，太陽の周りを公転する地球と月の角運動量を二つに分離してみよう．太陽を原点として，地球の質量，地球中心の位置，地球中心速度を m_1，$\boldsymbol{r}_1$，$\boldsymbol{v}_1$ とし，月では m_2，$\boldsymbol{r}_2$，$\boldsymbol{v}_2$ とする．太陽を中心とした地球と月の公転角運動量の和は

$$\boldsymbol{L} = m_1 \boldsymbol{r}_1 \times \boldsymbol{v}_1 + m_2 \boldsymbol{r}_2 \times \boldsymbol{v}_2 \tag{10.24}$$

であり，地球と月の間に万有引力があっても，前節で示されたように，地球と月の公

転角運動量の和 $\boldsymbol{L}$ は保存される.

図 10.4 に示すように，地球と月の質量中心の位置を $\boldsymbol{r}_{\mathrm{G}}$，その質量中心から測った地球と月の位置を $\boldsymbol{r}'_1$，$\boldsymbol{r}'_2$ としよう．$\boldsymbol{r}_1 = \boldsymbol{r}_{\mathrm{G}} + \boldsymbol{r}'_1$，$\boldsymbol{r}_2 = \boldsymbol{r}_{\mathrm{G}} + \boldsymbol{r}'_2$ が成り立つから，この式を上式に代入し，整理すれば，

$$\begin{aligned}\boldsymbol{L} &= m_1(\boldsymbol{r}_{\mathrm{G}} + \boldsymbol{r}'_1) \times (\boldsymbol{v}_{\mathrm{G}} + \boldsymbol{v}'_1) + m_2(\boldsymbol{r}_{\mathrm{G}} + \boldsymbol{r}'_2) \times (\boldsymbol{v}_{\mathrm{G}} + \boldsymbol{v}'_2) \\ &= (m_1 + m_2)(\boldsymbol{r}_{\mathrm{G}} \times \boldsymbol{v}_{\mathrm{G}}) + \boldsymbol{r}_{\mathrm{G}} \times (m_1\boldsymbol{v}'_1 + m_2\boldsymbol{v}'_2) \\ &\quad + (m_1\boldsymbol{r}'_1 + m_2\boldsymbol{r}'_2) \times \boldsymbol{v}_{\mathrm{G}} + m_1(\boldsymbol{r}'_1 \times \boldsymbol{v}'_1) + m_2(\boldsymbol{r}'_2 \times \boldsymbol{v}'_2) \end{aligned} \tag{10.25}$$

となる．ここでは，式 (10.17) と，それを t で微分した $m_1\boldsymbol{v}'_1 + m_2\boldsymbol{v}'_2 = 0$ を用いた．したがって，

$$\boxed{\boldsymbol{L} = \boldsymbol{L}_{\mathrm{G}} + \boldsymbol{L}_R} \tag{10.26}$$

と書ける．ここで，

$$\boldsymbol{L}_{\mathrm{G}} \equiv (m_1 + m_2)(\boldsymbol{r}_{\mathrm{G}} \times \boldsymbol{v}_{\mathrm{G}}) \tag{10.27}$$

は地球と月の質量中心が太陽の周りを公転する角運動量であることがわかる．また，

$$\boldsymbol{L}_R \equiv m_1(\boldsymbol{r}'_1 \times \boldsymbol{v}'_1) + m_2(\boldsymbol{r}'_2 \times \boldsymbol{v}'_2) \tag{10.28}$$

は地球と月の質量中心の周りの相対角運動量であることがわかる．**全角運動量 $\boldsymbol{L}$ は，地球と月の質量中心が太陽の周りを回る公転の $\boldsymbol{L}_{\mathrm{G}}$ と，その質量中心の周りを地球と月が回る相対角運動量 $\boldsymbol{L}_R$ の和で表される**．ここで，**二つの角運動量 $\boldsymbol{L}_{\mathrm{G}}$，$\boldsymbol{L}_R$ の中心が異なっている**ことに注意しよう．

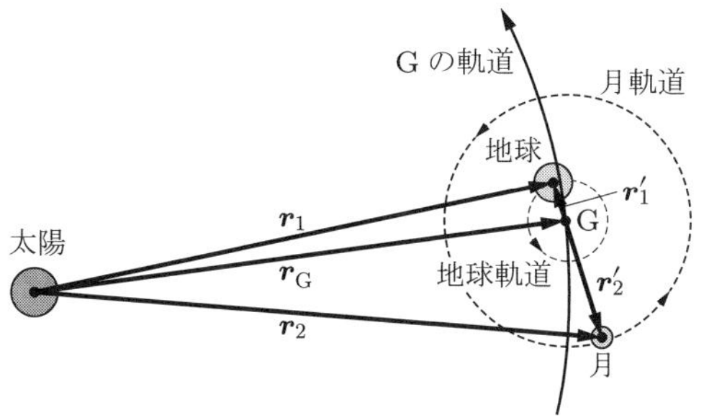

図 10.4　太陽と地球と月の系．G は地球と月の質量中心である．G は太陽の周りの公転軌道上を運動する．地球と月は G の周りを公転する．

例題 10.2 地球と月の公転角運動量の和は式 (10.26) で，$\boldsymbol{L}_{\mathrm{G}}$ と $\boldsymbol{L}_R$ に分けることができる．地球と月の距離が太陽と地球（月）の距離に比べずっと近いことを用いて，$\boldsymbol{L}_R$ がほぼ一定となることを示せ．

解 式 (10.28) より太陽の質量を M_s とすれば，太陽の引力による $\boldsymbol{L}_R$ の時間変化は

$$\frac{d\boldsymbol{L}_{\mathrm{R}}}{dt} = -\sum_{i=1,2}\left(\boldsymbol{r}'_i \times \frac{GM_s m_i}{r_i^3}\boldsymbol{r}_i\right)$$

となる．ここで，地球と月の間の引力は常に質量中心を通り中心力なので，相対角運動量を変化させない．地球と月の距離約 38 万 km は太陽と地球の距離 1 億 5000 万 km に比べ十分小さいので，右辺の分母の r_i^3 は近似として $r_1 \simeq r_2 \simeq r_{\mathrm{G}}$ を用いると，上式は

$$\simeq \sum_i \left[\boldsymbol{r}'_i \times \frac{GM_s m_i}{r_{\mathrm{G}}^3}(\boldsymbol{r}'_i + \boldsymbol{r}_{\mathrm{G}})\right] \simeq \left(\sum_i m_i \boldsymbol{r}'_i\right) \times \frac{GM_s}{r_{\mathrm{G}}^3}\boldsymbol{r}_{\mathrm{G}} = 0$$

となる．最後の式は質量中心だから，はじめの因子がゼロとなる．したがって，$\boldsymbol{L}_R$ が近似的に保存することが示された．

このことから，**月が地球の周りを回る公転周期，正確には，地球と月の質量中心の周りの回転周期はほぼ一定になる**ことがわかった．前節で述べたように，地球と月の全角運動量 $\boldsymbol{L}$ は保存されているので，式 (10.26) によれば，$\boldsymbol{L}_{\mathrm{G}}$ も保存する．したがって，**地球の公転周期，正確には地球と月の質量中心の公転周期量 $\boldsymbol{L}_R$ も近似的に保存される**ことになる．

それぞれの公転の角運動量が近似的に保存されるのは，月は地球の衛星であり，地球からの距離が太陽からの距離に比べずっと小さいからである．太陽と地球とほかの惑星（たとえば火星）の三つの天体の系では，地球とほかの惑星の距離は太陽までの距離と同程度か，もっと遠いので，このような近似は成り立たない．

章末問題

10.1 体重 M_1，M_2 の二人が滑らかな氷の上に向かい合って立っている．次の問いに答えよ．

(a) 互いに押し合ったところ，相対速度 v で運動した．二人の氷に対する速度を求めよ．また，運動エネルギーの和は，換算質量を μ とすれば，$\mu v^2/2$ となることを確かめよ．

(b) 上述の二人が少し離れて立って静止している．M_1 の人が質量 m のボールを M_2 の人に向けて投げ，それを M_2 の人が受け取った．氷に対するボールの水平速度を v として，二人の相対速度を求めよ．また，二人の運動エネルギーの総和を求めよ．

10.2 重さ 150 kg，長さ 10 m の船が静水の上に浮いている．船に乗った体重 50 kg の人が

船首から船尾まで歩いたとき，船は静水に対し，何 m 進むか．水の抵抗は無視するものとする．

10.3 質量 m_1，m_2 を長さ ℓ の糸につるした二つの振り子がある．支点を少し離してつるし，この二つの質点を自然長が支点の間隔と同じばねでつないだ．これを連成振り子という．ばね定数を k とし，この振り子の振幅が小さいとして，次の問いに答えよ．

(a) 振り子の運動方程式を書け．

(b) この運動を質量中心の運動と相対運動に分けた方程式を導き，それぞれの固有角振動数と一般解を求めよ．

(c) 各振り子の振動の一般解を求めよ．

(d) 二つの質点の質量が等しいとき，固有振動のモードはどうなるかを示せ．

10.4 図 10.5 のように，ばね定数 k のばねの両端に，質量 m と $2m$ の A，B の質点が取り付けてあり，水平で滑らかな床の上に置いてある．

図 10.5

(a) この物体では，二つの質点のばねと平行な伸縮運動は単振動になる．この角振動数を求めよ．

(b) 左から質量 m の質点 C が速度 v_0 で近づいてきて，ばねに取り付けられた質点 A と正面衝突した．衝突は弾性衝突として，その後の質点 A，B，C の運動を求めよ．

(c) A と B の質点が (b) と逆向きに置かれている．(b) と同じように，質点 C が速度 v_0 で近づいてきて，質点 A と正面衝突した．衝突は弾性衝突として，その後の質点 A，B，C の運動を求めよ．

10.5 地球が太陽と地球の質量中心の周りの円運動をしているとして，次の問いに答えよ．ただし，太陽の質量を 2.0×10^{30} kg，地球の質量を 6.0×10^{24} kg，太陽と地球の距離を 1.5×10^{11} m とする．

(a) 太陽と地球の換算質量はいくらか．地球の質量に対する換算質量の比を求めよ．

(b) 太陽と地球の質量中心は太陽の中心からどれくらい離れているか．また，太陽と地球の距離の何%になるか．

(c) 万有引力定数を $G = 6.67 \times 10^{-11}\ \mathrm{N{\cdot}m^2/kg^2}$ として，地球の公転角速度を求め，質量中心を 1 周する周期を求めよ．太陽についてはどうなるか．

(d) 地球と太陽の公転速度を求めよ．

(e) 地球と太陽の公転の角運動量を求めよ．

10.6 太陽の引力の影響を無視して，月と地球の運動に関して，次の問いに答えよ．ただし，地球の質量を 6.0×10^{24} kg，月の質量を 7.2×10^{22} kg とし，地球と月の中心間の距離を 3.84×10^8 m とする．また，万有引力定数を $G = 6.67 \times 10^{-11}\ \mathrm{N{\cdot}m^2/kg^2}$ とする．

(a) 地球と月の質量中心の位置は地球の中心からどれくらい離れているか．地球の半径 6.4×10^6 m と比較せよ．

(b) 地球と月の系の換算質量を求め，月の質量と比較せよ．

(c) 月が質量中心に対し円運動していると仮定して，月の角速度を求め，その周期を求めよ．地球も同じ角速度であることを説明せよ．

(d) 月と地球の質量中心に対する周回速度を求めよ．

(e) 月と地球の質量中心に対するそれぞれの角運動量を求め，その和は相対角運動量 μrv と等しいことを示せ．ここで，r は相対距離，v は相対速度である．

(f) 月と地球の質量中心に対する運動エネルギーの比を求めよ．また，その和と相対運動エネルギーを比較せよ．

10.7 宇宙には，二つの恒星が万有引力で，互いの周りを回転している連星系がある．恒星のそれぞれの質量を m_1，m_2 として，次の問いに答えよ．

(a) 連星の公転軌道を円とし，その周期を T，連星間の距離を R として，R^3/T^2 を m_1，m_2 を用いて表せ．

(b) R を 10 天文単位（太陽と地球の平均距離を 1 とした単位），周期 T を 20 年としたとき，連星系の質量の和と太陽の質量を比較せよ．

コラム　ハロー人工惑星

気象衛星ひまわり，放送衛星 (BS)，通信衛星 (CS) は上空の 1 点に静止しているように見えるため，静止衛星といわれている．そのため，アンテナを一度その方向に向ければ，衛星からの電波を常に受け取ることができる．静止衛星は実際には静止しているわけでなく，赤道上空約 36000 km にあり，地球の自転と同じ周期で，地球の周囲を公転している．

NASA が 1995 年に打ち上げた SOHO (Solar and Heliospheric Observatory) は太陽の内部の回転やガス対流，温度分布，黒点の構造を観測してきた．地球から見ると，SOHO は常に太陽の方向にあり，太陽とともに動いて見える人工惑星である．NASA は 2001 年，宇宙マイクロ波背景放射 (CMB: Cosmic Microwave Background) を観測するための人工惑星 WMAP (Wilkinson Microwave Anisotropy Probe) を打ち上げている．観測結果から，宇宙の年齢は 137 億年，宇宙の大きさは 780 億光年以上，宇宙の組成は 4%の通常物質，23%の正体不明のダークマター，73%のダークエネルギーであることがわかった．この人工惑星の位置は，太陽から地球への線分を延長した位置にあり，常に太陽と反対方向にある．

この二つの人工惑星は，実は地球の公転周期と同じ周期をもって，太陽を周回している．もし，太陽と地球が静止していれば，双方の引力がつり合っている点は太陽と地球の間に 1 点だけである．しかし，公転角速度で回転する地球（回転系）から見ると，遠心力とコリオリ力がさらに付け加わるから，物体のつり合いは異なる位置にある．この人工惑星は，太陽を中心とした回転系上で静止しているので，コリオリ力はなく，太陽と地球の引力と遠心力の三つがつり合っている（正確には回転の中心は太陽と地球の質量中心なので，遠心力の中心もここ G にある）.

このような軌道は太陽と地球の系で，図 10.6 に示されているように五つあり，L_1，L_2，L_3 の 3 点は 3 体問題† の直線解といわれている．L_1，L_2 の直線解は準安定解で，太陽と地球を結ぶ直線上では不安定，これに垂直な面上は安定である．SOHO は点 L_1 を中心として，小さい楕円軌道上にあり，180 日周期で回転している．WMAP は点 L_2 を中心に回転している．二つの人工惑星は地球から約 150 万 km 離れており，地球と月の距離の約 4 倍である．この人工惑星の軌道は **「ハロー軌道」** といわれている．地球の衛星でなく，また，惑星のように，地球とは異なる公転周期をもって，地球から離れて行くわけでもないので，衛星軌道と惑星軌道の狭間にあるといえる．

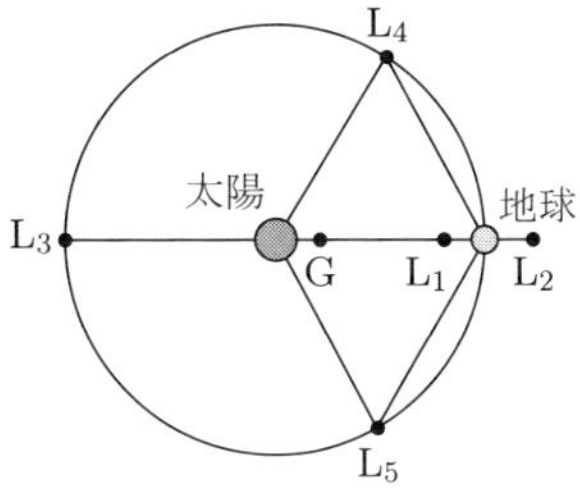

図 10.6 ラグランジュ点

一方，L_4，L_5 は正三角形解といわれている．この 2 点は安定解で，この付近に小惑星があれば，安定的に留まっているはずである．太陽と地球の系では，そのような小惑星は現実に見いだされていないが，太陽と木星の系では，トロヤ群とよばれる小惑星群が存在する.

問 点 L_1 への距離が地球から約 150 万 km であることを確かめよ．太陽と地球の質量，相対距離は章末問題 10.5 で与えられているものを用いよ.

† 3 体問題とは，三つの天体が万有引力で相互作用しているとき，それぞれの軌道の解は積分では求められないことが証明され，軌道もカオス的になることが知られている．第 3 の天体の質量がとくに小さく，第 1，第 2 の天体の運動に及ぼす効果が無視できるとき，とくに制限 3 体問題という.

第 11 章 剛体のつり合いと自由度

現実の物体は質点と違い，すべて大きさをもっている．大きさのある物体は並進運動だけでなく，回転（自転）をすることができる．回転を引き起こすのは，力そのものでなく，力のモーメントである．

硬くて変形しない物体を剛体という．剛体が静止した状態，つまり，剛体が並進運動もせず，回転もしていないときをつり合い状態にあるという．このとき，剛体にはたらく力の和が 0 である．さらに，回転させる力，力のモーメントの和もゼロである．

回転軸が固定されている剛体では，その姿勢を表す唯一の変数は回転角であり，その自由度は 1 であるという．固定点のある剛体の回転については，回転軸の方向を決める二つの変数と，回転角大きさを決める一つの変数が必要で，自由度が 3 となる．

11.1 剛体のつり合い

水平に置かれた滑らかなテーブル上に，硬い箱が静止しているとする．この箱の 1 点を水平に押したときに，箱は移動していく．力がはたらいている点を**作用点** (action point) という．この作用点が異なると，箱の回転状態は変わる．作用点によっては回転が起こらないこともある．

大きさのある物体は，通常，力により変形するが，**力を加えても変形しない硬い物体**を考え，これを**剛体** (rigid body) とよぶ．物体の弾性率が無限に大きければ，剛体としてよい．また，物体は，微視的には原子や分子のような粒子からできているが，剛体を**物体を構成する粒子間の距離が不変に保たれる質点系**とみなすことができる．

移動も回転もしないで静止している剛体は，つり合いの状態にあるという．

剛体がつり合うための必要条件は，以下の二つが同時に成り立つことである．

1. **剛体にはたらく力の総和がゼロである．** 式で表すと，剛体の i 作用点にはたらく力を $\boldsymbol{F}_i$ とすれば

$$\sum_i \boldsymbol{F}_i = 0 \tag{11.1}$$

となる.

2. **剛体にはたらく力のモーメントの総和がゼロになる.** 力の作用点の位置を $\boldsymbol{r}_i$ とすれば,

$$\sum_i \boldsymbol{N}_i = \sum_i (\boldsymbol{r}_i \times \boldsymbol{F}_i) = 0 \tag{11.2}$$

となる.

剛体がつり合い状態にあるとき, 剛体がもともと静止していれば, 並進運動も, 回転運動も起こらない. また, 剛体が運動しているときでも, その運動状態は変わらない.

例題 11.1 図のように, 質量 M, 長さ ℓ の一様な棒を壁に立てかけた. 床と棒の静止摩擦係数を μ としたとき, 棒がつり合いを保つために, 床と棒の角度 θ の最小値を求めよ.

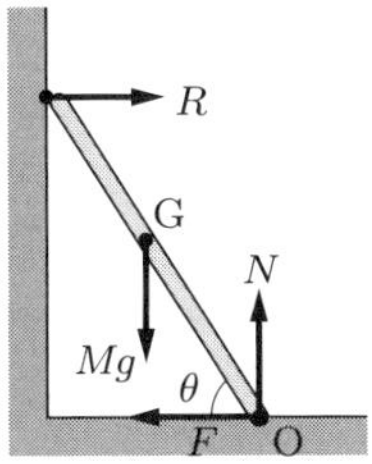

解 床からの抗力を N, 壁からの抗力を R, 摩擦による力を F とする. 鉛直方向のつり合いから,

$$N = Mg \tag{1}$$

水平方向のつり合いから,

$$F = R \tag{2}$$

棒と床との接点 O の周りの力にモーメントのつり合いから,

$$R\ell \sin\theta = Mg\frac{\ell}{2}\cos\theta \tag{3}$$

となる. 式 (3) と式 (2) を用いて

$$\tan\theta = \frac{Mg}{2R} = \frac{Mg}{2F} \tag{4}$$

となる. ここで, 摩擦力 F は最大静止摩擦力 μN より小さくなる必要があるので, $F < \mu N = \mu Mg$ となる. 式 (4) の右辺は $1/2\mu$ より大きい. したがって, θ の最小値を θ_0 とすれば

$$\tan\theta_0 = \frac{1}{2\mu} \tag{5}$$

が得られる.

11.2 力の合成と偶力

この節では, 剛体にはたらく力とその作用点は一つの平面上にあるとして, 力のつ

り合い，力のモーメントを幾何学的な図形を用いて説明しよう．

■ 力の作用線とつり合い

力の作用点を通り，力と同じ方向の直線を力の**作用線** (line of action) という．力のモーメントは力の大きさ $|\boldsymbol{F}| = F$ と回転中心から作用線までの垂直距離 ℓ の積 $F\ell$ で与えられる．反時計方向へ回る力のモーメントの符号は正とし，時計回りの符号は負とする．

問 外力と作用点を含む平面を xy 平面とすれば，力のモーメント $\boldsymbol{N}$ の x，y 成分は常にゼロとなることを確かめよ．

剛体の異なった 2 点に $\boldsymbol{F}$ と $-\boldsymbol{F}$ の 2 力がはたらいているとき，力の和は常にゼロとなる．図 11.1(a) では，作用線は 2 力に共通であり，明らかに力のモーメントの和もゼロとなるので，つり合いを保つ．一方，図 (b) のような場合は，2 力の作用線は平行である．原点からの作用線までの垂直距離が異なるので，力のモーメントの和がゼロではなく，つり合いは保たれず，回転が生じる．

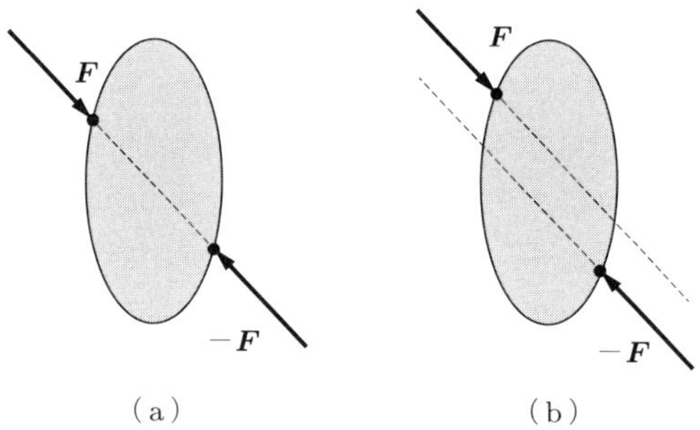

図 11.1 (a) 2 力のつり合い．作用線共通で力のモーメントはゼロ．(b) 2 力の不つり合い．力のモーメントの和がゼロではない．

■ 作用線の定理

図 11.2 に示されているように，点 B が点 A と同じ作用線上にあれば，O からの垂線の長さも同じであるから，$N_{\mathrm{A}} = N_{\mathrm{B}} = |F|\ell$ となり，力のモーメントは等しい．つまり，**力の作用点が作用線上を移動しても，力のモーメントは変わらない**．これを，「**力の作用線の定理**」という．

■ 力の合成

剛体の異なった点にはたらいている 2 力を，一つの力に置き換える図形的な方法を

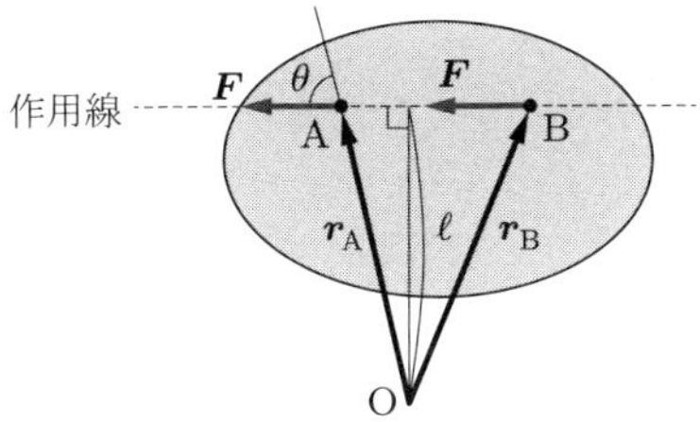

図 11.2　力の作用線と力のモーメント

述べる．

作用点の異なる $\boldsymbol{F}_1$ と $\boldsymbol{F}_2$ の作用線の交点を Q とする．図 11.3(a) に示すように，二つの力の作用点を Q まで，作用線上を平行移動し，二つの力の和をとる．これを**力の合成**[†] という．得られた一つの力のモーメントは力の作用線の定理より元の 2 力のモーメントの和と同じになる．

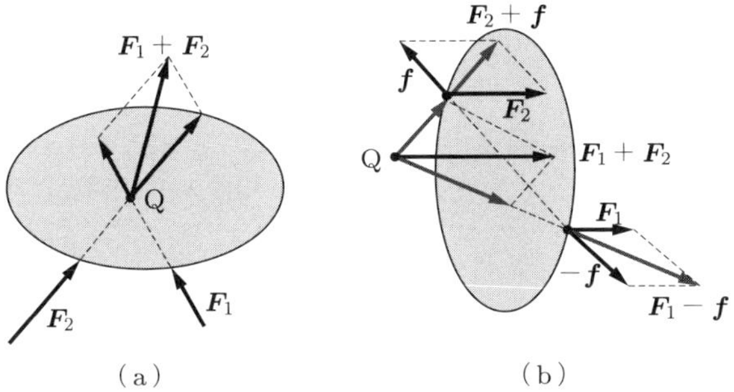

図 11.3　(a) 2 力の合成，(b) 平行な 2 力の合成．二つの作用点を結ぶ線分上に，$\boldsymbol{f}$ と $-\boldsymbol{f}$ の 2 力を付け加える．元の力と合成した $\boldsymbol{F}_1 - \boldsymbol{f}$ と $\boldsymbol{F}_2 + \boldsymbol{f}$ の 2 力は平行でなないので，(a) にならって合成することができる．

三つの力も，まず 2 力を合成し，さらに第 3 の力を合成すればよい．多数の力も，この操作を順に施すことによって，合成が可能である．

2 力が平行で，同じ向きとする．それぞれの作用線も平行で，交わることがないので，上のような方法では合成できない．このときは，次の性質を利用する．

[重畳の定理]　二つの力が逆向きで，同じ大きさをもち，共通の作用線をもつとしよう．この一組の力を剛体の任意の位置に加えても，剛体のつり合いや，運動に影響を与えない．

なぜなら，この一組の力は，その力の和もモーメントの和もゼロだからである．

† 二つの $\boldsymbol{F}_1$ と $\boldsymbol{F}_2$ が同じ平面上にないときは，このような方法で合成できない．

さて，平行な 2 力に，図 11.3(b) のように，二つの作用点を結ぶ線上に $\boldsymbol{f}$ と $-\boldsymbol{f}$ の 2 力を付け加える．この 2 力をそれぞれ元の力に加えた $\boldsymbol{F}_1+\boldsymbol{f}$ と $\boldsymbol{F}_2-\boldsymbol{f}$ の 2 力は平行ではないので，今度は図のように合成することができる．

すべての力を合成した結果ゼロとなれば，つり合いは保たれる．

■ 偶力とその和

偶力という考えを導入しよう．図 11.4 に示すように，大きさが同じで，向きが逆の 2 力の作用線が重ならないとき，この一組の力を**偶力** (couple) とよぶ．図 11.1(b) も偶力である．

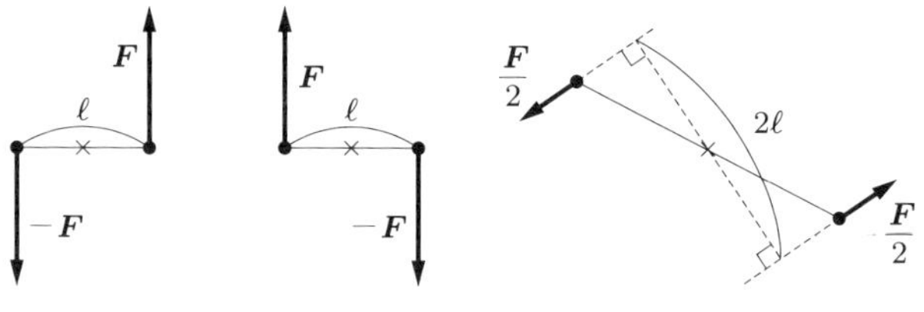

図 11.4 偶力．作用線が平行な $\boldsymbol{F}$ と $-\boldsymbol{F}$ の一組の力．偶力のモーメントは力の大きさ F と二つの作用線の垂直距離 ℓ の積 $F\ell$ で与えられる．(a) の反時計回りの符号は正，(b) の時計回りの符号は負である．(c) 図の偶力は力は $F/2$ で垂直距離は 2ℓ なので，偶力のモーメントは (a) の偶力と同じ．

問 偶力に反対向きで同じ大きさの一組の力 $\boldsymbol{f}$ と $-\boldsymbol{f}$ の 2 力を付け加えても，合成はできないことを確かめよ．

偶力について，2 力の和はゼロとなるが，2 力のモーメントの和はゼロではない．それぞれの力の作用線に対して，原点 O からの垂直距離を ℓ_1，ℓ_2 とすれば，力のモーメントは $|\boldsymbol{F}|\ell_1$，$-|\boldsymbol{F}|\ell_2$ となるので，偶力のモーメントは $|\boldsymbol{F}||\ell_1-\ell_2|$ となる．両作用線の垂直距離を $\ell=|\ell_1-\ell_2|$ とすれば，$|\boldsymbol{F}|\ell$ となる．反時計回りの偶力が正，時計回りは負と定義される．

偶力は剛体の回転運動に影響を与える．一般に，剛体に力がはたらいているとき，回転の中心をどこにとるかで，力のモーメントの値が変化する．しかし，偶力のモーメントは，中心が変わっても，その値は変わることはない．逆に，偶力が与えられても，回転の中心が決まるわけではない．つまり，図 11.4 で，偶力の 2 力の中心点（× 印）は回転軸の位置を示すわけではない．したがって，偶力を平行移動しても，回転しても，剛体の運動に与える効果は同じである．**偶力のみがある場合，複数の偶力のモーメントの和がゼロとなれば，剛体のつり合いは保たれる．**

11.3 剛体の重心

地上の重力場にあるときは，剛体の質量中心は，静的な剛体のつり合いの中心でもある．以下では，三次元の剛体のつり合いについて考えよう．

■ 質量中心と重心

第 10 章で示されたように，質点系では各質点の配置が決まると，質量中心の位置が決まる．剛体も多数の質点の集まりとすれば，同様に，式 (10.15) で質量中心の位置が与えられる．また，剛体が連続体として，その密度と形が与えられると，質量中心が定まる．

質量中心の位置を $\boldsymbol{r}_{\mathrm{G}}$ とし，剛体を構成する i 番目の質点の質量を m_i，その位置を $\boldsymbol{r}_i$，重力加速度を g とすれば，地上の重力場で，z 軸を鉛直上方にとり，その基本ベクトルを $\boldsymbol{e}_z$ とすれば，剛体の質量中心の周りの重力モーメント $\boldsymbol{N}_{\mathrm{G}}$ は，

$$
\begin{aligned}
\boldsymbol{N}_{\mathrm{G}} &= \sum_i m_i \left[(\boldsymbol{r}_i - \boldsymbol{r}_{\mathrm{G}}) \times (-g)\boldsymbol{e}_z\right] \\
&= -g\left[\sum_i (m_i \boldsymbol{r}_i) - \left(\sum_i m_i\right)\boldsymbol{r}_{\mathrm{G}}\right] \times \boldsymbol{e}_z
\end{aligned}
\tag{11.3}
$$

となる．式 (10.15) より，$\sum_i (m_i \boldsymbol{r}_i) = (\sum_i m_i)\boldsymbol{r}_{\mathrm{G}}$ であるから，上式はゼロとなることがわかる．したがって，質量中心を支えることで，剛体のつり合いが保たれる．あたかも，剛体全体にはたらく重力が質量中心に集中しているように見えるから，質量中心を**重心** (center of gravity) ともよぶ．以下，剛体運動では，質量中心の代わりに，重心という用語を用いる．

■ 連続体の重心

連続体で構成される剛体の重心の位置は，次のように求められる．剛体を微小領域に分割し，i 番目の領域の位置を $\boldsymbol{r}_i$，$\boldsymbol{r}_i$ の位置の密度 $\rho(\boldsymbol{r}_i)$†，この領域の微小体積を ΔV_i とすれば，その領域の微小質量は $\Delta m_i = \rho(\boldsymbol{r}_i)\Delta V_i$ と表されるので，重心の位置 $\boldsymbol{r}_{\mathrm{G}}$ は

---

† 位置 $\boldsymbol{r}_i$ の付近の微小体積を ΔV_i，その質量を Δm_i とすれば，密度 $\rho(\boldsymbol{r}_i) = \lim_{\Delta V_i \to 0}(\Delta m_i/\Delta V_i)$ と定義される．

$$\boldsymbol{r}_{\mathrm{G}} = \lim_{\Delta V_i \to 0} \frac{\displaystyle\sum_i \rho(\boldsymbol{r}_i)\boldsymbol{r}_i \Delta V_i}{\displaystyle\sum_i \rho(\boldsymbol{r}_i)\Delta V_i} = \frac{\displaystyle\int \rho(\boldsymbol{r})\boldsymbol{r}dV}{\displaystyle\int \rho(\boldsymbol{r})dV} = \frac{\displaystyle\int \rho(\boldsymbol{r})\boldsymbol{r}dV}{M} \tag{11.4}$$

と表すことができる．積分範囲は剛体の占める体積全体である．ここで，M は剛体の全質量である．とくに，一様な密度をもつ剛体では，V を剛体の体積として，$M = \rho V$ となるから，

$$\boldsymbol{r}_{\mathrm{G}} = \frac{\displaystyle\int \boldsymbol{r}dV}{V} \tag{11.5}$$

となる．

■ **つり合いの安定性**

地上の重力場で，剛体の 1 点を支えたとき，支点と重心が鉛直線上にあれば，つり合いは保たれる．もし，剛体が支点の周りで少し回転しても自然に元に戻るなら，その点は**安定点** (stable point) という．また，その回転がますます大きくなるときは，**不安定点** (unstable point) という．また，少し回転したままでも，安定なときは**中立点** (neutral point) という．支点の鉛直下方に重心があるときは安定で，上方にあるときは不安定となる．しかし，剛体が回転にともない，支点も動くときは，両者の位置関係を調べる必要がある．

11.4　剛体の自由度

1 個の質点の位置を決めるには，直角座標で (x, y, z)，極座標では (r, θ, ϕ) のように三つの実数の組が必要であった．これを質点の運動の**自由度** (degree of freedom) が 3 であるという．一般に，多数の質点よりなる系の位置を決めるために最小限必要な変数の数を，自由度という．

たとえば，N 個の質点よりなる質点系の運動の自由度は $3N$ である．2 個の質点系の自由度が 6 であるが，図 11.5 に示されているように，互いに固く結ばれて，互いの距離が一定である条件がついているときは，自由度は $6 - 1 = 5$ となる．3 個の質点が固く結ばれて三角形となるときは，3 辺の長さが一定であるから，自由度は $9 - 3 = 6$ となる．4 個の質点では，その結合は四面体で表され，六つの稜の長さが一定となる

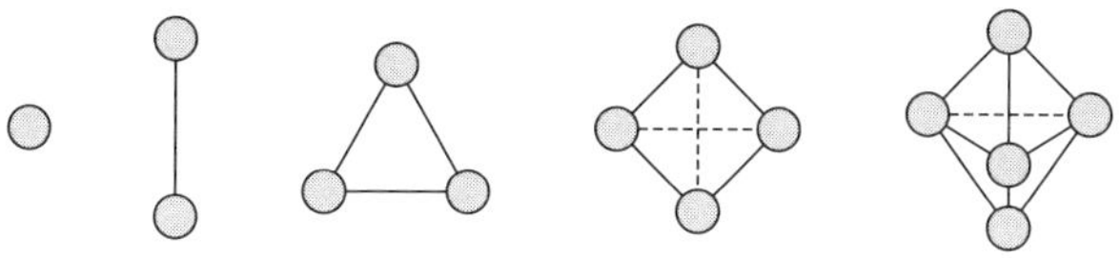

図 11.5 固く結合した質点の自由度．粒子の数 $N = 1, 2, 3, 4, 5$ の場合を示した．自由度は 3，5，6，6，6 となる．

から，自由度は $12 - 6 = 6$ となる．さらに 1 個増やし 5 個とすると，すでにある三角形と 3 本の固い結合が必要となるので，自由度は 3 増加するが，結合条件は三つ増えることになるので，結局自由度は変わらず 6 となる．以下質点を増やしても，互いに固く結ばれているときは自由度は 6 になる．剛体も多数の質点が固く結ばれていると考えれば，運動の自由度は 6 となる．

剛体を連続体として見た場合，剛体の位置と姿勢を決めるには，最小でいくつの変数が必要か考えてみよう．図 11.6(a) に示すように，剛体の中に三角形を描き，その頂点の 3 点 (A, B, C) の位置を決めることによって，剛体の位置と姿勢を定めることができる．つまり，A，B，C の位置を一致させれば，剛体全体がぴたりと重なる．それは，剛体内の任意の 1 点 P はこの 3 点からの距離で指定でき，P を頂点とし，3 点を底面とした四面体となるので，剛体が回転運動をしても，三角形に対する相対位置が変わらず，元の位置にいるからである．この三角形の頂点の 3 点の位置の自由度は 6 であり，**剛体の自由度も 6 となる**ことがわかる．したがって，剛体の運動を決定する独立な方程式も六つ必要になる．

剛体の運動を扱うとき，この三角形の頂点の位置の時間変化を扱うのはあまり便利で

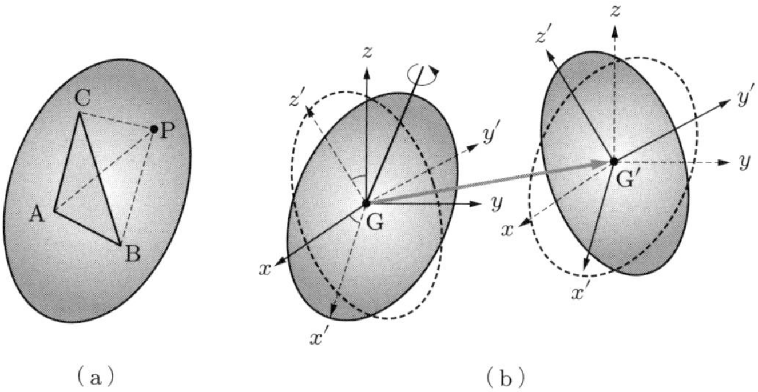

図 11.6 剛体の自由度．(a) 剛体内の固定三角形 (A, B, C) と剛体内の 1 点 P．(b) 剛体の重心 G の位置に固定された座標軸 G-xyz 軸と移動・回転後の重心の位置 G′ と剛体内座標軸 G′-$x'y'z'$ 軸．

はない．剛体の回転による姿勢の変化がわかるように，よく用いられる方法を図 11.6(b) に示す．まず，剛体の重心 G を原点とし，剛体内に固定された直角座標系 O-xyz 軸をとる．その後，剛体が移動・回転運動を行い，この座標系が G′-$x'y'z'$ 軸のようになったとしよう．この座標軸の変化を見れば，剛体の回転が直観的に示される．剛体の重心 G の並進移動の自由度は 3，回転による自由度は 3 である．

章末問題

11.1 剛体にはたらく力の和がゼロのとき，ある点の周りの力のモーメントの和がゼロであれば，任意の点の周りの力のモーメントの和はゼロとなることを示せ．

11.2 剛体にはたらく 3 力以上のつり合いについて，次の問いに答えよ．

(a) 3 力の和がゼロとする．三つの作用線が 1 点で交わらないときはつり合わないことを確かめよ．

(b) 4 力の和をゼロとする．4 力のすべての作用線が 1 点に交わらなくても，つり合いの条件が満たされる場合を見つけ出せ．

11.3 重心の求め方について，次の問いに答えよ．

(a) 2 個の質量 m_1，m_2 の質点の重心の位置は，式 (11.2) で与えられる．この点は m_1，m_2 を結ぶ線分内にあり，互いの距離を m_2 対 m_1 に内分する点にあることを示せ．

(b) 3 個の質点の重心を求めるとき，まず，2 個の質点の重心を求め，次にこの重心と残った質点との重心を求めてもよいことを示せ．

(c) N 個の質点 m_1，m_2，$\cdots$ の位置が $\boldsymbol{r}_1$，$\boldsymbol{r}_2$，$\cdots$ である．全体の重心を求めるとき，まず質点 1 と質点 2 の重心を求め，次にこの重心と質点 3 の重心を求める．このような手続きを繰り返して，全体の重心を求めてみよ．この結果が式 (10.14) と一致することを示せ．

11.4 剛体の表面の 1 点に糸を取り付け，天井につるし，静止させる．

(a) 剛体の重心は糸の延長線上にあることを説明せよ．

(b) また，剛体の重心の位置を決める実験はどうすればよいか考えよ．

11.5 図 11.7 のように，両腕の先端におもりのついたやじろべえを高い棒の上に載せた．揺らしても落ちない理由を述べよ．

11.6 図 11.8 に示すような，1 辺の長さ a の一様な正方形の薄板の，一部の辺の長さ $a/2$

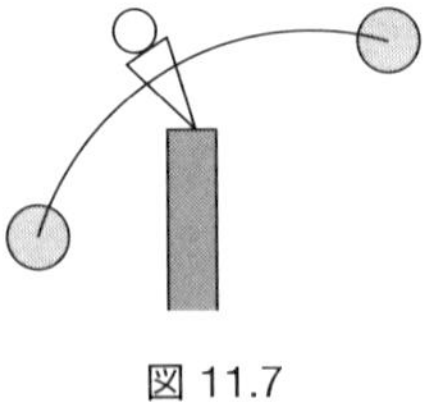

図 11.7

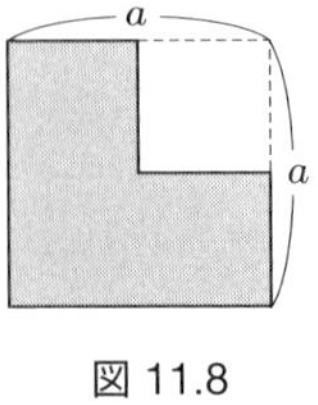

図 11.8

の正方形が欠けた物体の重心の位置を求めよ．

11.7　一様な密度をもつ三角形の頂点と重心を結んだ線の延長は，対辺を二等分することを示せ．

11.8　一様な密度をもつ，高さが h の円錐の重心の高さを求めよ．

コラム　ジャイロスタビライザー

ロケットや弾丸を撃ち出すとき，中心軸の周りに高速な回転をさせておくと，その姿勢が安定することが知られている．銃身の内部には螺旋が切ってあり，弾丸が飛び出すと同時に，弾丸の中心軸の周りに高速回転が与えられるような構造になっている．

ロケットや弾丸の進む方向と中心軸ははじめ一致していても，途中で横からの力がかかると，その力によって弾丸の軌道が曲がる．弾丸の質量を M，速度を V，横からの力積を $\bar{F}$ とすれば，速度の変化は $\Delta V = \bar{F}/M$ となる．弾丸の曲がる角度は $\Delta\theta = \Delta V/V = \bar{F}/(MV)$ となる．同じ撃力に対して，弾丸の運動量が大きいほど，曲がる角度は小さい．

撃力がロケットや弾丸の重心から外れると，撃力のモーメントで，さらにロケットは重心の周りの回転が生じ，中心軸の向きも変わり，姿勢が安定しなくなる．もし，中心軸の周りにあらかじめ高速回転が与えられていれば，大きな角運動量が進む方向に生じ，横からの力のモーメントに対し，わずかに方向が変わるだけですむので，姿勢は安定する．

中心軸の周りのロケットの慣性モーメントを $I_{\parallel}$，回転角速度を ω_0 とすれば，角運動量は軸の方向で，その大きさは $L_{\parallel} = I_{\parallel}\omega_0$ となる．外から軸に垂直な力のモーメント積 $\bar{N}$ が与えられたとき，垂直方向の角運動量の変化は $\Delta L = \bar{N}$ であるから，角運動量の角度変化は $\Delta\theta = \Delta L/L_{\parallel} = \bar{N}/(I_{\parallel}\omega_0)$ となり，同じモーメント力積に対し，ω_0 が大きいほど，曲がる角度が小さく，姿勢が安定する．

もし，軸の周りの回転角速度がゼロの場合，中心軸に垂直な慣性モーメントを $I_{\perp}$ とすれば，$\Delta L = I_{\perp}\Delta\omega_{\perp} = \bar{N}$ より，$\Delta\omega_{\perp} = \bar{N}/I_{\perp}$ となる．このようにして中心軸に垂直な角速度が生じる．これはロケットの進む向きが回転してしまうことになる．

ロケットや弾丸自身を回転させる代わりに，内部に高速回転をするフライングホイール（こま状の回転盤）の回転軸とロケットの中心軸を一致させて，固定させることによって，同じ効果を得ることができる．この方式は飛行体だけでなく，船舶の横揺れも減少させることができる．これをジャイロスタビライザー (gyrostabilizer) という．

第 12 章 固定軸のある剛体の運動

剛体の自転運動の最も簡単な例として，固定された軸の周りを回転する運動を調べる．自転の角速度は剛体内部のどの点でも同じであり，運動の自由度は回転角の一つである．剛体の角速度の増加の割合は，力のモーメントに比例し，また慣性モーメントに反比例していることが示される．慣性モーメントは質量の大きさだけでなく，その質点の回転軸からの垂直距離の 2 乗に比例して大きくなることがこの章で示される．種々の形の物体の慣性モーメントを示した．

12.1 固定軸の周りの回転

固定された軸の周りを回転するだけの剛体では，剛体内のどこか 1 点の回転角を決めれば，ほかの点も同じ回転角となるので，運動の自由度は 1 である．

■ 角運動量と慣性モーメント

剛体の回転の角運動量を求めてみよう．回転軸の方向を z 軸としよう．その軸上の 1 点を原点にとる．剛体内の点 i の位置ベクトルを $\boldsymbol{r}_i$，質量を m_i，その回転速度を $\boldsymbol{v}_i(\dot{x}_i, \dot{y}_i, 0)$ とすれば，角運動量の z 成分は $m_i(\boldsymbol{r}_i \times \boldsymbol{v}_i)_z$ で与えられる（図 12.1）．剛

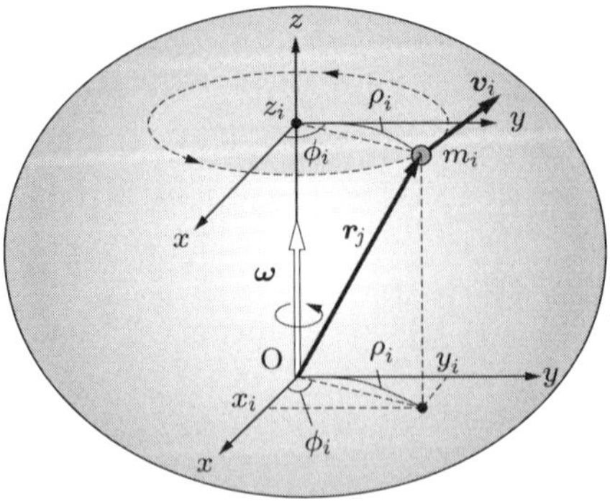

図 12.1　回転軸が固定された剛体の回転運動．回転軸上の点を原点 O として，剛体内の点 i の運動を記述する．

体全体では，

$$
\begin{aligned}
L_z &= \sum_i m_i(\boldsymbol{r}_i \times \boldsymbol{v}_i)_z \\
&= \sum_i m_i\left(x_i\frac{dy_i}{dt} - y_i\frac{dx_i}{dt}\right) = \sum_i m_i(x_i\dot{y}_i - y_i\dot{x}_i)
\end{aligned}
\tag{12.1}
$$

となる．ここで，固定軸から点 i までの垂直距離を ρ_i，その偏角を ϕ_i とおけば，

$$
x_i = \rho_i\cos\phi_i, \qquad y_i = \rho_i\sin\phi_i \tag{12.2}
$$

である．さらに，ρ_i は回転によって変化しないので，回転による速度成分は，

$$
\dot{x}_i = -\rho_i\dot{\phi}_i\sin\phi_i, \qquad \dot{y}_i = \rho_i\dot{\phi}_i\cos\phi_i \tag{12.3}
$$

である．ここで，回転角速度 $\dot{\phi}_i$ は剛体内のすべての点で共通であり，$\dot{\phi}_i = \dot{\phi} = \omega$ とおいてよい．ω は剛体の回転角速度である．したがって，式 (12.1) に式 (12.2) と式 (12.3) を代入すれば $L_z = \sum_i m_i\rho_i^2\dot{\phi}$ となる．ここで，I_z は

$$
\boxed{I_z \equiv \sum_i m_i\rho_i^2 = \sum_i m_i(x_i^2 + y_i^2)} \tag{12.4}
$$

で定義されるとすれば，剛体が z 軸の周りを回転しても ρ_i の値は不変であるから，I_z は回転運動とは無関係で，常に一定の値になる．この量を**固定軸 z に関する慣性モーメント** (moment of inertia) という[†1]．角運動量の z 成分は

$$
\boxed{L_z = I_z\dot{\phi} = I_z\omega} \tag{12.5}
$$

と表される．したがって，**角運動量の z 成分は z 軸の周りの慣性モーメントと角速度 ω の積で表される**[†2]．

問 剛体が固定軸の周りを回転するとき，剛体内の任意の2点の回転角速度は同じであることを示せ．

■ 回転エネルギー

ここで，回転による運動エネルギーを求めてみよう．z 軸は固定軸なので，常に $\dot{z}_i = 0$ である．式 (12.3) の関係を用いて

---

†1 回転軸の位置と方向によって，慣性モーメントは変わることに注意！

†2 角運動量の x，y 成分は $L_x = -\sum_i m_i z_i x_i$，$L_y = -\sum_i m_i z_i y_i$ となる．角速度が z 成分のみであっても，角運動量の x，y 成分がゼロとは限らない．次章を参照．

$$T_R = \frac{1}{2}\sum_i m_i \boldsymbol{v}_i^2 = \frac{1}{2}\sum_i m_i(\dot{x}_i^2 + \dot{y}_i^2)$$
$$= \frac{1}{2}\sum_i m_i \rho_i^2 \dot{\phi}_i^2 = \frac{1}{2}\omega^2 \sum_i m_i \rho_i^2$$

となる．式 (12.4) と式 (12.5) を用いると，

$$\boxed{T_R = \frac{1}{2}I_z\left(\frac{d\phi}{dt}\right)^2 = \frac{1}{2}I_z\omega^2 = \frac{1}{2}L_z\omega} \tag{12.6}$$

となる．したがって，**回転運動エネルギーは z 軸の周りの慣性モーメントと z 軸周りの角速度の 2 乗に比例する**ことがわかる．

■ 固定軸の周りの剛体の運動方程式

角運動量の z 成分は式 (12.5) で与えられ，その時間変化は，剛体に加えられた力を $\boldsymbol{F}_j$ とし，その作用点を固定軸上の O からの位置ベクトルを $\boldsymbol{r}_j$ とすれば，

$$\boxed{\frac{dL_z}{dt} = I_z\frac{d^2\phi}{dt^2} = I_z\frac{d\omega}{dt} = \sum_j(\boldsymbol{r}_j \times \boldsymbol{F}_j)_z = \sum_j N_{j,z}} \tag{12.7}$$

で与えられる．ここで，右辺の $\sum$ 内は**力のモーメント** (moment of force) または**トルク** (torque) とよばれ，$\boldsymbol{N}_j = \boldsymbol{r}_j \times \boldsymbol{F}_j$ の z 成分で与えられる．質点系の全体の運動量の変化は内部の質点の相互作用とは無関係であったように，**剛体の角運動量変化も，外力のモーメントの和で決まる．**このことは改めて第 14 章で議論する．

さて，式 (12.5) で角運動量は $L_z = I_z\omega$ と表され，また，回転運動エネルギーは式 (12.6) で $T_R = I_z\omega^2/2$ となった．並進運動量の表式は $p_z = mv_z$ であり，その並進運動エネルギーは $T = mv_z^2/2$ である．これと比べてみると，表 12.1 に示すように，回転運動の慣性モーメント I_z は並進運動での質量 m と，また角速度 ω は並進速度 v と同じ役割を演じていることがわかる．

表 12.1 並進運動と回転運動の対比

質点の運動		剛体の運動	
運動量	$p = mv$	角運動量	$L = I\omega$
運動エネルギー	$T = \frac{1}{2}mv^2$	回転エネルギー	$\frac{1}{2}I\omega^2$

例題 12.1 実体振り子 (compound pendulum) とは，図のように，質量 M の剛体に通した軸を水平に取り付け，この軸の周りに剛体が自由に回転できる振り子である．この振り子の振幅が小さいとき，振動の周期を求めよ．ただし，この振り子の固定軸の周りの慣性モーメントを I とし，軸から重心までの距離を h とする．

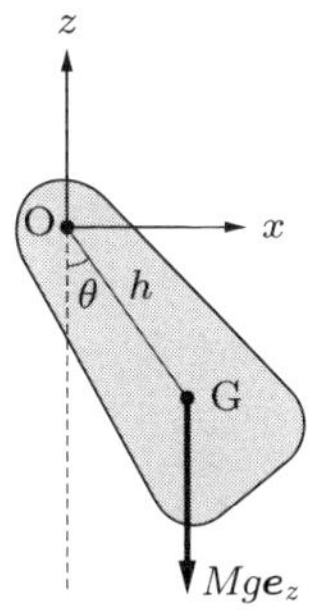

解 固定軸 O を紙面に垂直，y 軸とする．O と重心 G を結ぶ線が鉛直線となす角を θ とすると，重力による力のモーメントは $\boldsymbol{N} = \overrightarrow{\mathrm{OG}} \times (-Mg)\boldsymbol{e}_z = (\boldsymbol{e}_x h\sin\theta - \boldsymbol{e}_z h\cos\theta) \times (-Mg\boldsymbol{e}_z) = (-Mgh)\boldsymbol{e}_y \sin\theta$ となるから，このモーメントは y 軸の周りの回転角を減らす向きとなる．

回転運動方程式は，振り子の固定軸の周りの慣性モーメントを I とすれば，角運動量の y 成分は $L = Id\theta/dt$ を時間 t で微分して

$$I\frac{d^2\theta}{dt^2} = N = -Mgh\sin\theta \tag{1}$$

となる．θ が小さいときは，$\sin\theta \approx \theta$ とおいて

$$\frac{d^2\theta}{dt^2} = -\left(\frac{Mgh}{I}\right)\theta \tag{2}$$

となって，単振動の運動方程式と同形となることがわかる．したがって，振動の周期は

$$T = 2\pi\sqrt{\frac{I}{Mgh}} \tag{3}$$

で与えられる．糸の長さ $\ell = I/(Mh)$ の単振り子の周期と同じになるので，この量を実体振り子の**単振り子相当長**とよぶ．

例題 12.2 野球のバットのような質量 M の棒状の剛体がある．その一つの端点 O が固定されて，回転できる．重心 G は O より h の距離にあり，棒の O の周りの慣性モーメントは I とする．図に示すように，この棒に OG に垂直に O から x の距離にある点 P に撃力が加えられた．撃力の力積を $\overline{F}$ として，撃力が加えられた直後の，重心の速度，重心の周りの角速度を求めよ．また，端点 O から受ける撃力 $\overline{F}_0$ を x の関数として求めよ．$\overline{F}_0$ がゼロとなる撃力の位置はどこか．この位置を**打撃の中心** (center of percussion) といい，撃力の大きさにはよらない．

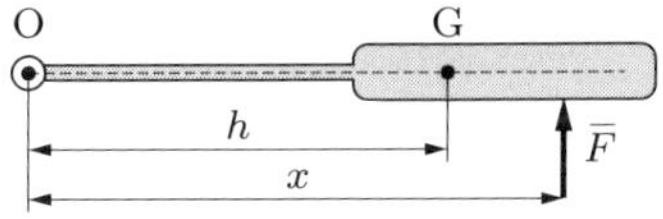

解 撃力 $\overline{F}$ によって，静止したバットは回転を始める．その角速度を ω とすれば，バットの角運動量 $I\omega$ は O の周りの力積モーメントに等しいので，

$$I\omega = x\bar{F} \tag{1}$$

となる．重心の速度は $v_G = h\omega$ と与えられる．このとき，撃力 $\overline{F}$ と端点 O からの束縛撃力 $\overline{F}_0$ が加わって，運動量は $Mv_G = \overline{F} + \overline{F}_0$ と表されるので，

$$\overline{F}_0 = Mv_G - \overline{F} = Mh\omega - \overline{F} = \left(\frac{Mh}{I}x - 1\right)\overline{F} \tag{2}$$

となる．$x = I/(Mh)$ のとき，端点 O にはたらく撃力はゼロとなる．

12.2 慣性モーメントの計算

種々の形をもつ剛体の慣性モーメントを計算してみよう．具体的な剛体の慣性モーメントを計算する前に，慣性モーメントがもつ重要な性質を説明する．

■ 慣性モーメントの性質

[平行軸の定理] 質量 M の剛体の重心 G を通る軸の周りの慣性モーメントを I_G とする．この軸に平行で，距離 h の軸の周りの慣性モーメント $I(h)$ は

$$\boxed{I(h) = I_G + Mh^2} \tag{12.8}$$

と表される．このことを確かめよう．

図 12.2(a) に示されているように，回転軸を z' 軸としよう．この軸に平行で，重心 G を通る回転軸を z 軸とする．両軸の間隔を h とする．質点 m_i の位置 P から z 軸および z' に下ろした垂線の位置をそれぞれ M，M′，その長さをそれぞれ ℓ_i，ℓ_i' とする．また，M から M′ の方向を x' 軸とする．定義式 (12.4) から，z' 軸の慣性モーメントは

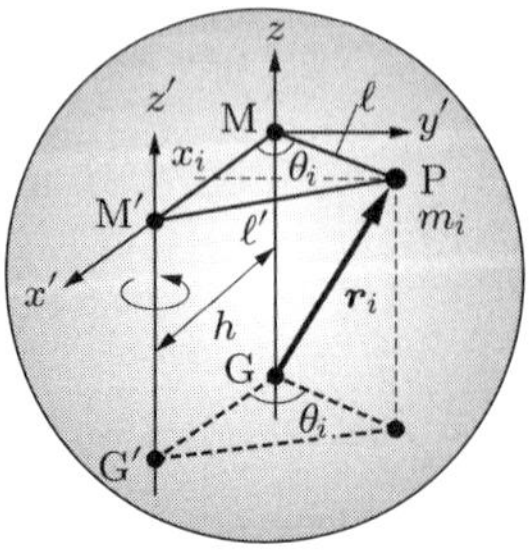

(a)

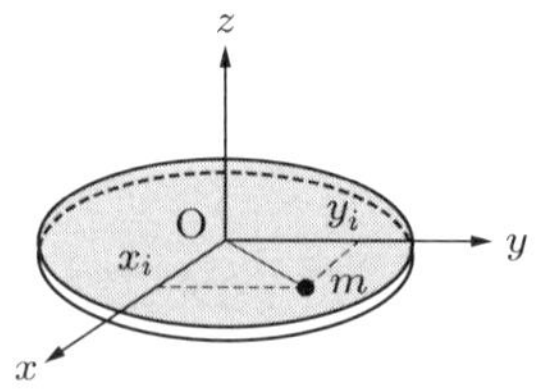

(b)

図 12.2 (a) 平行軸の定理．重心 G を通る z 軸と，この軸から h 離れた平行な z' 軸の周りの慣性モーメントの関係 $I_{G'} = I_G + Mh^2$．(b) 薄板の垂直軸の定理．面に垂直な軸 Oz と面内の x，y 軸の慣性モーメントの関係 $I_z = I_x + I_y$．

$$I'_z = \sum_i m_i \ell_i'^2$$

であるが，三角形 PMM′ の余弦定理から，ℓ_i と ℓ'_i の関係は

$$\ell_i'^2 = \ell_i^2 + h^2 - 2\ell_i h \cos\theta_i = \ell_i^2 + h^2 - 2hx_i$$

が成立する．ここで，θ_i は MP と MM′ のなす角，x_i は m_i の x 座標である．したがって，

$$I'_z = \sum_i m_i(\ell_i^2 + h^2 - 2hx_i) = \sum_i m_i\ell_i^2 + h^2\sum_i m_i - 2h\sum_i m_i x_i$$

となる．右辺の第 3 項は重心の周りのモーメントであるから，ゼロとなる．したがって，式 (12.8) の関係式 $I'_z = I_z + Mh^2$ が示された．

[薄板に関する垂直軸の定理] 薄板に垂直な軸の慣性モーメントを I_z とする．この軸と板の交点を通り，面内の直交する二つの軸の周りの慣性モーメントを I_x，I_y とすれば，

$$\boxed{I_z = I_x + I_y} \tag{12.9}$$

が成り立つ．これは以下のように確かめられる．

図 12.2(b) に示されているように，薄板に垂直な軸を z 軸，薄板内に x，y 軸をとる．$I_z = \sum_i m_i\rho_i^2 = \sum_i m_i(x_i^2 + y_i^2)$，一方，$I_x = \sum_i m_i(y_i^2 + z_i^2)$，$I_y = \sum_i m_i(x_i^2 + z_i^2)$ と与えられ，この薄板では常に $z_i = 0$ であるから，$I_z = I_x + I_y$ を示すことができる．

■ 連続体の慣性モーメント

剛体を連続体として考える場合は，たとえば

$$I_z = \sum_i m_i(x_i^2 + y_i^2)$$

の質点の和の代わりに，連続体を微小領域 $\varDelta V_i$ に分割し，その領域の密度 $\rho(\boldsymbol{r}_i)$ とおいて和をとり，その極限として，体積積分で置き換える必要がある．

$$I_z = \lim_{\varDelta V_i \to 0} \sum_i \rho(\boldsymbol{r}_i)(x_i^2 + y_i^2)\varDelta V_i = \int \rho(\boldsymbol{r})(x^2 + y^2)dV \tag{12.10}$$

積分範囲は剛体の占める体積全体である．とくに，剛体の密度 ρ が一様であるときは

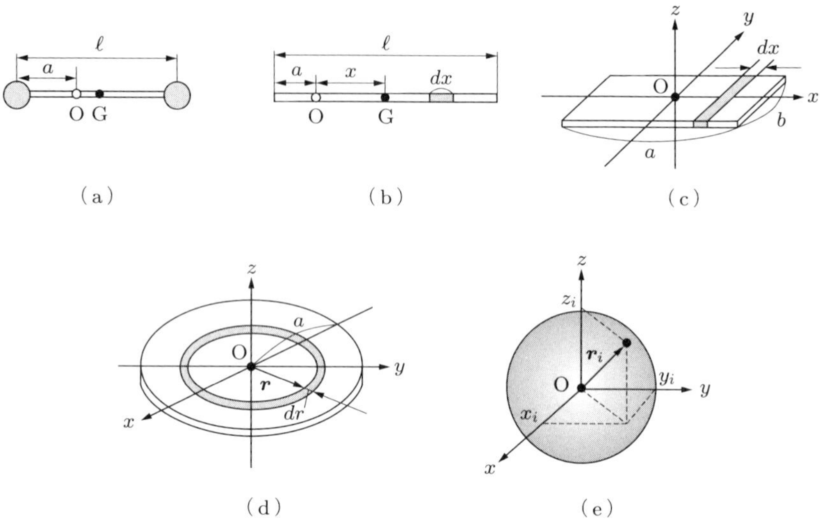

図 12.3 慣性主軸と慣性モーメント．(a) 亜鈴，(b) 棒，(c) 長方形の薄板，(d) 円盤，(e) 球

$$\boxed{I_z = \rho \int (x^2 + y^2) dV} \tag{12.11}$$

となる．

例題 12.3 図 12.3 に示したような種々な形の剛体の慣性モーメントを計算しよう．

(a) **亜鈴**：長さ ℓ の軽い棒の両端に質量 m の質点が取り付けてある．一端から距離 a の点を中心とした，棒に垂直な軸の慣性モーメント．

解 $I = ma^2 + m(\ell - a)^2$

以下では，剛体の密度が一様であるとしている．

(b) **細い一様な棒**：長さ ℓ，質量 M の一端から a の点を中心とした棒に垂直な軸の周りの慣性モーメント．

解 線密度 $\sigma = M/\ell$ と書けば，長さ dx の微小質量は $dm = \sigma dx$ であるから，

$$I(a) = \int_0^a \sigma x^2 dx + \int_0^{\ell - a} \sigma x^2 dx = \frac{1}{3}\sigma a^3 + \frac{1}{3}\sigma(\ell - a)^3$$
$$= \frac{1}{3} M(\ell^2 - 3\ell a + 3a^2)$$

となる．棒に平行な軸の周りの慣性モーメントはゼロである．

問 慣性モーメントが最小となる a はいくらか．このときの慣性モーメントの値はどうなるか．

(c) **薄い長方形の板**：質量 M，辺の長さが a，b の長方形の中心を通り，辺 a および b に平行な軸に関する主慣性モーメント．

解 図 12.3(c) に示されているように，面密度 σ とし，辺 a，b に平行な x，y 軸をとる．まず，y 軸に平行な中心を通る軸の周りの慣性モーメント I_y を求める．x の位置で平行な幅 dx の短冊形の質量は，$dm = \sigma b dx$ と書けるので，y 軸に関するモーメントは

$$I_y = \int_{-a/2}^{a/2} x^2 \sigma b dx = \frac{\sigma}{12}\sigma a^3 b = \frac{1}{12}Ma^2$$

となる．ここで，$\sigma = M/ab$ を用いた．同様にして，$I_x = Mb^2/12$ が得られる．次に，I_z は

$$I_z = \sigma \int_{-a/2}^{a/2} dx \int_{-b/2}^{b/2} dy(x^2+y^2) = \frac{1}{12}\sigma(a^3b+ab^3) = \frac{M}{12}(a^2+b^2)$$

となる．この値は，薄板の定理 (12.9) を用いれば，$I_z = I_x + I_y$ から容易に求めることもできる．

(d) **薄い円板**：半径 a，質量 M の中心を通り，円板に垂直な軸と直径を軸とする慣性モーメント．

解 円の中心を通り，板の垂直軸を z として，まず I_z を求める．円板を微小な幅 dr をもつ同心円環に分けると，半径 r の円環の面積は $2\pi r dr$ となるから，

$$I_z = \int_0^a r^2 \cdot 2\pi r \sigma dr = \frac{\pi}{2}\sigma a^4 = \frac{1}{2}Ma^2$$

となる．ここで，$M = \sigma\pi a^2$ を用いた．一方，対称性から $I_x = I_y$ が明らかなので，薄板の定理から $I_z = I_x + I_y = 2I_x$ であり，$I_x = I_y = I_z/2 = Ma^2/4$ となる．

(e) **球**：半径 a，質量 M の中心を通る軸の周りの慣性モーメント．

解 x，y，z 軸の慣性モーメントの定義は，密度を ρ として

$$I_x = \int_{球}(y^2+z^2)\rho dxdydz, \quad I_y = \int_{球}(z^2+x^2)\rho dxdydz$$
$$I_z = \int_{球}(x^2+y^2)\rho dxdydz$$

で与えられる．球の対称性により，$I_x = I_y = I_z = I$ であるから，

$$\begin{aligned} I &= \frac{1}{3}(I_x+I_y+I_z) = \frac{2}{3}\rho\int_{球}(x^2+y^2+z^2)dxdydz \\ &= \frac{2}{3}\rho\int_0^a r^4 dr \int_0^{\pi}\sin\theta d\theta \int_0^{2\pi} d\phi = \frac{2}{5}Ma^2 \end{aligned}$$

ここで，積分を直角座標から極座標に変換して $(dxdydz \to r^2 \sin\theta drd\theta d\phi)$ 行った．また，$M = (4/3)\pi\rho a^3$ も用いた．上述の方法は球の対称性を巧妙に使っている．もっと直接的に，球を薄い円板の積み重ねとして計算する方法や，極座標の体積素片として積分する方法もある．

この例題からわかるように，慣性モーメント I は，（質量）×（長さ）^{2} の次元をもつ．そこで，剛体の質量を M として

$$I = MR^2 \tag{12.12}$$

とおき，これから決まる R の値を**回転半径** (radius of gyration) とよぶ．長さ R の軽い棒の先端に質量 M の質点を取り付けた物体と同じ慣性モーメントをもっている．

対称性のよい形状の，均質な剛体の慣性モーメントを表 12.2 に示す．

表 12.2 一様な密度の剛体の慣性モーメント（質量 M）

物体の形	大きさ	軸の位置	慣性モーメント
細い棒	長さ ℓ	中心点を通り棒に垂直	$\frac{M}{12}\ell^2$
長方形板	$a \times b$	重心を通り辺 b に平行	$\frac{M}{12}a^2$
直方体	$a \times b \times c$	重心を通り辺 c に平行	$\frac{M}{12}(a^2+b^2)$
円輪	半径 a	直径，中心を通り面に垂直	$\frac{M}{2}a^2$，Ma^2
円板	半径 a	直径，中心を通り面に垂直	$\frac{M}{4}a^2$，$\frac{M}{2}a^2$
楕円板	長半径 a，短半径 b	短径，中心を通り面に垂直	$\frac{M}{4}a^2$，$\frac{M}{4}(a^2+b^2)$
球殻	半径 a	直径	$\frac{2}{3}Ma^2$
球	半径 a	直径	$\frac{2}{5}Ma^2$

12.3 円柱や球体の平面上の回転運動

円柱や球が平面上を回転しながら運動する場合を考えてみよう．このとき，円柱の中心軸や球の中心は重心となっており，この中心は並進運動する．一方，回転は重心の周りの回転であるから，この二つの運動の方程式は分離する．

したがって，重心の位置を (X_0, Y_0) と表せば，その並進運動の方程式は

$$M\frac{d^2X_0}{dt^2}=\sum_i F_{i,X}, \qquad M\frac{d^2Y_0}{dt^2}=\sum_i F_{i,Y} \tag{12.13}$$

となる．ここで，M は剛体の質量，$F_{i,X}$ および $F_{i,Y}$ は，この物体にはたらく i 番目の外力の X，および Y 成分である．また，i の和は外力の総和である．

また，回転は重心を含む中心軸の周りの運動である．しかし，中心軸の方向が変わらないので，角運動量の変化は，中心軸の周りの力のモーメントに比例する．軸の方向を z として，式 (12.7) から

$$\frac{dL_z}{dt}=I_z\frac{d^2\phi}{dt^2}=\sum_j(\boldsymbol{r}_j\times\boldsymbol{F}_j)_z=\sum_j N_{j,z} \tag{12.14}$$

となる．ただし，ϕ は z 軸の周りの回転角であり，$\boldsymbol{F}_j$ は重心から $\boldsymbol{r}_j$ の位置へかかった力である．並進運動があっても，回転軸は常に中心軸の周りであるから，慣性モーメント I_z は変化しない．右辺の $N_{j,z}$ は剛体にはたらく中心軸の周りの力のモーメントの z 成分である．

ここで，(X,Y,Z) は静止座標系で，(x,y,z) は重心とともに並進する運動座標系である．ただし，軸の方向 Z，z は両者一致するようにとってある†.

全運動エネルギー T は，重心の速度を V_0，回転角速度を $d\phi/dt$ とすれば，

$$T=T_{\mathrm{G}}+T_R=\frac{1}{2}MV_0^2+\frac{1}{2}I_z\left(\frac{d\phi}{dt}\right)^2 \tag{12.15}$$

のように，重心の並進運動エネルギー T_{G} と，重心の周りの回転運動エネルギー T_R の和で表される．

例題 12.4 水平と α の角をなす斜面上を，半径 a，質量 M の円板が，図のように直進し，転がり落ちる．円板が滑らずに転がり落ちる条件を求めよ．また，滑りながら転がり落ちるときの回転速度を求めよ．ただし，静止および動摩擦係数をそれぞれ μ および μ' とする．

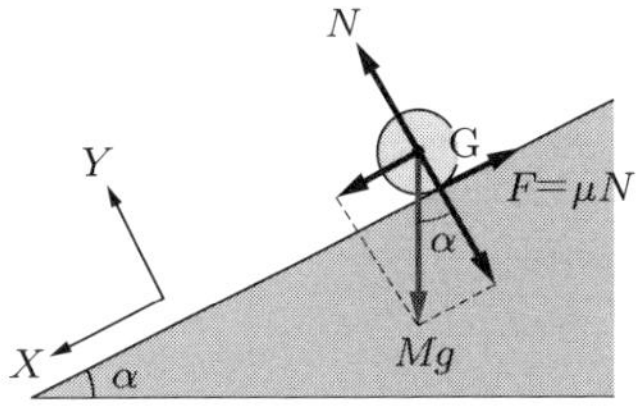

解 X，Y 軸を図のように斜面と平行および垂直にとれば，円板は XY 面内で運動する．斜面の垂直抗力を N，摩擦力を F とすれば，円板の重心 (X_0,Y_0) の運動方程式は

† 重心が加速度運動のときは，重心とともに動く座標系では，剛体のすべての点に慣性力がはたらく．しかし，重心の周りの慣性力のモーメントの和はゼロとなるので，回転運動には慣性力は影響しない．

$$M\frac{d^2X_0}{dt^2} = Mg\sin\alpha - F \tag{1}$$

$$M\frac{d^2Y_0}{dt^2} = N - Mg\cos\alpha \tag{2}$$

のように与えられる．円板の中心を通り，円板に垂直な軸の周りの慣性モーメントを I_0，円板の回転角速度を ω とすれば，回転の運動方程式は

$$I_0\frac{d\omega}{dt} = aF \tag{3}$$

となる．

まず，滑らず転がる条件は $a\omega = dX_0/dt$ であり，これをもう一度 t で微分し式 (3) を用いると，$d^2X_0/dt^2 = ad\omega/dt = a^2F/I_0$ となる．これを式 (1) に代入すると，

$$Ma^2F = MgI_0\sin\alpha - I_0F \tag{4}$$

となり，ここから回転を起こす力 F は

$$F = \frac{MgI_0\sin\alpha}{Ma^2 + I_0} \tag{5}$$

となる．このとき，回転の角加速度は，式 (3) から

$$\frac{d\omega}{dt} = \frac{Mga\sin\alpha}{Ma^2 + I_0} = \frac{2}{3}\frac{g}{a}\sin\alpha \tag{6}$$

となる．最後の等式は，円板の中心軸の周りの慣性モーメントが，表 12.2 から，$I_0 = Ma^2/2$ となることを用いている．式 (5) は同様に，

$$F = \frac{1}{3}Mg\sin\alpha \tag{7}$$

となる．最大静止摩擦力は $N\mu$ であるから，$N\mu > F$ が滑らずに回転する条件である．一方，Y_0 は一定であるから，$dY_0/dt = d^2Y_0/dt^2 = 0$ となり，式 (2) から $N = Mg\cos\alpha$ が得られる．これを用いると

$$\mu > \frac{1}{3}\tan\alpha \tag{8}$$

が滑らず転がり落ちる条件になる．

この条件が満たされないとき，円板は滑りながら転がるので，摩擦は動摩擦力となる．

$$F = \mu' N = Mg\mu'\cos\alpha \tag{9}$$

したがって，角速度の時間変化は式 (3)，(9) を用いて

$$\frac{d\omega}{dt} = \frac{aF}{I_0} = \frac{aMg\mu'}{I_0}\cos\alpha = \frac{2g\mu'}{a}\cos\alpha \tag{10}$$

となる．

章末問題

12.1 重心の周りの慣性モーメントが I_0，質量 M の実体振り子がある．

(a) 振り子の支点と重心の距離を h としたとき，この振り子の微小振動の周期 T は h のどんな関数で表されるか．

(b) この周期が最も短くなる h の値はいくらか．また，そのときの周期を求めよ．

12.2 半径 R，質量 M の金属球を長さ ℓ の軽い針金 ($\ell \gg R$) でつるした振り子をボルダの振り子という．この振り子の慣性モーメントを求めよ．さらに，この振り子の周期を求めよ．

12.3 質量 M，長さ ℓ の棒が，水平で滑らかな床の上で，端点 O を軸として角速度 ω_0 で回転している．質量 m のボールが速さ v_0 で飛んできて，この棒の回転方向と逆向き，垂直に，O から x の距離の点 P に衝突した．衝突は弾性衝突として，次の問いに答えよ．

(a) ボールの跳ね返る速度 v と衝突後の棒の回転角速度 ω を求めよ．

(b) (a) の v で，ω_0 に比例する項で v が最大となる x の位置はどこか．

12.4 円板の運動について，次の問いに答えよ．

(a) 質量 M，半径 a の円板の直径を軸とする慣性モーメントを直接計算せよ．

(b) 円板が滑り摩擦のない斜面を滑り落ちるときと同じ斜面を転がり落ちるとき，斜面の下での円板の重心速度はどのような違いがあるか．転がり摩擦は無視するものとする．

12.5 図 12.4 のように，半径 a，質量 M の円板の周りに，一端を円板に固定した長さ ℓ の糸を巻きつけたヨーヨーの運動について，次の問いに答えよ．

(a) 糸の一端を固定し，円板を落下させた．糸の張力を求めよ．また，糸が伸びきったとき，円板の重心の落下速度と回転角速度を求めよ．

(b) 糸の一端を手で引き上げ，円板の中心が落下しないようにした．このときの糸の張力と糸が伸びきったときの円板の回転角速度はどうなるか．

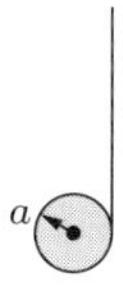

図 12.4　ヨーヨー

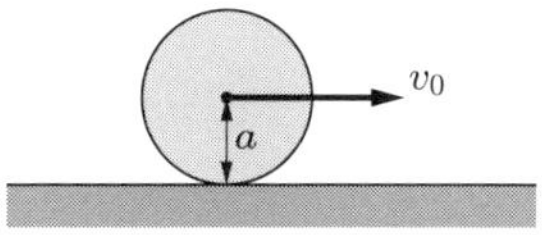

図 12.5

12.6 摩擦のある水平な床の上を，初速 v_0 で滑り始めた円板がある（図 12.5）．この円板が滑らず転がり始めるまでの時間とその距離を求めよ．円板の半径を a，質量を M とし，床と円板の摩擦係数を μ とする．

12.7 固定軸に取り付けられた剛体の回転による，軸にかかる力を考える．回転角速度は ω とし，重力の影響はないものとする．

(a) 固定軸に垂直に，長さ ℓ の棒の先に質量 m の質点を取り付けてある物体.

(b) 剛体を固定軸に取り付けたとき，重心の位置と軸にかかる力の関係を求めよ.

コラム 閏秒

地球の自転の角速度には短期的揺らぎと長期的減少があることが知られている.

地震による地球内部の質量分布の変化，海水や氷河の氷の分布の変化などによる地球の慣性モーメントの変化によっても，自転の角速度変化が生じる．これは短期的な揺らぎである．2004 年 12 月にスマトラ島沖地震によって地球の自転角速度と北極の位置が変化した．NASA の専門家の計算では，北極は東経 145° の方向は 2.5 cm 移動し，自転周期は 100 万分の 3 秒短くなった．短くなったのは，地球の形が南北方向に伸びて，少し球に近づき慣性モーメントが減少したためである．すべての地震は地球の自転に影響を及ぼしているが，M8.7 といわれる地震の規模はこの 100 年間で 4 番目という大きさで，この地震の力が例外的に大きかったためであった．また，2011 年 3 月 11 日に起きた東日本大地震では，NASA のグロス博士の分析によると，自転周期は 100 万分の 1.8 秒短くなった．この地震のマグニチュードは M9.0 と推定され，日本で記録された最大の地震で，世界でも，4，5 番目の大きさであった.

長期的な自転速度の減少の原因は，月や太陽の潮汐力による海水の移動や地殻の変形などによる潮汐摩擦である.

地球の自転周期をもとにした時間を世界時 (UT1) といい，太陽が南中する時間間隔を 24 時間としている．これは日常生活には便利である．一方，原子時計により決められた時間を協定世界時 (UTC) という．セシウム原子時計は，セシウム 133 の蒸気に磁場をかけ，二つの超微細準位の遷移を利用して，水晶時計で発振した 9192631770 Hz のマイクロ波が安定するように調整されている．この原子時計の誤差は 1 億年に 1 秒といわれている．時間の正確な定義は，現在原子時計に基づいている.

正確な原子時計で測った自転周期は毎日揺らぎがあることが知られている．また，長期的な自転は次第に遅くなっているので，UT1 は UTC に比べ次第に遅れていく．UT1 と UTC の差が 1 秒以内になるように調整するため，UT1 に**閏秒**を挿入している．1972 年以来 1 秒ずつ 26 回挿入されている．最近では，日本時間 2015 年 7 月 1 日 8 時 59 分 59 秒の後に 60 秒とし，1 秒挿入した.

閏年に 1 日挿入することは，公転の周期と自転の周期の比が整合していないためで，自転角速度の遅れによる閏秒とはまったく無関係である.

第13章 固定点のある剛体の運動

前章では，固定軸のある剛体の回転を扱ったが，この章では，1点だけ固定された剛体の回転運動やこまの運動を扱う．回転軸の方向も変わっていくので，複雑な運動となる．

剛体では，回転軸の方向と角運動量の方向は，一般に同じではない．角運動量ベクトルは，角速度ベクトルの単なる定数倍ではなく，慣性テンソルで互いに関係付けられている．慣性テンソルとは，慣性モーメントを一般化したもので，3×3 の成分をもつ．慣性テンソルから，任意方向の軸の慣性モーメントも求めることができる．

剛体には直交する三つの主軸があり，この軸の周りの回転では，回転軸の方向は角運動量の方向と等しい．外力がないとき，この軸の周りの回転は安定して変化しないが，回転軸がこの主軸から傾いているとき，回転軸の方向は変化し，歳差運動が起こる．

普通のこまは，中心軸の周りが回転対称であり，中心軸が主軸の一つになっている．高速回転したこまの中心軸の下端が水平な面に置かれたとき，軸が傾いていても，倒れることはなく，鉛直線の周りで歳差運動が起こる．

13.1 剛体の角運動量と慣性テンソル

この章では，剛体の1点を固定したときの運動を調べてみよう．剛体はこの点の周りの回転運動に限られており，第11章で述べたように，自由度は3である．回転運動の状態を見るには，回転軸の方向（自由度2）と回転角速度（自由度1）である．つまり，**角速度ベクトル**が与えられていればよい．

■ 角運動量

剛体の角運動量について調べてみよう．剛体中の固定点をOとし，この点を原点とした座標系をとり，剛体内の i 番目の質点の位置ベクトルを $\boldsymbol{r}_i$ とする．角速度ベクトルを $\boldsymbol{\omega}$ とすれば，この質点の速度 $\boldsymbol{v}_i$ は図13.1で示されているように，$\dot{\boldsymbol{r}}_i \equiv \boldsymbol{v}_i = \boldsymbol{\omega} \times \boldsymbol{r}_i$ で与えられる．剛体内の各質点は同じ角速度で回転しているので，Oを中心とした剛

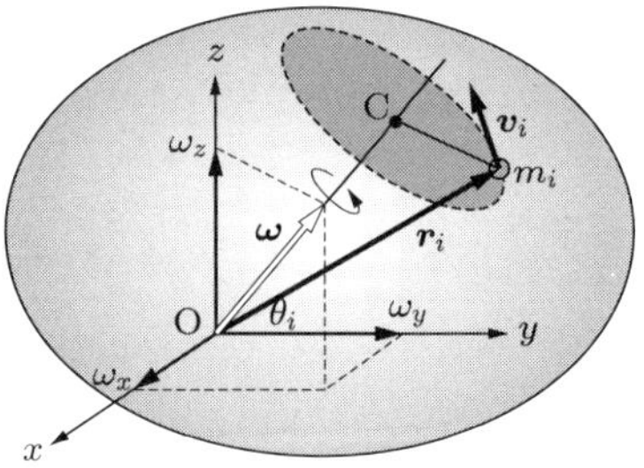

図 13.1 原点 O を固定点として，剛体の角速度 $\boldsymbol{\omega}$ とすれば，回転による剛体内の点 $\boldsymbol{r}_i$ の速度は，回転軸に垂直な面内で点 i を通る円の接線方向にある．この円板と軸の交わる点を C とする．軸と $\boldsymbol{r}_i$ のなす角を θ_i とすれば，円の半径は $r_i \sin\theta_i$ となり，点 i の速さは $r_i \omega \sin\theta$ と表すことができる．速度ベクトル $\boldsymbol{v}_i$ は $\boldsymbol{\omega}$ と $\boldsymbol{r}_i$ にも垂直なベクトルで，$\boldsymbol{v}_i = \boldsymbol{\omega} \times \boldsymbol{r}_i$ と書ける．

体全体の角運動量は，

$$\boldsymbol{L} = \sum_i (m_i \boldsymbol{r}_i \times \boldsymbol{v}_i) = \sum_i [m_i \boldsymbol{r}_i \times (\boldsymbol{\omega} \times \boldsymbol{r}_i)] \tag{13.1}$$

と表される．ここで，付録に示したベクトル三重積の公式から，$\boldsymbol{r}_i \times (\boldsymbol{\omega} \times \boldsymbol{r}_i) = \boldsymbol{\omega}(\boldsymbol{r}_i \cdot \boldsymbol{r}_i) - \boldsymbol{r}_i(\boldsymbol{r}_i \cdot \boldsymbol{\omega})$ を用いると，x 成分は，

$$\begin{aligned} L_x &= \omega_x \sum_i m_i(y_i^2 + z_i^2) - \omega_y \sum_i m_i x_i y_i - \omega_z \sum_i m_i x_i z_i \\ &= I_{xx}\omega_x + I_{xy}\omega_y + I_{xz}\omega_z \end{aligned}$$

を得る．同様にして，y，z 成分は

$$L_y = I_{yx}\omega_x + I_{yy}\omega_y + I_{yz}\omega_z, \qquad L_z = I_{zx}\omega_x + I_{zy}\omega_y + I_{zz}\omega_z$$

となる．以上をまとめて表せば，

$$\boxed{L_i = \sum_{k=x,y,z} I_{ik}\omega_k \qquad (i = x, y, z)} \tag{13.2}$$

となる．

■ 慣性テンソル

ここで，**慣性テンソル** (inertial tensor) あるいは**慣性モーメントテンソル** (tensor of inertial moment) は次のように定義されている．

$$\left.\begin{aligned} I_{xx} &= \sum_i m_i(y_i^2 + z_i^2) = I_x \\ I_{yy} &= \sum_i m_i(z_i^2 + x_i^2) = I_y \\ I_{zz} &= \sum_i m_i(x_i^2 + y_i^2) = I_z \end{aligned}\right\} \tag{13.3}$$

$$\left.\begin{aligned} I_{xy} &= -\sum_i m_i x_i y_i = I_{yx} \\ I_{yz} &= -\sum_i m_i y_i z_i = I_{zy} \\ I_{zx} &= -\sum_i m_i z_i x_i = I_{xz} \end{aligned}\right\} \tag{13.4}$$

後半の三つの量を**慣性乗積** (product of inertia) ということがある．

この九つの量は，テンソルとして次の 3×3 の行列の形に書くことができる．

$$\tilde{\boldsymbol{I}} \equiv \begin{pmatrix} I_{xx} & I_{xy} & I_{xz} \\ I_{yx} & I_{yy} & I_{yz} \\ I_{zx} & I_{zy} & I_{zz} \end{pmatrix} \tag{13.5}$$

慣性テンソルを $\tilde{\boldsymbol{I}}$ と書き，チルダと読む．式 (13.4) の定義式より，$I_{ij} = I_{ji}$ なので，**対称テンソル** (symmetrical tensor) である．

角運動量 $\boldsymbol{L}$ と角速度 $\boldsymbol{\omega}$ の関係は，行列の積の形で

$$\boxed{\begin{pmatrix} L_x \\ L_y \\ L_z \end{pmatrix} = \begin{pmatrix} I_{xx} & I_{xy} & I_{xz} \\ I_{yx} & I_{yy} & I_{yz} \\ I_{zx} & I_{zy} & I_{zz} \end{pmatrix} \begin{pmatrix} \omega_x \\ \omega_y \\ \omega_z \end{pmatrix}} \tag{13.6}$$

と表される．式 (13.6) は $\boldsymbol{L}$ と $\boldsymbol{\omega}$ の二つの列ベクトルが $\tilde{\boldsymbol{I}}$ という 3×3 行列で結び付けられていることを示している．この式から，**剛体の回転運動では，角運動量ベクトル $\boldsymbol{L}$ と角速度ベクトル $\boldsymbol{\omega}$ は同じ方向とは限らない**ことがわかる．式 (13.6) は，簡単に

$$\boldsymbol{L} = \tilde{\boldsymbol{I}}\boldsymbol{\omega} \tag{13.7}$$

とも書くことができる．

問 1 辺の長さ a の軽い正方形の各頂点に質量 m の質点を置く．中心を通り辺と平行な軸，および，対角線を軸としたときの慣性モーメントを求めよ．

例題 13.1　剛体が固定点の周りに角速度 $\boldsymbol{\omega}$ で回転しているとき，回転エネルギーを求めよ．

解　固定された回転中心からの位置 $\boldsymbol{r}_i$ にある i 番目の質点の速度は $\boldsymbol{v}_i = \boldsymbol{\omega} \times \boldsymbol{r}_i$ と書けるから，回転エネルギーは

$$\begin{aligned} T_R &= \frac{1}{2}\sum_i m_i \boldsymbol{v}_i^2 = \frac{1}{2}\sum_i m_i (\boldsymbol{\omega} \times \boldsymbol{r}_i)^2 \\ &= \frac{1}{2}\sum_i m_i \left[(\omega_y z_i - \omega_z y_i)^2 + (\omega_z x_i - \omega_x z_i)^2 + (\omega_x y_i - \omega_y x_i)^2\right] \\ &= \frac{1}{2}\sum_i m_i \left[(y_i^2 + z_i^2)\omega_x^2 + (z_i^2 + x_i^2)\omega_y^2 + (x_i^2 + y_i^2)\omega_z^2\right] \\ &\quad - \frac{1}{2}\sum_i 2m_i (y_i z_i \omega_y \omega_z + z_i x_i \omega_z \omega_x + x_i y_i \omega_x \omega_y) \end{aligned}$$

となる．まとめて書けば，次のようになる．

$$T_R = \frac{1}{2}\sum_{ij} \omega_i I_{ij} \omega_j$$

例題 13.1 の結果から，回転角速度の大きさを ω_0，その方向余弦を (λ, μ, ν) とすれば，$\omega_x = \lambda\omega_0$，$\omega_y = \mu\omega_0$，$\omega_z = \nu\omega_0$ であるから，回転エネルギーの式は

$$T_R = \frac{1}{2} I(\lambda, \mu, \nu)\omega_0^2 \tag{13.8}$$

と表すことができる．ここで，

$$\boxed{I(\lambda, \mu, \nu) = \lambda^2 I_{xx} + \mu^2 I_{yy} + \nu^2 I_{zz} + 2\lambda\mu I_{xy} + 2\mu\nu I_{yz} + 2\nu\lambda I_{zx}} \tag{13.9}$$

は方向余弦 (λ, μ, ν) の軸の周りの慣性モーメントである．したがって，**回転の中心が同じなら，任意の方向の軸の慣性モーメントは慣性テンソルと回転軸の方向余弦を用いて表すことができる**ことがわかる．

例題 13.2　長さ ℓ，質量 M の細い一様な棒がある．図に示すように，棒の中心を原点に，x 軸から θ の角度で，xy 面内に置いてある．x，y，z 軸の周りの慣性テンソルを求めよ．

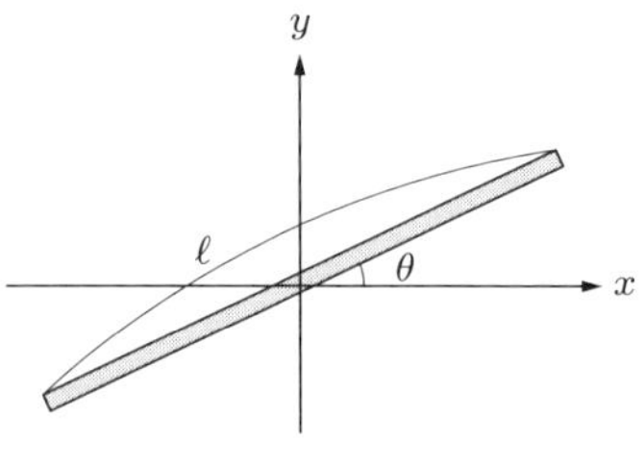

解　棒の中心から棒に沿った長さを r とすれば，$x = r\cos\theta$，$y = r\sin\theta$，$z = 0$ と表される．慣性テンソ

ル (13.3) と式 (13.4) の定義から，線密度 $\rho = M/\ell$ として

$$I_{xx} = \rho \int_{-\ell/2}^{\ell/2} (y^2 + z^2) dr = 2\rho \int_0^{\ell/2} (r \sin\theta)^2 dr = \frac{1}{12} M\ell^2 \sin^2\theta$$

$$I_{yy} = \rho \int_{-\ell/2}^{\ell/2} (x^2 + z^2) dr = 2\rho \int_0^{\ell/2} (r \cos\theta)^2 dr = \frac{1}{12} M\ell^2 \cos^2\theta$$

$$I_{zz} = \rho \int_{-\ell/2}^{\ell/2} (x^2 + y^2) dr = 2\rho \int_0^{\ell/2} r^2 dr = \frac{1}{12} M\ell^2$$

$$I_{xy} = -\rho \int_{-\ell/2}^{\ell/2} (xy) dr = -2\rho \int_0^{\ell/2} (r\sin\theta)(r\cos\theta) dr$$

$$= -\frac{1}{12} M\ell^2 \sin\theta\cos\theta$$

$$I_{xz} = I_{yz} = 0$$

となる．したがって，慣性テンソル $\tilde{\boldsymbol{I}}$ を行列の形で表すと，

$$\tilde{\boldsymbol{I}} = \frac{M\ell^2}{12} \begin{pmatrix} \sin^2\theta & -\sin\theta\cos\theta & 0 \\ -\sin\theta\cos\theta & \cos^2\theta & 0 \\ 0 & 0 & 1 \end{pmatrix}$$

となる．$\theta = 0$ のとき，$I_{xx} = 0$，$I_{yy} = I_{zz} = M\ell^2/12$ となる．また，$\theta = \pi/2$ のとき，$I_{xx} = I_{yy} = \ell^2/12$，$I_{zz} = 0$ となり，非対角項はすべてゼロとなる．このときは x，y，z 軸を主軸という．

13.2 剛体の主軸と角運動量

■ 剛体の慣性主軸

剛体内の座標軸の方向を適切に選べば，慣性テンソルの非対角成分をすべてゼロにすることができる．3×3 対称行列は直交変換で対角化できることは，線形代数が教えるところである．つまり，はじめに設定した直角座標系を回転することで，慣性テンソルを対角化できる．この新しい軸を**慣性主軸** (principle axes of inertia) といい，その対角成分を**主慣性モーメント** (principle moment of inertia) とよび I_ξ，I_η，I_ζ と書く．このとき慣性乗積 $I_{\xi\eta} = I_{\eta\zeta} = I_{\zeta\xi} = 0$ となる．

問　二つの辺の長さが a，b の長方形の薄板の中心を通り，各辺に平行な軸と板に垂直な軸をとれば，慣性乗積はすべてゼロとなることを示せ．

さて，座標軸を慣性主軸と一致させる．位置ベクトルの成分を (ξ, η, ζ) としよう．この座標系で $\boldsymbol{\omega}$ の成分を $(\omega_\xi, \omega_\eta, \omega_\zeta)$ とすれば，角運動量 $\boldsymbol{L}$ の成分は

$$L_\xi = I_\xi\,\omega_\xi, \qquad L_\eta = I_\eta\,\omega_\eta, \qquad L_\zeta = I_\zeta\,\omega_\zeta \tag{13.10}$$

となる．一般には $I_\xi \neq I_\eta \neq I_\zeta$ であるから，図 13.2 に示されているように，角運動量ベクトル $\boldsymbol{L}$ と角速度ベクトル $\boldsymbol{\omega}$ の方向が一致しないことに注意しよう．図 13.2 に $\boldsymbol{\omega}$ と $\boldsymbol{L}$ の方向を示した．角速度と角運動量のベクトルの方向が一致するのは，回転軸が慣性主軸の一つと一致するときである．たとえば，$\omega_\xi = \omega_\eta = 0$，$\omega_\zeta \neq 0$ のとき，$L_\xi = L_\eta = 0$，$L_\zeta = I_\zeta\omega_\zeta$ であるから，$\boldsymbol{L} \parallel \boldsymbol{\omega}$ である．

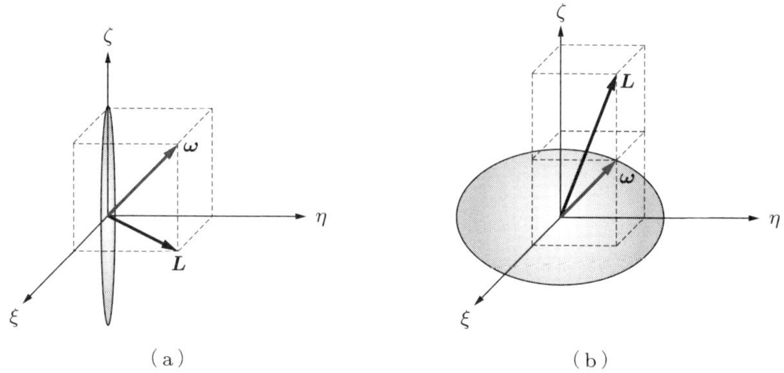

図 13.2　角速度ベクトル $\boldsymbol{\omega}(1,1,1)$ と角運動量ベクトル $\boldsymbol{L}$．(a) 細長い回転楕円体 $I_\xi : I_\eta : I_\zeta = 1:1:0$ の場合，(b) 扁平な回転楕円体 $I_\xi : I_\eta : I_\zeta = 1:1:2$ の場合，角速度 $\boldsymbol{\omega}$ と $\boldsymbol{L}$ は平行ではない．

外力モーメントがないとき，角運動量の各成分は一定である．主軸の一つが回転軸となっている場合，角運動量は回転軸方向で一定であり，回転軸も不変である．

回転エネルギーは，主慣性モーメントを用いると

$$T_R = \frac{1}{2}(I_\xi\omega_\xi^2 + I_\eta\omega_\eta^2 + I_\zeta\omega_\zeta^2) \tag{13.11}$$

のように簡単になる．また，回転軸の方向余弦を (λ, μ, ν) とすれば，角速度ベクトルは $\boldsymbol{\omega} = \omega_0(\lambda\boldsymbol{e}_\xi + \mu\boldsymbol{e}_\eta + \nu\boldsymbol{e}_\zeta)$ となる．この軸の慣性モーメントは次式で表される．

$$I(\lambda, \mu, \nu) = \lambda^2 I_\xi + \mu^2 I_\eta + \nu^2 I_\zeta \tag{13.12}$$

■ 主慣性モーメントの対称性

三つの主慣性モーメントがすべて等しい剛体は**球体こま** (spherical top)，二つの主慣性モーメントが等しい剛体を**対称こま** (symmetric top)，三つの主慣性モーメントがすべて異なる値をもつ剛体は**非対称こま** (asymmetric top) とよばれる．

重心の周りの慣性テンソルの対称性は，一様な密度の対称のよい形の剛体では，容

易に推察できる．

[球体こま] 球体の中心を通る軸の周りの慣性モーメントは，軸の方向によらず，すべて等しい．つまり

$$I_\xi = I_\eta = I_\zeta = I$$

となる．一般に，任意の方向の回転軸に対し，慣性モーメントは

$$I(\lambda, \mu, \nu) = \lambda^2 I + \mu^2 I + \nu^2 I = I$$

となる．したがって，回転軸の方向によらず，同じ値 I となる．

外力モーメントがないときは，任意の重心を通る軸はすべて主軸となり，その周りの回転は，角運動量は一定で，回転軸も回転角速度も不変である．

立方体も，中心から各面の中心を通る三つの軸は慣性主軸であり，その主慣性モーメントはすべて等しいことは立方体の対称性からわかる．また，慣性乗積もこの軸を含む面の鏡映対称よりゼロとなることがわかる．形の対称性は球より低いが，慣性テンソルで考えれば球と同じ球体こまであることがわかる．

[対称こま] 回転楕円体は $\xi^2/a^2 + \eta^2/a^2 + \zeta^2/c^2 = 1\ (a \neq c)$ の式で表される．回転対称な中心軸（ζ 軸）と，これに垂直な中心を通る二つの軸（ξ，η 軸）がそれぞれ主軸である．このとき，

$$I_\xi = I_\eta = I_\perp, \qquad I_\zeta = I_\parallel$$

の関係がある．したがって，式 (13.12) より

$$I(\lambda, \mu, \nu) = (\lambda^2 + \mu^2) I_\perp + \nu^2 I_\parallel = (1 - \nu^2) I_\perp + \nu^2 I_\parallel$$

$\lambda\mu$ 面内では $\nu = 0$ で $I(\lambda, \mu, 0) = I_\perp$ となるので，この面内にある任意の軸では慣性モーメントは同じである．また，ζ 軸から θ 傾いた軸の慣性モーメントは $\nu = \cos\theta$ より，$I(\theta) = I_\perp \sin^2\theta + I_\parallel \cos^2\theta$ となる．

外力モーメントがゼロのとき，対称軸の周りの回転，これに垂直な軸の周りの回転は角運動量の成分が保存し，軸も回転速度も保存される．

円板は回転楕円体と同じ対称性をもつが，対称性の低い正三角板，正方形板，正多角形も対称こまであることが容易に示される．

[非対称こま] 原点が中心である楕円体は $\xi^2/a^2 + \eta^2/b^2 + \zeta^2/c^2 = 1\ (a \neq b \neq c)$ の式で表される．三つの軸の長さが異なるとき，非対称こまとなる．この三つの軸は慣性主軸となり，慣性乗積はすべてゼロとなることは，楕円体の対称性から示すことができる．たとえば，密度を ρ とすれば，慣性乗積の一つは $I_{\xi\eta} = -\rho \displaystyle\int \xi\eta\, d\xi d\eta d\zeta$ で

あるが，$\xi\zeta$ 面または $\eta\zeta$ 面が鏡映面となっているので，積分は符号が逆になって消し合う．3 軸の長さがすべて異なるので，

$$I_\xi \neq I_\eta \neq I_\zeta$$

となり，主慣性モーメントはすべて異なる値をもつ．

同様に，3 稜の長さが異なる直方体も非対称こまであることがわかる．主軸は，中心と各面の中心を結ぶ線分の方向である．

一般に，鏡映の対称がなく，回転対称性のまったくない形の剛体でも，慣性テンソルは常に対称テンソルになっており，座標軸の回転で慣性乗積がゼロとなるように主軸をとることができる．慣性テンソルの三つの固有値と固有ベクトルを求めれば，主慣性モーメントと慣性主軸の方向を決めることができる．

問 1 辺 a の正三角形の頂点に質量 m の質点を置き，軽い棒で結び合わせた．この物体の重心を通る三つの主軸の慣性モーメントを求め，対称こまとなることを確かめよ．また，このとき慣性乗積はゼロとなることを確かめよ．

13.3 こまの運動

■ 角運動量の時間変化

固定点のある剛体は，この点の周りの回転運動のみが可能で，運動の自由度は 3 である．剛体の点 $\boldsymbol{r}_i$ に $\boldsymbol{F}_i$ の外力がはたらいているとき，剛体の角運動量 $\boldsymbol{L}$ の時間変化は

$$\frac{d\boldsymbol{L}}{dt} = \sum_i (\boldsymbol{r}_i \times \boldsymbol{F}_i) = \sum_i \boldsymbol{N}_i = \boldsymbol{N} \tag{13.13}$$

と表される．**剛体の固定点の周りの角運動量の時間変化は，固定点の周りの外力のモーメントの和で与えられる**．また，**外力モーメントがないとき，角運動量は一定である**．

ここで，$\boldsymbol{L} = \tilde{\boldsymbol{I}}\boldsymbol{\omega}$ であるので，上式の左辺は $(d\tilde{\boldsymbol{I}}/dt)\boldsymbol{\omega} + \tilde{\boldsymbol{I}}(d\boldsymbol{\omega}/dt)$ となる．回転により，静止系から見た剛体の姿勢が変わり，慣性テンソルの成分は時間とともに刻々と変わっていくので，この方程式を解くのは面倒である．固定軸のときはこの軸の周りの慣性モーメントは回転しても不変なので，前章で扱ったように，方程式は簡単になる．

■ 重力場中の対称こまの運動

外力が存在するときの例として，重力場下での対称こまの運動を考えよう．これは，

おもちゃのこまを使っても実現できる運動である．とくに，こまの軸の下端は床に置かれ，動かないとする．こまの軸が鉛直方向から傾いている場合の運動を扱ってみよう．

図 13.3(a) に示されているように，固定点を原点 O にとり，静止座標系の Z 軸は鉛直方向にとる．こまの主軸に固定された回転座標系の z 軸はこまの対称軸にとる．z 軸は Z 軸に対し，角度 θ 傾いているとしよう．静止系の X 軸は Z 軸と z 軸の作る平面内で，Z 軸と垂直にとる回転系の x 軸も同じ平面内にとるので，X 軸と θ の角をもつ．つまり，回転系は，元の静止座標系を Y 軸の周りで θ だけ回転したもので，Y 軸と y 軸は一致している．

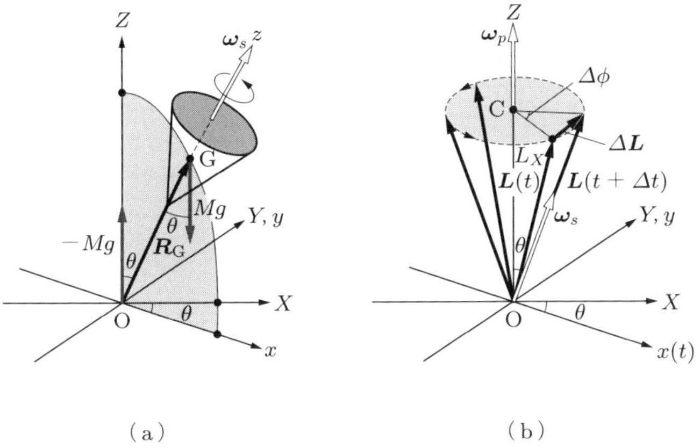

図 13.3 (a) 重力場中の床上の傾いた対称こま，(b) こまの角運動量の変化と歳差運動

こまは z 軸の周りに $\boldsymbol{\omega}_s$ で，速く回転しているとしよう．こまの軸は主軸の一つであるので，角運動量も角速度と同じ向きである．

重力場がないときは，角運動量は保存するので，角速度も保存される．したがって，こまの軸が Z 軸から傾いていても，その方向を保ち，同じ回転を続ける．このように，回転軸が一定の方向を保とうとする性質を利用して，ロケットなどの回転羅針儀（ジャイロスコープ）が作られている．

一方，重力があり，z 軸が鉛直軸の Z 軸から傾いているときは，重力のモーメントがはたらき，角運動量を変化させる．固定点 O の周りの静止系での回転運動方程式は，角運動量 $\boldsymbol{L}$，原点 O からの重心 G の位置ベクトル $\overrightarrow{\mathrm{OG}}$ を $\boldsymbol{R}_{\mathrm{G}}(X_{\mathrm{G}}, 0, Z_{\mathrm{G}})$ として，

$$\frac{d\boldsymbol{L}}{dt} = \boldsymbol{N}_0 = \boldsymbol{R}_{\mathrm{G}} \times (-Mg\boldsymbol{e}_Z) = MgX_{\mathrm{G}}\boldsymbol{e}_Y \tag{13.14}$$

となる．力のモーメントは Y 軸の方向を向いているので，XZ 面上の角運動量は Y 軸

の方向へ傾くが，Z 軸と対称軸（z 軸）間の角度 θ は変化しない．つまり，図 13.3(b) のようにこまの軸は X 方向（地上方向）には倒れず，Y 軸方向に倒れ，Z 軸の周りを回転することがわかる．これをこまの**歳差運動** (precession) という．

さて，歳差運動の角速度 ω_p を求めよう．角運動量の時間変化は式 (13.14) より求める．重力場でのこまにはたらく力のモーメントは，R_G を地上の接点からこまの重心までの距離とすれば，X 成分は $X_\mathrm{G} = R_\mathrm{G} \sin\theta$ であるから

$$\Delta L_Y = MgR_\mathrm{G} \sin\theta \, \Delta t \tag{13.15}$$

と与えられる．

こまの軸が常に角運動量 $\boldsymbol{L}$ とほぼ平行であるから，歳差運動によるこまの軸の角度変化は，角運動量の回転角度変化と同じである．これを $\Delta\phi$ で表すと，図 13.3(b) に与えられるように，

$$\Delta\phi = \omega_p \Delta t = \frac{\Delta L_Y}{L_X} = \frac{MgR_\mathrm{G} \sin\theta \, \Delta t}{L \sin\theta} \tag{13.16}$$

となる．ここで，$L = |\boldsymbol{L}|$，$L_X = L\sin\theta$ とした．この式に，さらに $L = I_\parallel \omega_s$ を代入すれば，

$$\boxed{\omega_p = \frac{MgR_\mathrm{G}}{I_\parallel \omega_s}} \tag{13.17}$$

が得られる．歳差運動の角速度は，対称軸の慣性モーメントとこまの軸の周りの角速度 ω_s に反比例する．つまり，軸の周りの回転が速いほど，ゆっくりと歳差運動が起こる．実際のこまの運動では，こまの軸周りの回転速度 ω_s は時間の経過とともに減少してくるので，次第に歳差運動が速くなることが観察される．

歳差運動はこまの対称軸の方向が回転する運動で，こまの角速度は正確にはこまの軸の方向と少し異なった方向になるが，$\omega_p \ll \omega_s$ であるかぎり，その違いは小さい．そのための条件は $MgR_\mathrm{G}/I_\parallel \omega_s^2 \ll 1$ である．

章末問題

13.1 質量 M，1 辺 a の正三角形の板の重心を通る三つの主軸の慣性モーメントと慣性乗積を求め，対称こまとなることを確かめよ．

13.2 正四面体の各頂点に質量 m の質点を置き，重心と稜の中点を通る軸の周りのモーメントを求めよ．ただし，稜の長さを a とする．また，重心と一つの頂点を結ぶ軸の周りの慣性モーメントを求めよ．

13.3 質量 M，2 辺の長さが a，b の長方形の薄板の慣性モーメントに関する次の問いに答

えよ．

(a) 対角線を軸とする慣性モーメントを，直接計算から求めよ．

(b) 一つの対角線を x' 軸，重心を通り，それに垂直な軸を y' 軸として，式 (13.6) を用いて，この軸に関する $I_{x'x'}$，$I_{y'y'}$ を I_{xx}，I_{yy}，I_{xy} で表してから求めよ．

13.4　長さ ℓ，質量 m の一様な棒の重心が原点にあり，棒の方向が三次元極座標で (θ, ϕ) 方向にあるとき，次の問いに答えよ．

(a) 慣性テンソルの各成分を求めよ．

(b) 原点を固定点として，z 軸の周りで角速度 ω_z で回転するときの角運動量の各成分を求めよ．

13.5　質量 M の剛体振り子が重心 G から h 離れた支点 O を中心として，振動している．OG の線が鉛直軸から θ の角をなすときの，支点にかかる力を求めよ．ただし，初期の角度は θ_0 とする．

13.6　質量 M，対角線の長さがそれぞれ a，b の菱形の薄板の重心の周りの主軸の慣性モーメントを求めよ．

13.7　前問の菱形の長さ a の対角線の頂点 A を，天井につり下げ，自由に回転できるようにした．次の問いに答えよ．

(a) この薄板の面内，および，面に垂直な方向に微小な振動をするときの角振動数を求めよ．

(b) この薄板が静止しているとき，長さ b の対角線の頂点 B に撃力を面に垂直な方向に与えた．この直後の運動は，面に垂直な振動と a 軸の周りの回転が生じる．振動の振幅と回転の角速度の比，およびそれぞれの運動エネルギー比を求めよ．

13.8　直径 4 cm の薄い円板の中心を通る垂直軸をもつこまがある．

(a) こまの質量を 10 g として，軸の周りの慣性モーメントを求めよ．

(b) こまの回転数を毎秒 10 回転とするとき，こまの角運動量と回転エネルギーを求めよ．

(c) こまの支点から重心までの長さを 3 cm とするとき，歳差運動の周期を求めよ．

コラム　逆立ちこま

こまの形はいろいろのものがあるが，なかでも「逆立ちするこま」は特異な運動を示す．図 13.4(a) に示すように，ほぼ球形の胴体をもち，球の一部に丸い穴が掘られるように削られ，その穴の中心に軸が立っている．この軸をつまんで回転させるとき，弱く回せば，普通のこまのように軸を上方に向け回転する（図 (b)）．少し回転を強めれば，軸が振れて，胴体の側面を下方にして回転する．やがて軸は横を向き，次第に下向きとなる（図 (c)）．さらに回転を強めると，軸の先端は床と接するほど傾き，軸の先端を下端として，立ち上がる．胴体は空中に浮いて回転することになる．つまり，逆立ちをする（図 (d)）．

このような不思議な現象が起こる原因は，回転中，床に接触する点がこまの底点だけでなく，胴体の側面に移動すること，床と回転するこまの間にはたらく摩擦力と考えられる．

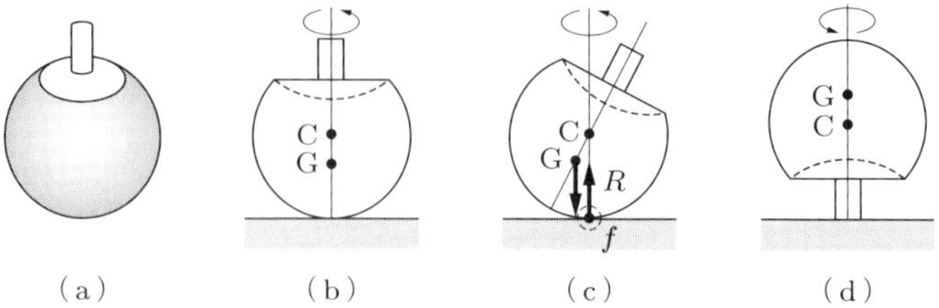

図 13.4 逆立ちこま. (a) 逆立ちこまの形状, (b) 球状胴体の中心 C と重心 G, (c) 傾いた逆立ちこまの抗力 R と床と胴体の摩擦力 f, (d) 逆立ちして回転.

こまが静止した状態では，普通のこまと違い，軸が鉛直上向きになる姿勢が安定である. これは，胴体の上部が削り取られているので，こまの重心 G が胴体球 C の中心でなく，少し下方にある. 図 (c) のように，軸が少し傾いたとき，抗力 R と重心 G にはたらく重力の偶力により，こまの傾きを減らすようなトルクが生じ，復元力がはたらくためである.

こまが回転しているとき. こまの軸は傾くが，回転軸は床と垂直方向である. したがって，重心ははじめの状態より高くなる. こまの回転数がまだ高いうちは，重心の高いほうが安定となる. そのため，こまの軸はますます傾き，ついに逆立ちとなり，軸は下向きになり，回転を続ける. 回転エネルギーは徐々に減っているが. 回転のエネルギーの一部が，重心の位置のエネルギーに変わったことになる. やがて，回転数が落ちて歳差運動が大きくなり，倒れてしまう.

第 14 章 自由な剛体の運動

固定点も固定軸もない，支える平面もない剛体の運動を考えよう．剛体の重心が移動する並進運動と，重心の周りの回転運動（自転）の重ね合わせとして考えるとよい．

外力がないとき，剛体の重心は静止し続けるか，一定の速度で直進運動を続ける．さらに，外力のモーメントもゼロとなるので，回転がないか，重心の周りの角運動量は一定である．

外力のあるときは，重心は外力が重心に作用したときと同じ加速度運動を行う．また，重心の周りの外力のモーメントがあれば，重心の周りの角運動量の変化が起こり，角速度が変化したり，回転軸も変化するような複雑な運動が起こる．

14.1 剛体の重心運動と自転運動の分離

剛体の自由な運動とは，剛体を支える固定点や，固定軸のない剛体運動をさす．この剛体の運動方程式は，質点間の距離が不変な質点系と同じであり，重心の並進運動と重心に対する回転運動（自転）に分けられる．

■ 剛体の運動法則

(1) **剛体の重心の加速度は，剛体にはたらいている外力の和が重心にはたらくときと同じである．**

図 14.1 に示すように，M を剛体の質量，$\boldsymbol{r}_\mathrm{G}$ を重心の位置ベクトルとすれば，

$$\boxed{M\frac{d^2\boldsymbol{r}_\mathrm{G}}{dt^2} = \sum_i \boldsymbol{F}_i} \tag{14.1}$$

の方程式に従う．ここで，$\boldsymbol{F}_i$ は剛体に作用している i 番目の外力である．剛体の重心運動は外力の和に依存するが，力の作用点とは無関係である．

(2) **剛体の重心の周りの角運動量（自転の角運動量）の時間変化は，剛体にはたらいている重心の周りの外力のモーメントの和に比例する．**

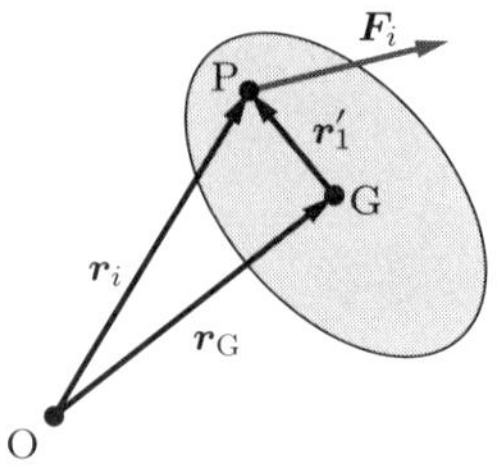

図 14.1 剛体の重心 G と作用する外力 $\boldsymbol{F}_i$

重心の周りの剛体の角運動量 $\boldsymbol{L}'$ の時間変化は，次式で記述される．

$$\frac{d\boldsymbol{L}'}{dt} = \sum_i (\boldsymbol{r}'_i \times \boldsymbol{F}_i) = \sum_i \boldsymbol{N}'_i \tag{14.2}$$

ここで，$\boldsymbol{r}'_i$ は力 $\boldsymbol{F}_i$ の作用点の重心からの位置ベクトルであり，原点からの位置ベクトルではないことに注意しよう．したがって，$\boldsymbol{N}'_i$ も重心の周りの外力のモーメントである．そのため，力が同じでも，作用点が異なるときは，力のモーメントが異なってくる．逆に，力や作用点が異なっても，外力のモーメントが同じならば，剛体の回転運動に対する作用は同じになることを覚えておこう．

このように剛体にはたらく外力が与えられているときも，剛体の重心の運動と重心の周りの自転運動は分離され，独立な運動方程式となることがわかる．第 11 章で述べたように，剛体の運動の自由度が 6 で，重心運動の自由度が 3，自転運動の自由度が 3 と，独立な運動方程式の数と一致している．外力がないときは，重心は等速の直線運動となり，重心の運動量は保存される．さらに，重心の周りの角運動量も保存される．

上の二つの剛体の運動方程式は，10.2 節の質点系の重心の運動方程式 (10.16)，および質点系の重心の周りの全角運動量の方程式 (10.22) と同じように，質点系や剛体を構成する質点間の内力相互作用と無関係に，外力のみに依存して，運動が決まることを示している．

10.2 節の質点系では，質点間の距離は自由に変わりうるし，その間の内力相互作用は互いの距離により変化する．また，作用・反作用の法則によって，質点 i，j 間で $f_{i,j} = -f_{j,i}$ が成り立つ．この相互作用の総和はゼロとなり，質量中心の並進運動には内力の影響がなく，外力の和のみによることを学んだ．また，外力のモーメントが作用したときも，質点間の内力相互作用が中心力であれば，内力によるモーメントの和もゼロとなり，質点系の重心の周りの全角運動量は，内力と無関係に外力のモーメントの和のみに依存することを学んだ．

■ 質点が剛体棒で結ばれたモデル

一方，剛体では，これを構成する質点間の距離は変わらず，外力によっても変形しない．以下では，剛体を多数の質点が質量の無視できる剛体棒で結び合わされて，外力で変形しないように構成されているモデルで考えてみよう．剛体が静止してるとき，質点間の内力相互作用は，外力がないときはゼロとしてよい．外力がはたらいたときのみ，内力（応力）が生じる．内力相互作用は剛体を構成する質点間にはたらく力である．質点系の相互作用は互いの距離に依存し，ポテンシャルで表されることもある．一方，剛体では質点間の距離が一定であり，変形がないので，見えにくいが，外力によって内力が変化することがわかる．たとえば，硬い棒を引き伸ばすような外力を与えると，棒は伸びないが，内力は外力と反対向きに生じ，その大きさもゼロから次第に大きくなりつり合う．また硬い壁を押したとき，壁はへこまないが，その反作用がある．作用・反作用の法則が成り立つ．

また，内力相互作用は，以下の例題で示されるように，10.2 節のような中心力，または 2 質点を結ぶ線と平行とは限らないこともある†.

■ 簡単な剛体モデルの例題

最も簡単な剛体として，剛体棒の両端に質点を取り付けた亜鈴型の物体を例にとって考えてみよう．例題の剛体の運動を運動法則 (1)，(2) を用いて，また，剛体棒が伸びたり，曲がったりの変形がないことを考慮して，解を導いた．

例題 14.1 質量の無視できる長さ ℓ の剛体棒の両端に質量 m_1，m_2 の質点を取り付け，滑らかな水平面上に置く．

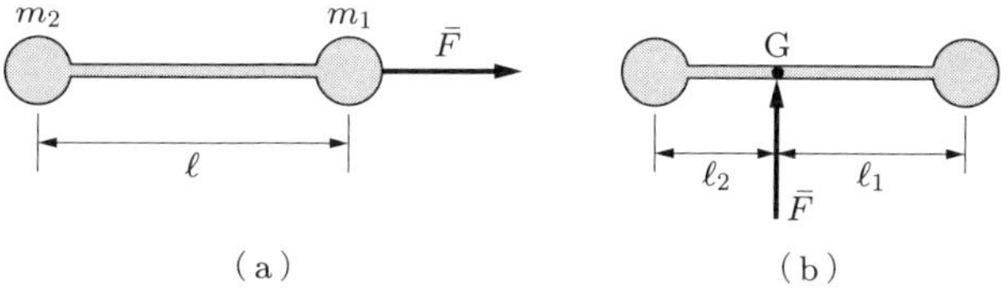

(a) m_1 の質点に棒と平行に撃力 $\bar{F}$ を加えたとき，重心の運動と二つの質点間にはたらく内力相互作用の力積を求めよ．

(b) 重心 G に棒と垂直に同じ撃力 $\bar{F}$ を加えたとき，重心と各質点の運動とそこに加わる力積を求めよ．

解 (a) 撃力後の質点の棒に平行な速度を u_1，u_2 とし，質点 2 が質点 1 から棒を通して

† 第 14 章では，剛体の内力について，筆者（小野）が独自に考察した結果を書いた．

受ける内力相互作用の力積を $\bar{f}_{2,1}$，その反作用として質点 1 が 2 から受ける力積を $\bar{f}_{1,2}$ とすれば，撃力直後の各質点の速度と力積の関係は

$$m_1 u_1 = \bar{f}_{1,2} + \bar{F} \tag{1}$$

$$m_2 u_2 = \bar{f}_{2,1} \tag{2}$$

となる．式 (1) + 式 (2) より，

$$m_1 u_1 + m_2 u_2 = \bar{F} + \bar{f}_{1,2} + \bar{f}_{2,1} \tag{3}$$

となる．作用・反作用の法則 $\bar{f}_{1,2} + \bar{f}_{2,1}$ を用いれば，重心速度を u_G として，$m_1 u_1 + m_2 u_2 = (m_1 + m_2) u_G = \bar{F}$ より，

$$u_G = \frac{\bar{F}}{M} \tag{4}$$

となる．ここで，$M = m_1 + m_2$ とする．重心の速度 u_G は運動法則 (1) から直接求めたものと同じになる．剛体棒の長さが変わらないので，質点 1，2 の変位を x_1，x_2 とすれば，$x_1 = x_2$．これを時間で微分して，速度も $u_1 = u_2 = u_G$ となり剛体は一体となり，等速運動する．相互作用力積は 式 (1) − 式 (2) より，$0 = \bar{F} + \bar{f}_{1,2} - \bar{f}_{2,1}$ となる．

$$\bar{f}_{2,1} = -\bar{f}_{1,2} = \frac{m_2}{M} \bar{F} \tag{5}$$

が得られる．

(b) 外力が重心に作用しており，重心の周りの力モーメントはゼロである．棒に垂直方向の重心速度を v_G として，運動法則 (1) を用いれば，$(m_1 + m_2) v_G = \bar{F}$ より，$v_G = \bar{F}/M$ となる．また，重心の周りの回転がないので，質点 1，2 の垂直方向の速度は $v_1 = v_2 = v_G$ となる．垂直な外力が棒を通して，各質点にも垂直な力が加わる．各質点に加わる力積は棒に垂直，$(m_1/M)\bar{F}$，$(m_2/M)\bar{F}$ となる．

例題 14.1(a) の場合，質点 2 のみに同じ外力 $\bar{F}$ を加えても，全体としては，同じ運動になるが，内力相互作用の符号が逆になる．また，質点 1 に $\bar{F} m_1/M$，質点 2 に $\bar{F} m_2/M$ の力積を加えたときも，両質点の速度は式 (4) と同じ速度 u_G となるが，内力相互作用はゼロとなる．外力の力積の和は，この三つの例で同じ $\bar{F}$ であり，作用点に関係なく，同じ並進運動となることが示される．

例題 14.1(b) では，剛体棒は棒と平行でない力も伝えることができる．重心への垂直外力の代わりに，質点 1，2 に $(m_1/M)\bar{F}$，$(m_2/M)\bar{F}$ の二つの垂直外力を加えても，同じ運動をする．一般に，外力のモーメントの和がゼロで，外力の和が同じであれば，作用点によらず同じ並進運動をするので，棒を通した相互作用が中心力でなくとも，運動法則 (1) を満たす．

次に，外力のモーメントがある場合の重心の周りの回転を考えてみよう．

例題 14.2 例題 14.1 と同じ亜鈴型の物体に，図に示すように，棒に垂直な $\bar{F}$ の撃力を質点 1 に加えたとき，質点 1，2 の運動を調べよ．また，質点 1 と 2 の間の内力相互作用を求めよ．このとき，重心の運動と重心の周りの回転に分けて扱え．

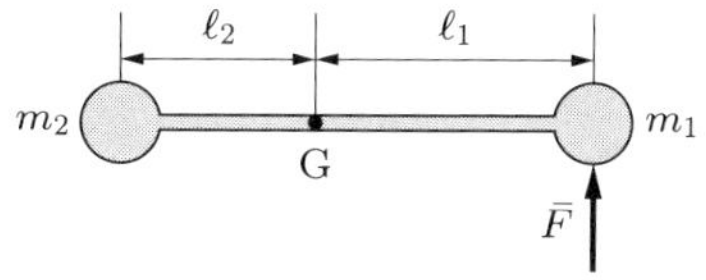

解 質点 1，2 の棒に垂直な速度を v_1，v_2，重心の速度を v_{G}，質量の和を $M = m_1 + m_2$ とすれば，運動法則 (1) より

$$m_1 v_1 + m_2 v_2 = M v_{\mathrm{G}} = \bar{F} \tag{1}$$

となるから，

$$v_{\mathrm{G}} = \frac{\bar{F}}{M} \tag{2}$$

となる．質点 1，2 の重心の周りの角運動量 L_1'，L_2' は重心系での相対速度 v_1'，v_2' を用いて $L_1' = m_1 \ell_1 v_1'$，$L_2' = -m_2 \ell_2 v_2'$．ここで，剛体棒が曲がらないことより，質点 1，2 の角速度は $\omega_1 = \omega_2 = \omega$ となるので，$\omega = v_1'/\ell_1 = -v_2'/\ell_2$ となる．

運動法則 (2) より，全角運動量は

$$L_1' + L_2' = (m_1 \ell_1^2 + m_2 \ell_2^2)\omega = \bar{F}\ell_1$$

で与えられる．したがって，

$$\omega = \frac{\bar{F}\ell_1}{I_{\mathrm{G}}} \tag{3}$$

となる．ここで，$I_{\mathrm{G}} = m_1 \ell_1^2 + m_2 \ell_2^2$ である．重心系での各質点の速度は

$$v_1' = \ell_1 \omega = \frac{\bar{F}\ell_1^2}{I_{\mathrm{G}}} = \frac{\bar{F}}{M}\frac{m_2}{m_1} \tag{4}$$

$$v_2' = -\ell_2 \omega = -\frac{\bar{F}\ell_1 \ell_2}{I_{\mathrm{G}}} = -\frac{\bar{F}}{M} \tag{5}$$

したがって，静止系での質点 1，2 の速度は

$$v_1 = v_1' + v_{\mathrm{G}} = \frac{\bar{F}\ell_1^2}{I_{\mathrm{G}}} + \frac{\bar{F}}{M} = \frac{\bar{F}}{m_1} \tag{6}$$

$$v_2 = v_2' + v_{\mathrm{G}} = 0 \tag{7}$$

で与えられる．撃力直後，質点 2 は静止しているが，これは全体の並進運動速度 v_{G} と重心の周りの質点 2 の回転速度 v_2' が打ち消し合っているからであり，以後，重心の並進運動とその周りの回転運動が続く．

質点 1，2 の内力相互作用力を棒に垂直方向として，$\bar{f}_{2,1}$，$\bar{f}_{1,2}$ とすれば，撃力直後の速度と力積の間の関係式は

$$m_1 v_2 = \bar{F} + \bar{f}_{1,2} \tag{8}$$

$$m_2 v_2 = \bar{f}_{2,1} \tag{9}$$

となる．式 (8) + 式 (9) より，式 (2) が成り立つには，作用・反作用の関係式 $\bar{f}_{1,2} + \bar{f}_{2,1} = 0$ が成り立つことが必須である．最後に内力相互作用を求める．式 (8)，(9) に式 (6)，(7) を代入すると，$\bar{f}_{1,2} = \bar{f}_{2,1} = 0$ が得られ，この場合，質点 1，2 間の内力相互作用はゼロとなる．外力の作用中は内力がすべてゼロなので，内力の和，内力モーメントの和もすべてゼロとなり，剛体の加速運動はが外力のみにより決定される．運動法則 (2) と矛盾はしない．

撃力後，もし，2 質点が剛体棒で結ばれていなかったら，質点 1 は v_1 の等速度運動で外力の方向に進み，質点 2 は静止したままである．質点が棒に結ばれており，いったん回転が始まると，外力がなくとも，質点間に棒を通した内力相互作用がはたらき，回転が続くことになる．

例題 14.3　図に示すように，長さ ℓ の軽い剛体棒で正三角形を作り，その頂点に同じ質量 m をもつ 3 質点を取り付け，水平で，滑らかな机に置いた．質点 1 に力積 $\bar{F}$ の撃力を加えた．その方向は重心 G から質点 1 に下ろした線と垂直とする．直後の質点 1，2，3 の運動を調べよ．

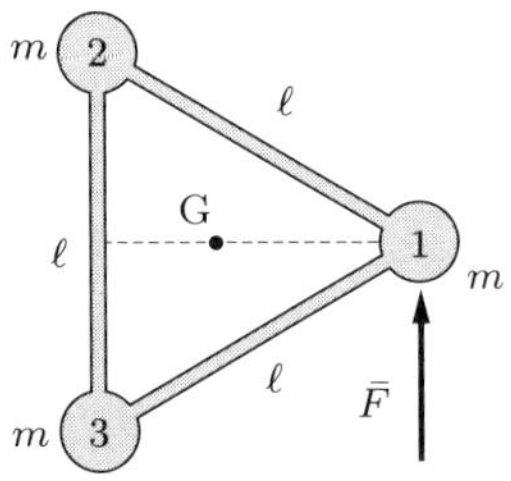

解　重心 G を原点とし，原点から質点 1 の方向を x 軸とし，それに垂直に y 軸をとる．重心の速度を v_G とすれば，外力と同じ方向 y 軸の正の向きであり，運動法則 (1) より，$3mv_G = \bar{F}$ より

$$v_G = \frac{\bar{F}}{3m} \tag{1}$$

である．G から質点 1 までの距離は $\ell/\sqrt{3}$ なので，重心の周りの外力積モーメントは $\bar{N} = \bar{F}\ell/\sqrt{3}$ となる．重心の周りの慣性モーメントは $I_G = (3m)(\ell/\sqrt{3})^2 = m\ell^2$ となるので，重心の周りの角速度を ω とすれば，運動法則 (2) より，

$$I_G\omega = \bar{N} = \bar{F}\frac{\ell}{\sqrt{3}} \tag{2}$$

より

$$\omega = \frac{\bar{F}}{m\ell\sqrt{3}} \tag{3}$$

となる．重心系での質点 1 の速度は y 軸方向のみで，x 成分はゼロとなる．$v'_{1y} = \omega\ell/\sqrt{3} = \bar{F}/(3m)$，$v'_{1x} = 0$．質点 2，3 の速さは質点 1 と同じで，$|v'_2| = |v'_3| = |v'_1|$ である．質点 2，3 の速度の方向余弦は $(-\sqrt{3}/2, -1/2)$，$(\sqrt{3}/2, -1/2)$ より，

$$\boldsymbol{v}_1' = \frac{\bar{F}}{3m}(0,1), \quad \boldsymbol{v}_2' = \frac{\bar{F}}{3m}\left(-\frac{\sqrt{3}}{2}, -\frac{1}{2}\right), \quad \boldsymbol{v}_3' = \frac{\bar{F}}{3m}\left(\frac{\sqrt{3}}{2}, -\frac{1}{2}\right)$$

となり，静止系での速度はそれぞれ

$$\boldsymbol{v}_1 = \boldsymbol{v}_1' + \boldsymbol{v}_{\mathrm{G}} = \frac{\bar{F}}{3m}(0,2)$$
$$\boldsymbol{v}_2 = \boldsymbol{v}_2' + \boldsymbol{v}_{\mathrm{G}} = \frac{\bar{F}}{3m}\left(-\frac{\sqrt{3}}{2}, \frac{1}{2}\right)$$
$$\boldsymbol{v}_3 = \boldsymbol{v}_3' + \boldsymbol{v}_{\mathrm{G}} = \frac{\bar{F}}{3m}\left(\frac{\sqrt{3}}{2}, \frac{1}{2}\right)$$

で与えられる．

14.2 剛体棒模型の運動の方程式

剛体は多数の質点より構成され，それぞれの質点間は質量の無視できる剛体棒で互いに結ばれているものとしよう．したがって，外力を加えても変形しないとする．

前節の例題 14.1(a) は簡単な形の剛体であったが，棒と平行な外力が一方の質点に与えられたとき，剛体棒を通して，二つの質点間に棒と平行な内力 f がはたらき，作用・反作用の法則 $\bar{f}_{2,1} = -\bar{f}_{1,2}$ が成り立つ．外力の作用線は重心を通るので，回転運動は起こらず，並進運動のみが生じる．

例題 14.1(b) のように，外力が 2 個の重心の位置に棒に垂直に作用したときは，左右の質点は棒を通して棒に垂直な力が与えられ，全体の運動は重心と同じ並進運動が生じる．また，章末問題 14.4 のように，3 質点を等間隔にもつ棒に，外力棒と垂直方向に，一方の質点のみに作用し，剛体の重心の周りのモーメントをもち，剛体に回転運動を引き起こすときは，三つの質点間に棒を通した棒に垂直なゼロでない内力が存在し，それぞれの質点の速度に寄与する．しかし，内力の和，さらに内力のモーメント積の和はゼロとなり，剛体全体の運動には内力は影響しない．

■ 運動法則 (1) の証明

剛体棒で結ばれて構成された多数の N 個の質点系の並進運動を考えよう．撃力は質点 i に加えられ，外力積 $\bar{\boldsymbol{F}}$ で表されているとしよう．この質点と棒で結ばれた質点を i とし，その相互作用の力積を $\boldsymbol{f}_{i,i'}$ とする．i 以外の質点 j の質量を m_j，速度を $\boldsymbol{v}_j$，質点 j に棒でつながれた質点 j' からの相互作用の力積を $\bar{\boldsymbol{f}}_{j,j'}$ とすれば（以下では，力積の $\bar{\boldsymbol{f}}$ の上につけたバーは省略する），

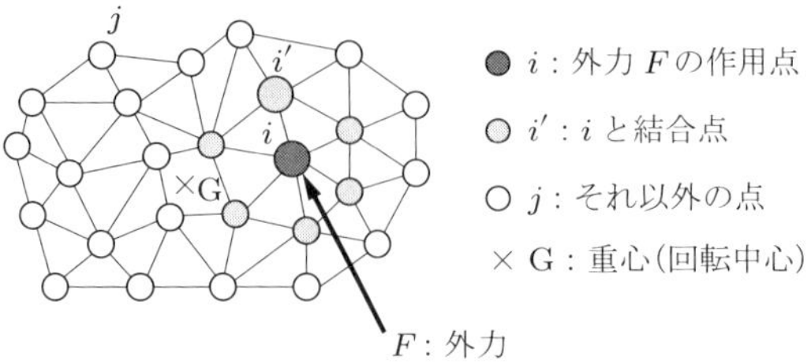

図 14.2 剛体のモデル

$$m_1 \boldsymbol{v}_i = \bar{\boldsymbol{F}} + \sum_{i'}{}' \boldsymbol{f}_{i,i'} \tag{14.3}$$

$$m_j \boldsymbol{v}_j = \sum_{j'}{}' \boldsymbol{f}_{j,j'} \quad (j \neq i) \tag{14.4}$$

と表される．ここで，和記号につけられたプライム $\sum_{i'}'$ は質点 i と剛体棒で結ばれた質点 i' のみの和を意味している．また，内力相互作用の作用と反作用は

$$\boldsymbol{f}_{j,j'} = -\boldsymbol{f}_{j',j} \tag{14.5}$$

の関係を満たすとしよう．M は剛体の全質量，$\boldsymbol{v}_{\mathrm{G}}$ は重心速度とすれば，剛体の全運動量は $M\boldsymbol{v}_{\mathrm{G}}$ と表される．式 (14.3) と式 (14.4) のすべての和をとれば，

$$\begin{aligned} M\boldsymbol{v}_{\mathrm{G}} &= m_i \boldsymbol{v}_i + \sum_{j(\neq i)}^{N} m_j \boldsymbol{v}_j \\ &= \bar{\boldsymbol{F}} + \sum_{i'}{}' \boldsymbol{f}_{i,i'} + \sum_{j(\neq i)}^{N} \sum_{j'}{}' \boldsymbol{f}_{j,j'} = \bar{\boldsymbol{F}} + \sum_{j}^{N} \sum_{j'}{}' \boldsymbol{f}_{j,j'} \\ &= \bar{\boldsymbol{F}} + \frac{1}{2} \sum_{j}^{N} \sum_{j'}{}' (\boldsymbol{f}_{j,j'} + \boldsymbol{f}_{j,j'}) \end{aligned} \tag{14.6}$$

となる．ここで，$\sum_{j'}'$ は質点 j と剛体棒で結ばれた質点 j' の対のみの和を意味している．式 (14.6) の最後の項は内力相互作用の作用・反作用の関係からゼロとなる．したがって，相互作用が中心力でなくとも，重心の速度は外力のみで定まり，内力に依存しないことが示された．したがって，

$$\boldsymbol{v}_{\mathrm{G}} = \frac{\bar{\boldsymbol{F}}}{M} \tag{14.7}$$

となる．内力相互作用 $\boldsymbol{f}_{i,j}$ が中心力でなくても，作用・反作用の法則が成り立てば，その和はゼロとなり，重心の並進運動は外力のみで定まることが示された．

撃力後，重心速度 $\boldsymbol{v}_{\mathrm{G}}$ の並進運動のみが生じ，外力がゼロであれば，剛体を構成するすべての質点の速度も同じである．このとき質点間の内力相互作用はすべてゼロとなる，つまり，$\boldsymbol{f}_{i,j}=0$ となる．

■ 運動法則 (2) の証明

重心の周りの回転運動を考えよう．撃力のモーメント積は $\bar{\boldsymbol{N}}^{外}=\boldsymbol{r}'_i\times\bar{\boldsymbol{F}}$ で与えられたとしよう．以下，簡単のため二次元の質点系を考え，外力も内力もこの面内にあるとしよう．

したがって，すべての力のモーメントは面に垂直方向である．撃力 $\bar{\boldsymbol{F}}$ が作用する質点を i としよう．この質点と剛体棒で結ばれた質点が 2 個あり，それぞれ，番号を i_1，i_2 とする．i とこの質点を結ぶ 2 本の線が平行でないとしよう．質点 i が剛体回転と共通の角速度 ω に必要な力積を除いた部分の力積ベクトルがどの方向にあっても，この線の 2 方向に分解することができる．この力が内力の作用となり，質点 i_1，i_2 と棒を通して伝わり，その反作用が質点 i に帰ってくる．そのとき相互作用 f_{i,i_1} と f_{i,i_2} は棒と平行となる．その先に結ばれた質点が 2 個以上あれば，その相互作用もその棒と平行に分解できる．もし，3 本以上に枝分かれしている場合，各相互作用の大きさは不定性があるが，棒と平行にとることは常に可能である．したがって，内力相互作用はすべて棒と平行になり，内力モーメントの和はゼロとなることが示される．

重心系で見れば，そこでの質点 j の回転速度は $\boldsymbol{v}'_j=\boldsymbol{v}_j-\boldsymbol{v}_{\mathrm{G}}$ である．重心周りの質点 j の慣性モーメントを $I_j=m_j(\ell'_j)^2$，角速度を $\omega_j=v'_j/\ell'_j$ で表す．ここで，ℓ'_j は重心から質点 j までの距離である．剛体では，回転の中心（重心）の周りの角速度は，すべての質点で等しく，$\omega_i=\omega_j=\omega$ が成り立つ．運動法則 (2) が成り立つとすれば，全角運動量は $\sum_j m_j(\ell'_j)^2=I_{\mathrm{G}}\omega=\bar{N}^{外}$ で与えられる．したがって，質点 j に作用する内力積を $\bar{f}_j=\sum_{j'}\bar{f}_{j,j'}$ で定義すれば，質点 j の角運動量は次式で表される．

$$L'_j=m_j(\ell'_j)^2\omega=\ell'_j\bar{f}_j$$

したがって，質点 j の内力積の和は

$$\bar{f}_j=m_j\ell'_j\omega$$

で求められる．しかし，上の関係から内力相互作用積 $\bar{f}_{j,j'}$ はすべて求められるわけでない．方程式の数は剛体を構成する N 個であり，内力相互作用の数は一般に N より多いからである．

■ 撃力後の定常回転での内力

撃力後，重心の周りの等速回転があるときの内力を考えよう．質点 j の重心からの位置ベクトルを $\boldsymbol{r}'_j$ とすれば，求心力 $-m_j\boldsymbol{r}_j/\omega^2$ が必要になる．糸につけた質点を回転させると糸に張力が生じるように，内力が生じている．重心はこの作用を受ける．剛体を構成するすべての質点による重心への力の和は $\omega^2\sum_j(m_j\boldsymbol{r}'_j)$ である．この和は式 (10.17) よりゼロとなる．したがって，重心の運動への影響はないことがわかる．

例題 14.4　人が地面に鉛直に立っている．この人が地面を斜めに蹴って空中に跳び上がり，1 回転して再び地上に垂直に立つには，地面に対しどのような角度と初速をもって跳び上がればよいか．ただし，人の体を長さ ℓ，質量 M の一様な剛体棒として扱い，重力加速度を g とする．

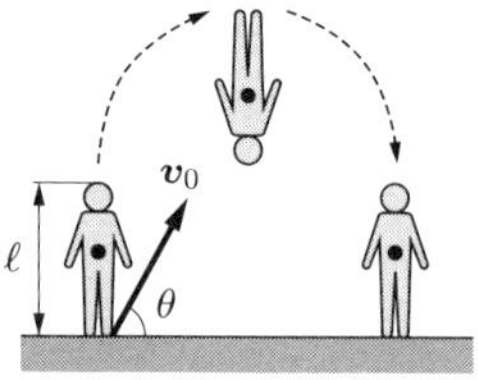

解　地面を蹴る力積を $\bar{F}$，体の重心の初速を v_0，地面に対する角度を θ とする．

$$Mv_0 = \bar{F} \tag{1}$$

が成り立つ．初速の垂直成分は $v_0\sin\theta$ であるから，重心が最高点に達する時間は

$$t_m = \frac{v_0\sin\theta}{g} \tag{2}$$

となる．体の重心の周りの慣性モーメントを I_{G}，角初速度を ω_0 とすれば，力積のモーメントは $(\bar{F}\ell/2)\cos\theta$ であるから

$$I_{\mathrm{G}}\omega_0 = \frac{\bar{F}\ell}{2}\cos\theta \tag{3}$$

より，$I_{\mathrm{G}} = M\ell^2/2$ を用いて，

$$\omega_0 = \frac{Mv_0\ell\cos\theta/2}{M\ell^2/12} = \frac{6v_0\cos\theta}{\ell} \tag{4}$$

となる．棒の重心が最高点に達したとき棒は半回転，つまり棒の回転量が π となれば，再び地上に降りたとき，棒は 1 回転している．したがって $t_m = \pi/\omega_0$ となる．式 (2) と比較して

$$\frac{\pi\ell}{6v_0\cos\theta} = \frac{v_0\sin\theta}{g}$$

より

$$\sin(2\theta) = \frac{\pi g\ell}{3v_0^2} \tag{5}$$

の関係が得られる．左辺の絶対値は 1 より小さいので，次の関係が成り立つ．

$$v_0^2 \geq \frac{1}{3}\pi g\ell \tag{6}$$

章末問題

14.1 質量 M，長さ ℓ の一様な剛体棒が滑らかな水平な床の上に置かれている．棒に垂直に力積 $\bar{F}$ が棒の端点 O から x の位置に加えられたとき，以下の問いに答えよ．

(a) 棒の重心速度と，棒の回転角速度を求めよ．

(b) このとき，棒の端点 O が動かないためには，x の位置はどこか．

(c) この後の棒の運動はどうなるか述べよ．

14.2 質量 M，長さ ℓ の一様な棒が角速度 ω_0 で重心の周りに回転している．この棒に質量 m のボールが速度 v_0 で，棒に垂直に回転軸から x の位置に衝突したとき，反発したボールの速度 v はどうなるか．また，棒の重心 G の速度と重心の周りの角速度を求めよ．ただし，衝突は弾性衝突とする．

14.3 長さ ℓ の軽い剛体棒の両端に質量 m の小球 A，B を取り付けた亜鈴型の物体が，水平で滑らかな床の上に置いてある．質量 m の小球 C が棒に垂直の方向から速度 u_0 で進んできて，小球 A と衝突した（図 14.3）．衝突後の小球 A，B，C の運動を求めよ．ただし，衝突は弾性的とし，小球 C が進んできた方向と同じ直線上で跳ね返ったとする．

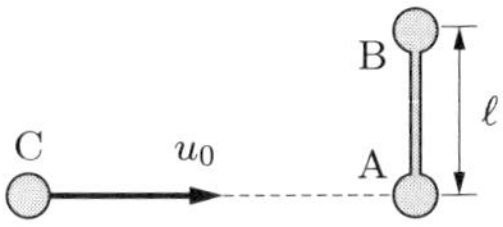

図 14.3

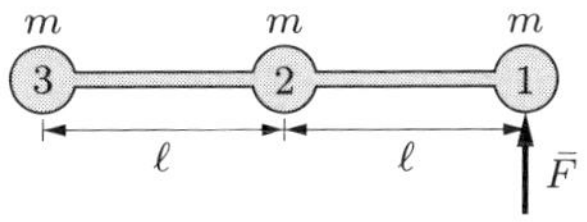

図 14.4

14.4 図 14.4 に示すように，長さ 2ℓ の剛体棒に同じ質量 m をもつ 3 質点を両端と中央に取り付け，水平で滑らかな床に置いた．端の質点 1 に棒に垂直な $\bar{F}$ の撃力を加えたとき，

(a) 質点 1，2，3 の運動を調べよ．このとき，重心の運動と重心の周りの回転に分けて扱え．

(b) また，質点 1，2 と質点 2，3 の間の内力相互作用を求めよ．

14.5 例題 14.3 で示された三角形の剛体の運動について，剛体棒に作用する内力相互作用を求めよ．ただし，内力相互作用は棒に平行と仮定し，作用・反作用の法則が成り立つとする．

14.6 走り高跳びの背面跳びでは，体を水平にしてバーの上を飛び越える．飛び上がるとき，地面を斜めに蹴って体に回転を与える．人体を長さ ℓ の一様な細い棒と考え，鉛直に立った棒に，地面に対し θ の角度で撃力を加える（図 14.5）．棒の重心は v_0 の初速で飛び出したとして，次の問いに答えよ．ただし，重力加速度を g とし，空気の抵抗は考えない．

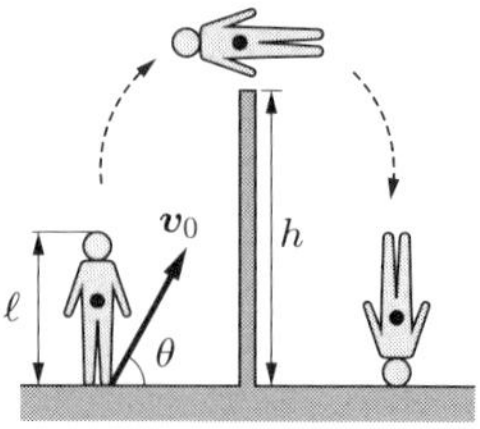

図 14.5

(a) 体の重心の位置が最高点に達したとき，体が $\pi/2$ 回転して水平になるためには，初速 v_0 と角度 θ の間にどのような関係が必要か．

(b) 高さ h のバーを水平に飛び越えるのに必要な最小の初速を求めよ．また，踏み切りの位置はバーの手前のどこか．

(c) 体を鉛直に立てたままで，高さ h のバーを飛び越える最小の初速を求め，水平のときと比較せよ．

コラム　猫の宙返り

フィギュアスケートのスピンの演技では，選手は氷上の 1 点に立って，体の軸の周りに高速回転をしながら，背を縮めたり，伸ばしたり，同時に腕を開いたり，閉じたりして，流れるように踊っている．よく見ると姿勢だけでなく，回転速度も自在に変えている．この変化は足で氷を蹴っているだけでなく，腕を伸縮させたり，体幹を曲げたり伸ばして，慣性モーメントを変化させていることがわかる．角運動量が一定でも，細く背伸びする姿勢をとることにより，回転の角速度を速めることができる．

猫を背中を下にして，2 階から落としても，猫は体をひねって足から着地する．落下の際は角運動量ゼロのはずなのに，途中でなぜ半回転できるのか不思議である．剛体ではありえないし，人間には難しい．これは体の柔らかい猫にしてできる特技である．

猫は落下のはじめ，上向きの上半身を下方にひねる．このとき，下半身は逆向きにひねることで，角運動量ゼロを保つ．この過程で，前足は縮め，後足は伸ばし，上半身の慣性モーメントをを小さくして，上半身の回転角を，下半身の回転角より大きくする．次に，前足を伸ばし，後足を縮め，ひねりを戻すように上下半身を逆に回転させる．上半身の逆回転角は小さく下半身は大きくなり，体全体の回転角はゼロにはならず，半回転となるように調節される．このとき，猫の体はひねりが解けて，また真っ直ぐになり，両足が下になり着地する．これが可能になるには，途中で，上半身と下半身のひねり角度が 1 回

転近くできる柔らかい体と，短い時間でひねりを変える敏捷さも必要になる．このような説明は戸田盛和著「力学」のコラム「猫の宙返り」に載っている†．

実際に猫を逆さにして落とし，デジカメで高速撮影をして，YouTube にアップロードした人がいる．マットの上，60 cm くらいの高さで，猫を上向きに抱いて，落下させる．猫は足を縮め上半身をひねって，顔は下を向く．このとき足を伸ばしたまま，下半身は逆向きのひねりは後ろ足の向きから，ごく小さいことがわかる．上下半身の間のひねり角は 180° 強か．次に，下半身を逆向きにひねる．このひねりは非常に速く，1 コマ分くらいで半回転し，ひねりはとけ，後足は下を向く．このとき，上半身はあまり回転しないように見える．両足とも下を向き，安全に着地する．猫はわずか 0.5 秒にも満たない時間で，半回転したことになる．

確かに足を伸ばしたり，縮めたりして，上下半身の慣性モーメントを変えて，上下の回転角が異なっても，角運動量保存則を満たすようにできる．しかし，それだけでなく，上下半身の軸が曲がっていることを利用して，慣性モーメントを変えることが可能である．はじめ上半身の軸の周りにひねることで，上半身の慣性モーメントを小さくする．このとき，下半身の軸は上半身の軸に対し角度があり，上半身の軸の周りで回転したときの慣性モーメントは，自身の軸の周りの慣性モーメントよりずっと大きくなる，さらに，下半身が全体として，回転し，自身の軸の周りのひねりは小さくなる．これが実験で見られた下半身の小さなひねりの理由である．

猫の宙返りをイメージして，猫の上下半身の回転運動を二つの円筒形をつないだモデルで計算機シミュレーションした，京都大学情報学研究科岩井敏洋元教授の研究がある．このシミュレーションで，二つの円筒はそれぞれの軸の周りの慣性モーメントが等しいので，上下半身の軸の曲がりが重要であることを示している．

まだすべてが明快に理解されているとはいえないので，今後の研究の課題である．

† 戸田盛和著，物理入門コース 1「力学」，岩波書店（1982 年初版），p.177 より図を転載した．

付　録

ベクトル解析

この付録では，本文で用いられているベクトルの数学的な内容をまとめる．A.1 節では，ベクトルの演算，スカラー積，ベクトル積，スカラー三重積，ベクトル三重積についての公式をまとめて述べる．A.2 節と A.3 節では，ベクトルの微分，積分を定義する．ベクトルが位置の関数で与えられるとき，ベクトルの線積分，面積分について述べる．またスカラー関数の勾配 grad，ベクトル関数の回転 rot とストークスの定理について，そして，ナブラ演算子 ∇ について述べる．A.4 節では，直交曲線座標系の円柱座標系，三次元極座標系でのベクトル表示，ベクトル演算子の表示について述べる．この付録は必ずしも通読する必要はなく，本文を理解するための必要に応じ，参照すればよい．

A.1　ベクトルとスカラー

以下，ベクトルを太字の $\boldsymbol{A}$，その大きさを $|\boldsymbol{A}| = A$，直角座標系 x，y，z の成分を A_x，A_y，A_z と記す．

■ ベクトルのスカラー積（内積）

［定義］　$\boldsymbol{A} \cdot \boldsymbol{B} = AB\cos\theta = A_{\parallel}B = AB_{\parallel}$．$\theta$ はベクトル $\boldsymbol{A}$ と $\boldsymbol{B}$ のなす角である．

［スカラー積の幾何学表現］　図 A.1(a) に示されるように，$A_{\parallel}$ は $\boldsymbol{A}$ の $\boldsymbol{B}$ への正射影，

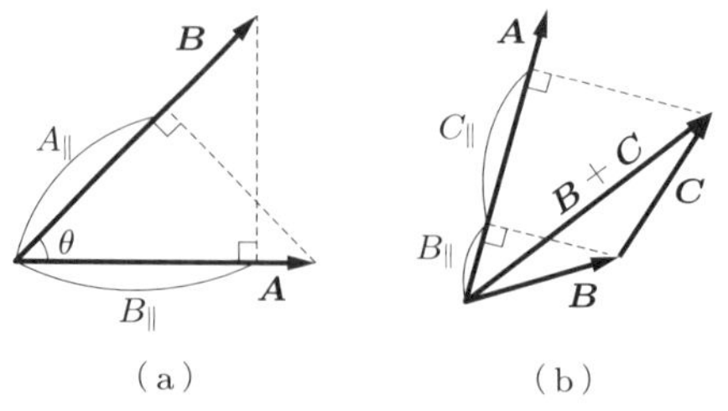

図 A.1　(a) ベクトルのスカラー積 $\boldsymbol{A} \cdot \boldsymbol{B} = AB\cos\theta$．$\theta$ は A と B のなす角．また，$\boldsymbol{A}$ の $\boldsymbol{B}$ への射影を $A_{\parallel}$ とすれば，$A_{\parallel}B$ となる．同様に $B_{\parallel}A$ ともなる．(b) スカラー積の配分則．ベクトル $\boldsymbol{B}$，$\boldsymbol{C}$ の $\boldsymbol{A}$ への射影を $B_{\parallel}, C_{\parallel}$ とすれば，$\boldsymbol{B} + \boldsymbol{C}$ の射影は $B_{\parallel} + C_{\parallel}$ となる．

$B_{\|}$ は $\boldsymbol{B}$ の $\boldsymbol{A}$ への正射影である．

[スカラー積の関係式 1]

$$\left.\begin{array}{ll}\boldsymbol{A}\cdot\boldsymbol{B}=\boldsymbol{B}\cdot\boldsymbol{A} & (\text{交換則})\\ \boldsymbol{A}\cdot(\boldsymbol{B}+\boldsymbol{C})=\boldsymbol{A}\cdot\boldsymbol{B}+\boldsymbol{A}\cdot\boldsymbol{C} & (\text{配分則})\end{array}\right\} \tag{A.1}$$

[スカラー積の関係式 2]　$\boldsymbol{A}\cdot\boldsymbol{A}=\boldsymbol{A}^2$ と書けば，

$$\boldsymbol{A}^2=|\boldsymbol{A}|^2=A^2 \qquad (A \text{ は } \boldsymbol{A} \text{ の大きさ})$$

$$(\boldsymbol{A}\pm\boldsymbol{B})^2=\boldsymbol{A}^2+\boldsymbol{B}^2\pm 2\boldsymbol{A}\cdot\boldsymbol{B} \tag{A.2}$$

[基本ベクトルのスカラー積]

$$\left.\begin{array}{l}\boldsymbol{e}_x^2=\boldsymbol{e}_y^2=\boldsymbol{e}_z^2=1\\ \boldsymbol{e}_x\cdot\boldsymbol{e}_y=\boldsymbol{e}_y\cdot\boldsymbol{e}_z=\boldsymbol{e}_z\cdot\boldsymbol{e}_x=0\end{array}\right\} \tag{A.3}$$

[スカラー積の成分表現]　$\boldsymbol{A}\cdot\boldsymbol{B}=A_xB_x+A_yB_y+A_zB_z$

$$\boldsymbol{A}\parallel\boldsymbol{B} \quad\to\quad \boldsymbol{A}\cdot\boldsymbol{B}=|\boldsymbol{A}||\boldsymbol{B}|$$

$$\boldsymbol{A}\perp\boldsymbol{B} \quad\to\quad \boldsymbol{A}\cdot\boldsymbol{B}=0$$

■ ベクトル積（外積）

[定義]　$\boldsymbol{A}\times\boldsymbol{B}$

[ベクトル積の大きさと幾何学的意味]

$$|\boldsymbol{A}\times\boldsymbol{B}|=AB\sin\theta \qquad (\theta \text{ は } \boldsymbol{A},\ \boldsymbol{B} \text{ の間の角}) \tag{A.4}$$

図 A.2 に示したように，$\boldsymbol{A}$，$\boldsymbol{B}$ の作る平行四辺形の面積と等しい．

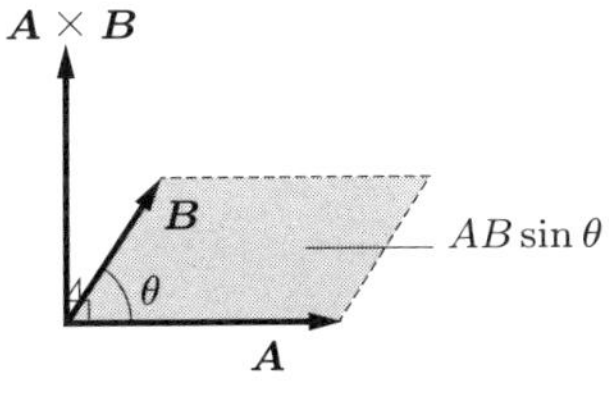

図 A.2　ベクトル積 $\boldsymbol{A}\times\boldsymbol{B}$

[ベクトル積の方向]　$\boldsymbol{A}\times\boldsymbol{B}$ の方向は，$\boldsymbol{A}$ と $\boldsymbol{B}$ に垂直で，$\boldsymbol{A}$ を $\boldsymbol{B}$ に（180° 以内で）回したとき，右ねじの進む向きにとる．

[ベクトル積の関係式]

$$\left.\begin{array}{ll}\boldsymbol{A}\times\boldsymbol{B}=-\boldsymbol{B}\times\boldsymbol{A} & (\text{反交換則})\\ \boldsymbol{A}\times(\boldsymbol{B}+\boldsymbol{C})=\boldsymbol{A}\times\boldsymbol{B}+\boldsymbol{A}\times\boldsymbol{C} & (\text{配分則})\\ \boldsymbol{A}\times\boldsymbol{A}=0 & \end{array}\right\} \tag{A.5}$$

$$\boldsymbol{A} \parallel \boldsymbol{B} \quad \rightarrow \quad \boldsymbol{A} \times \boldsymbol{B} = 0$$

$$\boldsymbol{A} \perp \boldsymbol{B} \quad \rightarrow \quad |\boldsymbol{A} \times \boldsymbol{B}| = AB$$

[基本ベクトルのベクトル積]

$$\left.\begin{aligned} &\boldsymbol{e}_x \times \boldsymbol{e}_x = \boldsymbol{e}_y \times \boldsymbol{e}_y = \boldsymbol{e}_z \times \boldsymbol{e}_z = 0 \\ &\boldsymbol{e}_x \times \boldsymbol{e}_y = \boldsymbol{e}_z, \quad \boldsymbol{e}_y \times \boldsymbol{e}_z = \boldsymbol{e}_x, \quad \boldsymbol{e}_z \times \boldsymbol{e}_x = \boldsymbol{e}_y \end{aligned}\right\} \tag{A.6}$$

[ベクトル積の成分表現]

$$\begin{aligned} \boldsymbol{A} \times \boldsymbol{B} = (A_y B_z - A_z B_y)\boldsymbol{e}_x + (A_z B_x - A_x B_z)\boldsymbol{e}_y \\ + (A_x B_y - A_y B_x)\boldsymbol{e}_z \end{aligned} \tag{A.7}$$

$$\boldsymbol{A} \times \boldsymbol{B} = \begin{vmatrix} \boldsymbol{e}_x & \boldsymbol{e}_y & \boldsymbol{e}_z \\ A_x & A_y & A_z \\ B_x & B_y & B_z \end{vmatrix} \tag{A.8}$$

■ スカラーの三重積

[定義と成分による表現]

$$\boldsymbol{A} \cdot (\boldsymbol{B} \times \boldsymbol{C}) = \begin{vmatrix} A_x & A_y & A_z \\ B_x & B_y & B_z \\ C_x & C_y & C_z \end{vmatrix} \tag{A.9}$$

[幾何学的表現]　図 A.3 に示されている．

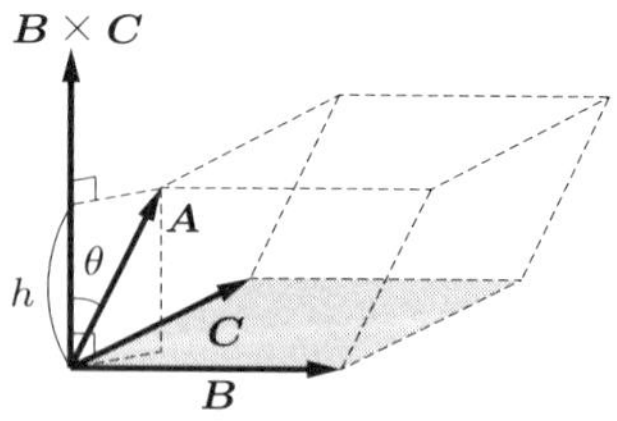

図 A.3　$\boldsymbol{A}$，$\boldsymbol{B}$，$\boldsymbol{C}$ を 3 稜とする平行六面体の体積を表す．

[関係式]

$$\boldsymbol{A} \cdot (\boldsymbol{B} \times \boldsymbol{C}) = \boldsymbol{B} \cdot (\boldsymbol{C} \times \boldsymbol{A}) = \boldsymbol{C} \cdot (\boldsymbol{A} \times \boldsymbol{B}) \tag{A.10}$$

■ ベクトル三重積

[定義]　$\boldsymbol{A} \times (\boldsymbol{B} \times \boldsymbol{C})$

[関係式]　$\boldsymbol{A} \times (\boldsymbol{B} \times \boldsymbol{C}) = \boldsymbol{B}(\boldsymbol{A} \cdot \boldsymbol{C}) - \boldsymbol{C}(\boldsymbol{A} \cdot \boldsymbol{B})$

A.2 ベクトルの微分と積分

■ ベクトルの微分と積分

[ベクトルの導関数の定義] $\dfrac{d\boldsymbol{A}}{dt} \equiv \lim_{\Delta t \to 0} \dfrac{\boldsymbol{A}(t+\Delta t) - \boldsymbol{A}(t)}{\Delta t}$

[微分公式] $\boldsymbol{A}$, $\boldsymbol{B}$ をベクトル関数，m をスカラー関数として，

$$\left.\begin{aligned} \frac{d}{dt}(\boldsymbol{A}+\boldsymbol{B}) &= \frac{d\boldsymbol{A}}{dt} + \frac{d\boldsymbol{B}}{dt} \\ \frac{d}{dt}(m\boldsymbol{A}) &= \frac{dm}{dt}\boldsymbol{A} + m\frac{d\boldsymbol{A}}{dt} \\ \frac{d}{dt}(\boldsymbol{A}\cdot\boldsymbol{B}) &= \frac{d\boldsymbol{A}}{dt}\cdot\boldsymbol{B} + \boldsymbol{A}\cdot\frac{d\boldsymbol{B}}{dt} \\ \frac{d}{dt}(\boldsymbol{A}\times\boldsymbol{B}) &= \frac{d\boldsymbol{A}}{dt}\times\boldsymbol{B} + \boldsymbol{A}\times\frac{d\boldsymbol{B}}{dt} \end{aligned}\right\} \tag{A.11}$$

[ベクトルの不定積分]

$$\frac{d\boldsymbol{A}}{dt} = \boldsymbol{B} \quad \to \quad \boldsymbol{A}(t) = \int \boldsymbol{B}(t)dt + \boldsymbol{C}\ (\text{任意の定数ベクトル}) \tag{A.12}$$

■ ベクトルの線積分

[線積分の定義] $\boldsymbol{A}$ の PQ 間の線積分は $\boldsymbol{A}(s)$ の曲線 PQ の点 S での接線に沿った成分を $A_t(s)$ とし，曲線に沿った微小の長さを ds とすれば，

$$\int_{\mathrm{PQ}} A_t(s)\,ds = \int_{\mathrm{PQ}} A\cos\theta\,ds \tag{A.13}$$

となる（図 A.4）．θ はベクトル $\boldsymbol{A}$ と曲線の接線とのなす角である．また，曲線の接線の向きをもった単位ベクトルを $\boldsymbol{t}$ とし，微小の長さが ds のベクトル $d\boldsymbol{s} = \boldsymbol{t}ds$ とすれば，$d\boldsymbol{s}(dx, dy, dz)$ と表すと，次のようになる．

$$\int_{\mathrm{PQ}} \boldsymbol{A}\cdot d\boldsymbol{s} = \int_{\mathrm{PQ}} \boldsymbol{A}\cdot\boldsymbol{t}ds = \int_{\mathrm{PQ}} (A_x dx + A_y dy + A_z dz) \tag{A.14}$$

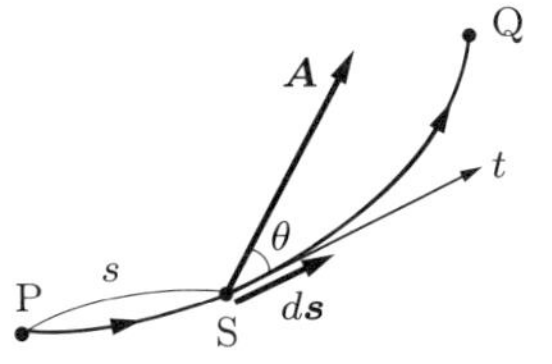

図 A.4 ベクトルの線積分．曲線 PQ 上の点 S の接線の方向余弦を $\boldsymbol{t}$，その方向の微小の長さを ds，$\boldsymbol{A}$ の接線成分を $A_t(s)$ として，$A_t ds$ の積分を $\boldsymbol{A}$ の線積分という．

$$\oint_C \boldsymbol{A}\cdot d\boldsymbol{s} \qquad \text{(閉曲線)} \tag{A.15}$$

■ ベクトルの面積分

[微小面積ベクトルの定義]　曲面上の任意の位置の周りに微小な閉曲線をとり，この曲線に囲まれた微小な面積 dS を大きさとして，微小な面に垂直な方向余弦を $\boldsymbol{n}$ とすれば，$\boldsymbol{n}dS = d\boldsymbol{S}$ を微小面積ベクトルと定義する．さらに，微小な閉曲線を回る向きが定められたとき，右ねじの進む向きを面積ベクトルの向きとする．図 A.5 に示されているように，その成分 (dS_x, dS_y, dS_z) は $d\boldsymbol{S}$ の zy，zx，xy 面への射影成分である．$\boldsymbol{n}$ の x，y，z 軸との角を α，β，γ とすれば，$dS_x = dS\cos\alpha$，$dS_y = dS\cos\beta$，$dS_z = dS\cos\gamma$ となる．

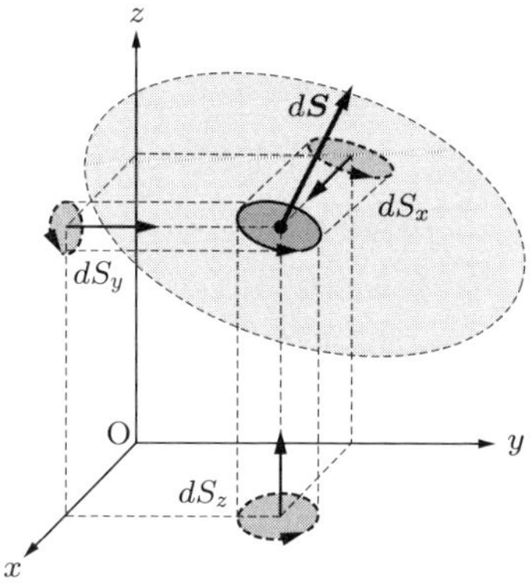

図 A.5　微小面積ベクトルとその成分．微小面積 dS を大きさとして，面に垂直な方向をもつベクトルを微小面積ベクトル $d\boldsymbol{S}$ という．この微小面積の z 成分 dS_z はこの微小面積の xy 面への正射影である．$d\boldsymbol{S}$ が z 軸となす角を γ とすれば，$|dS_z| = |dS|\cos\gamma$ となる．

[面積分]　ベクトル $\boldsymbol{A}$ がこの曲面上で与えられているとき，$\boldsymbol{A}$ の面積分は

$$\int \boldsymbol{A}\cdot d\boldsymbol{S} = \int \boldsymbol{A}\cdot\boldsymbol{n}dS = \int A_n\,dS = \int A\cos\theta\,dS \tag{A.16}$$

と表される．ここで $\boldsymbol{n}$ は微小面積ベクトルの方向余弦であり，$d\boldsymbol{S} = \boldsymbol{n}dS$ の関係がある．また，θ は $\boldsymbol{A}$ と $\boldsymbol{n}$ との間の角である．$d\boldsymbol{S}$ の成分を用いて表すと，次のようになる．

$$\int \boldsymbol{A}\cdot d\boldsymbol{S} = \int (A_x dS_x + A_y dS_y + A_z dS_z) \tag{A.17}$$

■ スカラー勾配

[勾配の定義] スカラー関数 $U(\boldsymbol{r}) = U(x, y, z)$ の**勾配** (gradient) は，次のように定義される．

$$\mathrm{grad}\, U \equiv \boldsymbol{e}_x \frac{\partial U}{\partial x} + \boldsymbol{e}_y \frac{\partial U}{\partial y} + \boldsymbol{e}_z \frac{\partial U}{\partial z} \tag{A.18}$$

[ベクトル演算子ナブラ $\boldsymbol{\nabla}$ の定義]

$$\boldsymbol{\nabla} \equiv \boldsymbol{e}_x \frac{\partial}{\partial x} + \boldsymbol{e}_y \frac{\partial}{\partial y} + \boldsymbol{e}_z \frac{\partial}{\partial z} \tag{A.19}$$

このような**演算子** (operator) は，関数に作用して（加減乗除や微分，積分などの操作をして）新しい関数を導くはたらきをもつ．$\mathrm{grad}\, U = \boldsymbol{\nabla} U$ とも書ける．

[方向微分] 微分する方向が方向余弦 $\boldsymbol{n}(\lambda, \mu, \nu)$ で指定されるとき，

$$\frac{\partial U}{\partial n} = (\boldsymbol{n} \cdot \boldsymbol{\nabla})\, U = \lambda \frac{\partial U}{\partial x} + \mu \frac{\partial U}{\partial y} + \nu \frac{\partial U}{\partial z} \tag{A.20}$$

となる．

[球対称な関数の偏微分]

$$\boldsymbol{\nabla} U(r) = \frac{\partial U}{\partial r} \left(\frac{x}{r} \boldsymbol{e}_x + \frac{y}{r} \boldsymbol{e}_y + \frac{z}{r} \boldsymbol{e}_z \right) = \frac{\partial U}{\partial r} \frac{\boldsymbol{r}}{r} \tag{A.21}$$

とくに，$U(r)$ が r のべき m で与えられるときは，次のようになる．

$$U(r) = ar^m \quad (a \text{ は定数}) \quad \to \quad \boldsymbol{\nabla} U(r) = amr^{m-2} \boldsymbol{r}$$

A.3 ベクトルの回転とストークスの定理

■ ベクトルの回転の定義

ベクトル $\boldsymbol{A}$ が $\boldsymbol{r}$ の関数のとき，

$$\mathrm{rot}\, \boldsymbol{A} \equiv \boldsymbol{\nabla} \times \boldsymbol{A} \tag{A.22}$$

をベクトル $\boldsymbol{A}$ の**回転** (rotation) という．簡略化した表示

$$\nabla_x \equiv \frac{\partial}{\partial x}, \qquad \nabla_y \equiv \frac{\partial}{\partial y}, \qquad \nabla_z \equiv \frac{\partial}{\partial z}$$

を用いると

$$\begin{aligned} \boldsymbol{\nabla} \times \boldsymbol{A} &= \boldsymbol{e}_x (\nabla_y A_z - \nabla_z A_y) + \boldsymbol{e}_y (\nabla_z A_x - \nabla_x A_z) + \boldsymbol{e}_z (\nabla_x A_y - \nabla_y A_x) \\ &= \boldsymbol{e}_x \left(\frac{\partial A_z}{\partial y} - \frac{\partial A_y}{\partial z} \right) + \boldsymbol{e}_y \left(\frac{\partial A_x}{\partial z} - \frac{\partial A_z}{\partial x} \right) + \boldsymbol{e}_z \left(\frac{\partial A_y}{\partial x} - \frac{\partial A_x}{\partial y} \right) \end{aligned} \tag{A.23}$$

となる．

■ ストークスの定理 (Stokes' theorem)

$$\int_S \mathrm{rot}\,\boldsymbol{A}\cdot d\boldsymbol{S} = \oint_C \boldsymbol{A}\cdot d\boldsymbol{s} \tag{A.24}$$

上式の左辺は任意の曲面 S に関する面積分であり，右辺は曲面 S の周囲 C に沿っての周回線積分である．曲面 S を図 A.6(a) のように，微小面積 $\boldsymbol{\Delta S}_i$ に分割する．式 (A.24) の左辺は分割した微小面積分の和 $\sum_i \mathrm{rot}\,\boldsymbol{A}(\boldsymbol{r}_i)\cdot\boldsymbol{\Delta S}_i$ として与えられる．一方，分割した各 ΔS_i の周囲 ΔC_i の線積分の和 $\sum_i \oint_{\Delta C_i} \boldsymbol{A}\cdot d\boldsymbol{s}$ を考えれば，微小境界の線積分は隣り合った微小面積の線積分と消し合って，最後に最も外側の境界 C の周回線積分が残る．これは定理の右辺である．したがって，それぞれの微小面積で

$$\mathrm{rot}\,\boldsymbol{A}(\boldsymbol{r}_i)\cdot\boldsymbol{\Delta S}_i = \oint_{\Delta C_i} \boldsymbol{A}\cdot d\boldsymbol{s}$$

が示されれば，この定理が証明されたことになる．これを示す．

以下では，上式の i の添え字を落として，左辺を成分で表せば，

$$\mathrm{rot}_x\,\boldsymbol{A}\,\Delta S_x + \mathrm{rot}_y\,\boldsymbol{A}\,\Delta S_y + \mathrm{rot}_z\,\boldsymbol{A}\,\Delta S_z$$

となる．一方，式の右辺は図 A.6(b) に示すように，$\Delta S_z = \Delta x \Delta y$ の周囲の線積分

$$\oint_{\mathrm{ABCDA}} \boldsymbol{A}\cdot d\boldsymbol{r} = \int_{\mathrm{AB}} \cdots + \int_{\mathrm{BC}} \cdots + \int_{\mathrm{CD}} \cdots + \int_{\mathrm{DA}} \cdots$$

で与えられる．

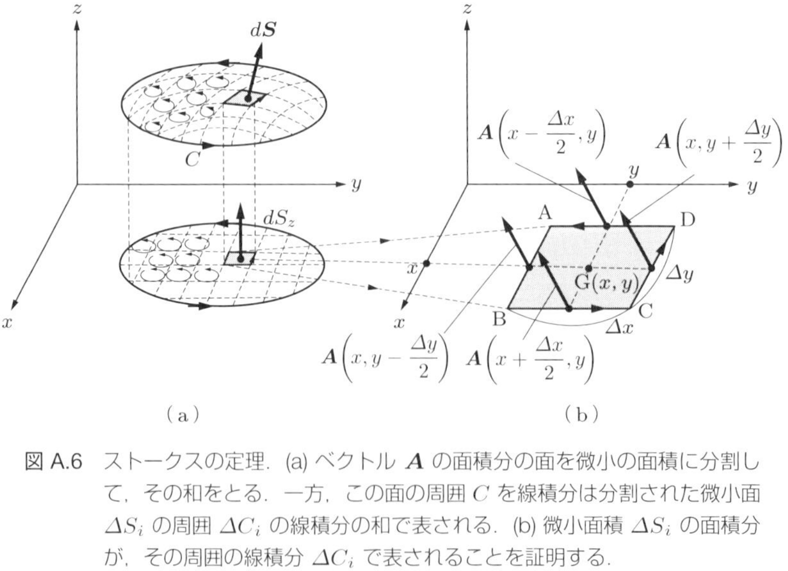

図 A.6　ストークスの定理．(a) ベクトル $\boldsymbol{A}$ の面積分の面を微小の面積に分割して，その和をとる．一方，この面の周囲 C を線積分は分割された微小面 ΔS_i の周囲 ΔC_i の線積分の和で表される．(b) 微小面積 ΔS_i の面積分が，その周囲の線積分 ΔC_i で表されることを証明する．

$$
\begin{aligned}
\int_{\mathrm{AB}} \boldsymbol{A} \cdot d\boldsymbol{r} &= \int_{x-\Delta x/2}^{x+\Delta x/2} A_x\left(x, y-\frac{\Delta y}{2}, z\right) dx \\
&= A_x\left(x, y-\frac{\Delta y}{2}, z\right) \Delta x \\
&= A_x(x, y, z)\Delta x - \frac{\partial A_x}{\partial y}\Delta x \frac{\Delta y}{2} + \cdots
\end{aligned}
$$

ここで，高次の項を無視している．同様に，

$$
\begin{aligned}
\int_{\mathrm{BC}} &= \int_{y-\Delta y/2}^{y+\Delta y/2} A_y\left(x+\frac{\Delta x}{2}, y, z\right) dy \\
&= A_y\left(x+\frac{\Delta x}{2}, y, z\right)\Delta y = A_y(x, y, z)\Delta y + \frac{\partial A_y}{\partial x}\frac{\Delta x}{2}\Delta y + \cdots \\
\int_{\mathrm{CD}} &= \int_{x+\Delta x/2}^{x-\Delta x/2} A_x\left(x, y+\frac{\Delta y}{2}, z\right) dx \\
&= -A_x(x, y, z)\Delta x - \frac{\partial A_x}{\partial y}\Delta x\frac{\Delta y}{2} + \cdots \\
\int_{\mathrm{DA}} &= \int_{y+\Delta y/2}^{y-\Delta y/2} A_y\left(x-\frac{\Delta x}{2}, y, z\right) dy \\
&= -A_y(x, y, z)\Delta y + \frac{\partial A_y}{\partial x}\frac{\Delta x}{2}\Delta y + \cdots
\end{aligned}
$$

となる．以上の和をとれば，z 成分については

$$
\mathrm{rot}_z\, \boldsymbol{A}\, \Delta S_z = \left(\frac{\partial A_y}{\partial x} - \frac{\partial A_x}{\partial y}\right)\Delta x \Delta y
$$

となり，ほかの成分についても

$$
\begin{aligned}
\mathrm{rot}_x\, \boldsymbol{A}\, \Delta S_x &= \left(\frac{\partial A_z}{\partial y} - \frac{\partial A_y}{\partial z}\right)\Delta y \Delta z \\
\mathrm{rot}_y\, \boldsymbol{A}\, \Delta S_y &= \left(\frac{\partial A_x}{\partial z} - \frac{\partial A_z}{\partial x}\right)\Delta z \Delta x
\end{aligned}
$$

となるので，その和を取ることにより，式 (A.24) が証明された．

A.4 直交曲線座標系でのベクトル

■円柱座標系

直角座標系の位置ベクトル $\boldsymbol{r}(x, y, z)$ とする．図 A.7(a) に示されたように，次の式で定義された (r, θ, z)

$$
x = r\cos\theta, \qquad y = r\sin\theta, \qquad z = z \tag{A.25}
$$

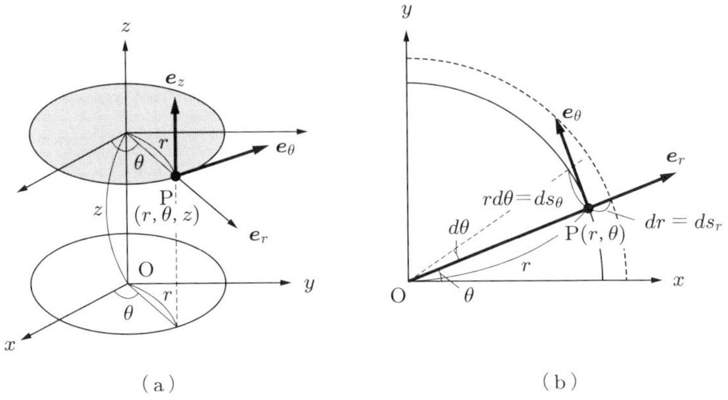

図 A.7　円柱座標系（系 O-$r\theta z$）

または

$$r = \sqrt{x^2 + y^2}, \qquad \tan\theta = \frac{y}{x}, \qquad z = z \tag{A.26}$$

で位置 $\boldsymbol{r}$ を指定するとき，この座標系を**円柱座標系** (cylindrical coordinate) という．

[線素片]　新しい座標成分の一つを微小に変化させたとき，位置の変位 $d\boldsymbol{r}$ の大きさ ds をその方向の**線素片**という．図 A.7(b) に示すように，θ，z を一定として，$r \to r + dr$ としたときの変位の大きさを ds_r とすると，

$$ds_r = \sqrt{dx^2 + dy^2 + dz^2} = \sqrt{(dr\cos\theta)^2 + (dr\sin\theta)^2} = dr$$

となる．同様に，$\theta \to \theta + d\theta$ としたとき変位の大きさを ds_θ，$z \to z + dz$ の変位の大きさを ds_z とすれば，

$$ds_\theta = \sqrt{(-r\sin\theta\, d\theta)^2 + (r\cos\theta\, d\theta)^2} = rd\theta, \qquad ds_z = dz$$

となる．まとめると，各線素片は次式で与えられる．

$$ds_r = dr, \qquad ds_\theta = rd\theta, \qquad ds_z = dz \tag{A.27}$$

[体積素片]

$$dV = ds_r ds_\theta ds_z = rdrd\theta dz \tag{A.28}$$

[基本ベクトル]　曲線座標系の基本ベクトルは，各成分を独立に変化させたときの変位の方向余弦である．

$$\left.\begin{aligned} \boldsymbol{e}_r &= \boldsymbol{e}_x\cos\theta + \boldsymbol{e}_y\sin\theta \\ \boldsymbol{e}_\theta &= -\boldsymbol{e}_x\sin\theta + \boldsymbol{e}_y\cos\theta \\ \boldsymbol{e}_z &= \boldsymbol{e}_z \end{aligned}\right\} \tag{A.29}$$

$$\left.\begin{aligned} &\boldsymbol{e}_r \cdot \boldsymbol{e}_\theta = \boldsymbol{e}_\theta \cdot \boldsymbol{e}_z = \boldsymbol{e}_z \cdot \boldsymbol{e}_r = 0 \\ &\boldsymbol{e}_r \times \boldsymbol{e}_\theta = \boldsymbol{e}_z,\ \boldsymbol{e}_\theta \times \boldsymbol{e}_z = \boldsymbol{e}_r,\ \boldsymbol{e}_z \times \boldsymbol{e}_r = \boldsymbol{e}_\theta \end{aligned}\right\} \tag{A.30}$$

互いに直交しているので，直交曲線座標系である．

[スカラー関数の勾配]　スカラー関数 $U(r, \theta, z)$ が与えられているとき，r，θ，z の方向微分は

$$\frac{\partial U}{\partial s_r} = \frac{\partial U}{\partial r}, \qquad \frac{\partial U}{\partial s_\theta} = \frac{1}{r}\frac{\partial U}{\partial \theta}, \qquad \frac{\partial U}{\partial s_z} = \frac{\partial U}{\partial z} \tag{A.31}$$

となるから，微分演算子 $\boldsymbol{\nabla}$ は

$$\boldsymbol{\nabla} = \boldsymbol{e}_r \frac{\partial}{\partial r} + \boldsymbol{e}_\theta \frac{1}{r}\frac{\partial}{\partial \theta} + \boldsymbol{e}_z \frac{\partial}{\partial z} \tag{A.32}$$

となる．スカラー関数 U の勾配ベクトルは次式のようになる．

$$\operatorname{grad} U = \boldsymbol{\nabla} U = \boldsymbol{e}_r \frac{\partial U}{\partial r} + \boldsymbol{e}_\theta \frac{1}{r}\frac{\partial U}{\partial \theta} + \boldsymbol{e}_z \frac{\partial U}{\partial z} \tag{A.33}$$

[ベクトルの回転]

$$\begin{aligned} \operatorname{rot} \boldsymbol{A} = {}& \boldsymbol{e}_r \left(\frac{1}{r}\frac{\partial A_z}{\partial \theta} - \frac{\partial A_\theta}{\partial z} \right) + \boldsymbol{e}_\theta \left(\frac{\partial A_r}{\partial z} - \frac{\partial A_z}{\partial r} \right) \\ & + \boldsymbol{e}_z \left[\frac{1}{r}\frac{\partial (r A_\theta)}{\partial r} - \frac{1}{r}\frac{\partial A_r}{\partial \theta} \right] \end{aligned} \tag{A.34}$$

■ 三次元極座標系

図 A.8 に示されるように，直角座標 (x, y, z) との関係式は

$$x = r \sin\theta \cos\phi, \qquad y = r \sin\theta \sin\phi, \qquad z = r \cos\theta \tag{A.35}$$

$$r = \sqrt{x^2 + y^2 + z^2}, \qquad \cos\theta = \frac{z}{r}, \qquad \tan\phi = \frac{y}{x} \tag{A.36}$$

となる．

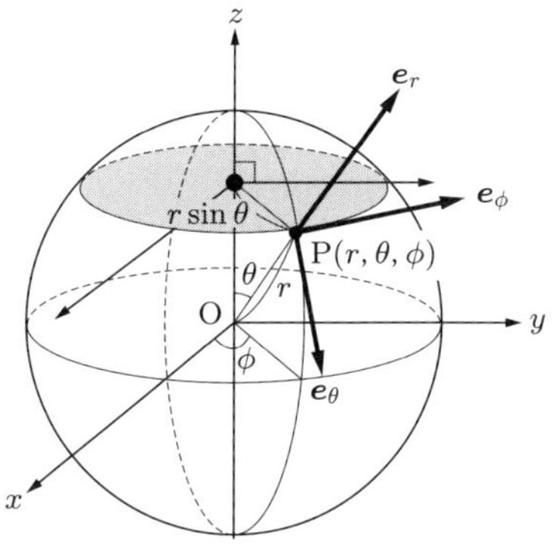

図 A.8　三次元極座標系（系 O-$r\theta\phi$）

[線素片]

$$ds_r = dr, \qquad ds_\theta = rd\theta, \qquad ds_\phi = r\sin\theta d\phi \tag{A.37}$$

[体積素片]

$$dV = ds_r ds_\theta ds_\phi = r^2 \sin\theta\, drd\theta d\phi \tag{A.38}$$

[基本ベクトル]

$$\left.\begin{aligned} \boldsymbol{e}_r &= \boldsymbol{e}_x \sin\theta\cos\phi + \boldsymbol{e}_y \sin\theta\sin\phi + \boldsymbol{e}_z \cos\theta \\ \boldsymbol{e}_\theta &= \boldsymbol{e}_x \cos\theta\cos\phi + \boldsymbol{e}_y \cos\theta\sin\phi - \boldsymbol{e}_z \sin\theta \\ \boldsymbol{e}_\phi &= -\boldsymbol{e}_x \sin\phi + \boldsymbol{e}_y \cos\phi \end{aligned}\right\} \tag{A.39}$$

$$\boldsymbol{e}_r \times \boldsymbol{e}_\theta = \boldsymbol{e}_\phi, \qquad \boldsymbol{e}_\theta \times \boldsymbol{e}_\phi = \boldsymbol{e}_r, \qquad \boldsymbol{e}_\phi \times \boldsymbol{e}_r = \boldsymbol{e}_\theta \tag{A.40}$$

[方向微分]

$$\frac{\partial}{\partial s_r} = \frac{\partial}{\partial r}, \qquad \frac{\partial}{\partial s_\theta} = \frac{1}{r}\frac{\partial}{\partial\theta}, \qquad \frac{\partial}{\partial s_\phi} = \frac{1}{r\sin\theta}\frac{\partial}{\partial\phi} \tag{A.41}$$

[$\boldsymbol{\nabla}$ 演算子]

$$\boldsymbol{\nabla} = \boldsymbol{e}_r \frac{\partial}{\partial r} + \boldsymbol{e}_\theta \frac{1}{r}\frac{\partial}{\partial\theta} + \boldsymbol{e}_\phi \frac{1}{r\sin\theta}\frac{\partial}{\partial\phi} \tag{A.42}$$

[スカラー関数の勾配]

$$\operatorname{grad} U \equiv \boldsymbol{\nabla} U = \boldsymbol{e}_r \frac{\partial U}{\partial r} + \boldsymbol{e}_\theta \frac{1}{r}\frac{\partial U}{\partial\theta} + \boldsymbol{e}_\phi \frac{1}{r\sin\theta}\frac{\partial U}{\partial\phi} \tag{A.43}$$

[基本ベクトルの偏微分]

$$\left.\begin{aligned} &\frac{\partial \boldsymbol{e}_r}{\partial r} = \frac{\partial \boldsymbol{e}_\theta}{\partial r} = \frac{\partial \boldsymbol{e}_\phi}{\partial r} = 0 \\ &\frac{\partial \boldsymbol{e}_r}{\partial\theta} = \boldsymbol{e}_\theta, \quad \frac{\partial \boldsymbol{e}_\theta}{\partial\theta} = -\boldsymbol{e}_r, \quad \frac{\partial \boldsymbol{e}_\phi}{\partial\theta} = 0 \\ &\frac{\partial \boldsymbol{e}_r}{\partial\phi} = \boldsymbol{e}_\phi \sin\theta, \quad \frac{\partial \boldsymbol{e}_\theta}{\partial\phi} = \boldsymbol{e}_\phi \cos\theta, \quad \frac{\partial \boldsymbol{e}_\phi}{\partial\phi} = -\boldsymbol{e}_r \sin\theta - \boldsymbol{e}_\theta \cos\theta \end{aligned}\right\} \tag{A.44}$$

[ベクトル関数の回転]

$$\begin{aligned} \operatorname{rot} \boldsymbol{A} = \boldsymbol{\nabla} \times \boldsymbol{A} &= \boldsymbol{e}_r \frac{1}{r\sin\theta}\left[\frac{\partial}{\partial\theta}(\sin\theta\, A_\phi) - \frac{\partial A_\theta}{\partial\phi}\right] \\ &\quad + \boldsymbol{e}_\theta \frac{1}{r}\left[\frac{1}{\sin\theta}\frac{\partial A_r}{\partial\phi} - \frac{\partial}{\partial r}(rA_\phi)\right] + \boldsymbol{e}_\phi \frac{1}{r}\left[\frac{\partial}{\partial r}(rA_\theta) - \frac{\partial A_r}{\partial\theta}\right] \end{aligned} \tag{A.45}$$

章末問題解答

第1章

1.1　速度，加速度の順に書く．
(a) gt, g　(b) $\omega\cos(\omega t)$, $-\omega^2\sin(\omega t)$　(c) $-\gamma\exp(-\gamma t)$, $\gamma^2\exp(-\gamma t)$　(d) $1/t$, $-1/t^2$
(e) $[-\gamma\cos(\omega t)-\omega\sin(\omega t)]\exp(-\gamma t)$, $[(\gamma^2-\omega^2)\cos(\omega t)+2\gamma\omega\sin(\omega t)]\exp(-\gamma t)$
1.2　(a) 運動の軌跡は，時刻 t を消去して $y=x^2+1$ となる．
(b) $v_x=2t$, $v_y=4t^3$ となる．$|v(t)|=\sqrt{v_x^2+v_y^2}=\sqrt{4t^2+16t^6}=\sqrt{4x+16x^3}$.
(c) $v_y/v_x=4t^3/2t=2t^2=2x$. 軌道 $y=x^2+1$ の接線の傾きは $dy/dx=2x$. 一致する．
1.3　(a) $\boldsymbol{r}=r\cos(\omega t)\boldsymbol{e}_x+r\sin(\omega t)\boldsymbol{e}_y$. 時間微分して $\boldsymbol{v}=-r\omega\sin(\omega t)\boldsymbol{e}_x+r\omega\cos(\omega t)\boldsymbol{e}_y$.
(b) もう 1 回微分，$\boldsymbol{\alpha}=-r\omega^2\cos(\omega t)\boldsymbol{e}_x-r\omega^2\sin(\omega t)\boldsymbol{e}_y=-\omega^2\boldsymbol{r}$.
(c) ベクトルの内積を計算，$\boldsymbol{e}_x\cdot\boldsymbol{e}_x=1$, $\boldsymbol{e}_x\cdot\boldsymbol{e}_y=0$ などから，$\boldsymbol{r}\cdot\boldsymbol{v}=0$, $\boldsymbol{v}\cdot\boldsymbol{\alpha}=0$.
1.4　(a) 軌道の式：$x(t)$ と $y(t)$ から t を消去して，$r=\sqrt{x^2+y^2}=\exp[-(\gamma/\omega)\theta]$. 回転角 θ は $\tan\theta=y/x=\sin(\omega t)/\cos(\omega t)$ によって，$\theta=\omega t$.
(b) 速度ベクトル $\boldsymbol{v}$：$v_x=dx/dt=-\gamma x-\omega y$. 同様に v_y を求めて，$\boldsymbol{v}(v_x,v_y)=(-\gamma x-\omega y,\omega x-\gamma y)$. 速さ $v^2=v_x^2+v_y^2=(\gamma^2+\omega^2)r^2$.
(c) 加速度 $\boldsymbol{\alpha}$：$\alpha_x=dv_x/dt=-\gamma v_x-\omega v_y=-\gamma(-\gamma x-\omega y)-\omega(\omega x-\gamma y)=(\gamma^2-\omega^2)x+2\gamma\omega y=Px+Qy$. 同様に $\alpha_y=Py-Qx$. ここに，$P=\gamma^2-\omega^2$, $Q=2\gamma\omega$.
$\boldsymbol{\alpha}=(Px+Qy)\boldsymbol{e}_x+(Py-Qx)\boldsymbol{e}_y=P(x\boldsymbol{e}_x+y\boldsymbol{e}_y)+Q(-x\boldsymbol{e}_y+y\boldsymbol{e}_x)=rP\boldsymbol{n}+rQ\boldsymbol{t}$.
加速度の大きさは $\alpha=\sqrt{(P^2+Q^2)r^2}=(\gamma^2+\omega^2)r$.
(d) $\boldsymbol{v}$ と $\boldsymbol{r}$ の内積は，$\boldsymbol{r}\cdot\boldsymbol{v}=xv_x+yv_y=-\gamma r^2$. $\boldsymbol{r}\cdot\boldsymbol{v}=|r||v|\cos\chi$. $v=\sqrt{\gamma^2+\omega^2}r$ より答えが得られる．
1.5　$r=at$, $\theta=\omega t$. t を消去して $r=(a/\omega)\theta$.
1.6　(a) 楕円軌道 $(x/a)^2+(y/b)^2=1$. 速度図は $v_x=a\omega\sin(\omega t)$, $v_y=-b\omega\cos(\omega t)$ から楕円 $(v_x/a)^2+(v_y/b)^2=\omega^2$.
(b) 双曲線軌道 $xy=ab$. 速度図は $v_x=a\gamma\exp(\gamma t)$, $v_y=-b\gamma\exp(-\gamma t)$ から双曲線 $v_yv_x=ab\gamma^2$.

第2章

2.1　曲線 $E=f(x)$ 上の点 $\mathrm{P}(x,E)$ での傾きは dE/dx である．$dE/dx=(dE/dt)/(dx/dt)=[d(mv^2/2)/dt]/v=[mv(dv/dt)]/v=m\alpha=F$.
2.2　降下中の運動方程式は $M(-\alpha)=-Mg+F$. 質量 m を捨てた後 β で上昇してるときは $(M-m)\beta=-(M-m)g+F$. 両式を解くと，$m/M=(\alpha+\beta)/(g+\beta)$ を得る．
2.3　(a) 題意から $mdv/dt=F$. この式 $dv/dt=F/m$ を翻訳すると，「単位時間あたりの速度の増加が F/m である」．したがって，t 時間あたりでは $v=(F/m)t$ だけ速度が増加する．初期値が $v=0$ であるから，時刻 t での速度 $v(t)$ は $v(t)=(F/m)t$ とわかる．すると，$v=dx/dt=(F/m)t$．ここから $x=(F/m)t^2/2$．v と x の関係は，t を消去して，$v^2=2(F/m)x$．

(b) 力を F とすると，dx 進む間の仕事は Fdx．P の定義から $P\equiv(Fdx)/dt=F(dx/dt)$．よって $F=P/v$．運動方程式は $mdv/dt=P/v$．積分して $v^3=3(P/m)x$．

(別解) 関係式 $dv/dt=(dx/dt)(dv/dx)=v(dv/dx)$ を使う．元の運動方程式は $mvdv/dx=P/v$ と変形される．これから $v^2(dv/dx)=P/m$．

2.4 エンジンを止めた後の運動は $mdv/dt=F=-av$．$dv/dt=(dx/dt)(dv/dx)=v(dv/dx)$ だから，$mv(dv/dx)=-av$．すなわち運動は $dv/dx=-a/m$．単位距離進む間に速度が (a/m) 減少．初速度 v_0 だから $v=-(a/m)x+v_0$．結果，$v=0$ までに $x=mv_0/a$ 進む．

2.5 (a) 衝突中に A が B から受ける力積が I.「運動量変化 = 力積」から，質点 A では $mv'-mv=I$．同様に，質点 B では $MV'-MV=-I$．すなわち，衝突後の速度は $v'=v+I/m$，$V'=V-I/M$．

(b) 質点 A と B の運動量の総和を，衝突前後で $P_{前}$，$P_{後}$ とする．$P_{前}=mv+MV$．$P_{後}=mv'+MV'$．問 (a) の結果を使って，$P_{前}-P_{後}=0$．

(c) 運動エネルギーは $F_{前}=mv^2/2+MV^2/2$．$E_{後}=mv'^2/2+MV'^2/2$．$E_{後}-E_{前}=vI-VI+(1/2)(1/m+1/M)I^2=(v-V)I+I^2/2\mu$．

(d) $E_{後}-E_{前}=0$ から，$I=2\mu(V-v)$．

2.6 (a) 鎖に沿った方向にはたらく力は，テーブルから垂れた部分にかかる重力だけ．垂れた部分の質量は ρx．運動方程式は $d(\rho\ell v)/dt=\rho xg$，よって $dv/dt=\lambda^2x$．

（別解）鎖をテーブル上部と垂れ下がり部分に分けて考える．垂下部分はテーブル上部分から張力 T を受ける．運動方程式は $d(\rho xv)/dt=\rho xg-T$．テーブル上の水平部分では $d\rho(\ell-x)v/dt=T$．両式から T を消去する．

(b) 運動方程式 $dv/dt=(g/\ell)x=\lambda^2x$．$dx=vdt$ から $vdv=\lambda^2xdx$．$t=0$ で $v=0$，$x=x_0$ を満たす解は $v^2=\lambda^2(x^2-x_0^2)$．

（補足）$x(t)$ の導出方法：$dx/dt=v=\lambda\sqrt{x^2-x_0^2}$．変数分離法（第 4 章を参照）で積分すると，公式 $\displaystyle\int du/\sqrt{u^2-1}=\operatorname{arccosh}u$ によって，$x/x_0=\cosh(\lambda t)$．

（別解）運動方程式は，$dv/dt=\lambda^2x$ と $v=dx/dt$ から $d^2x/dt^2=\lambda^2x$．この二階線形斉次微分方程式の解は $x(t)=A\exp(\lambda t)+B\exp(-\lambda t)$（第 4 章を参照）．初期条件から $x_0=A+B$，$0=A-B$．解は $x(t)=x_0[\exp(\lambda t)+\exp(-\lambda t)]/2=x_0\cosh(\lambda t)$．$v(t)=x_0\lambda\sinh(-\lambda t)$．

(c) 落下する鎖の質量は ρx．作用する重力は $(\rho x)g$．速度は $v=dx/dt$．「単位時間あたりの運動量変化 dp/dt は力に等しい」から $d(\rho xv)/dt=\rho xg$．

(d) $d(xv)/dt=xg$．$dx=vdt$ から $vd(xv)/dx=gx$．両辺に xdx をかけて $(xv)d(xv)=gx^2dx$ となる．両辺を不定積分する．初期条件を満たす解は $(xv)^2/2=gx^3/3$．結局，$v=\sqrt{2gx/3}$．

（補足）$x(t)$ の導出：$v=dx/dt$ から $dt=dx/v$ に解 $v(x)$ を代入して，$dt=dx/\sqrt{2gx/3}$．両辺を積分して，初期条件を満たす解は $t=\sqrt{6x/g}$．

2.7 (a) $dm/dt=a$．積分して $m=m_0+at$．

(b) 鉛直方向に下向きに z 軸をとる．雨滴が水滴と合体する際の力積は内力．雨滴の運動量変化は重力による．運動量保存の式は $d(mv) = mgdt$.
(c) $dt = dm/a$ だから $d(mv) = mgdt = m(g/a)dm$. 両辺を不定積分する（積分定数 C）と，$mv = (g/2a)m^2 + C$. 初期条件から $m_0v_0 = (g/2a)m_0^2 + C$. 結局 $mv = (g/2a)(m^2/m_0^2)$.
（補）問 (c) に $m = m_0 + at$ を代入すると，質量 m の関数とした $v(m)$ は時間の関数 $v(t)$ として得られる．
2.8 (a) 燃料噴射前後での運動量の変化は，$dP \equiv P_{後} - P_{前} = (m+dm)(v+dv) + (-dm)(v - V) - mv = mdv + Vdm$. $dP/dt = -mg$ だから $dP = mdv + Vdm = -mgdt$. よって運動方程式は $mdv/dt = -Vdm/dt - mg$.
(b) 燃料噴射は $dm = -adt$. よって $mdv + Vdm = m(g/a)dm$. 整理すると，$dv = (g/a)dm - V(dm/m)$. 打ち上げ時は $m = m_0$，$v = v_0$ として，両辺を定積分して $v - v_0 = (g/a)(m - m_0) - V\ln(m/m_0)$.

第3章

3.1 (a) $V(x, y, z) = mgz$. $F_x = F_y = 0$，$F_z = -\partial V/\partial z = -mg$.
(b) $V(x, y, z) = kr^2/2 = k(x^2 + y^2 + z^2)/2$. $F_x = -kx$. よって $(F_x, F_y, F_z) = (-kx, -ky, -kz)$.
(c) $V(r) = -GMm/r$. $F_x = -(\partial V/\partial r)(\partial r/\partial x)$. $\partial V/\partial r = GMm/r^2$，$\partial r/\partial x = x/r$ だから，$F_x = -(GMm/r^2)(x/r)$. よって $(F_x, F_y, F_z) = -(GMm/r^2)(x/r, y/r, z/r)$.
3.2 (a) 瞬間的に爆発したとき，運動量保存則からすべての花火粒は同じ速さ v_0 で飛び散るので，球状になる．仮に（同じ質量の）2 個に飛び散ったとすれば，それらは作用・反作用の法則によって同じ運動量をもつ．N 個が飛び散るときも，重心に相対的な各花火粒の運動量（速さ）は同じ．
(b) 各粉は同じ質量 $m = M/N$ をもつとして $p = mv_0$，運動エネルギーは $K = Np^2/2m$. これに重心の運動エネルギーと位置のエネルギーを加えると，力学的エネルギー $E = MV^2/2 - Mgh + K$，ただし $K = Mv_0^2/2$ となる．
3.3 偏微分を簡略表記して，たとえば $\partial f/\partial x$ を $\partial_x f$ と書く．$\mathrm{rot}\,\boldsymbol{F}$ の z 成分は（x，y 成分も同様），$(\mathrm{rot}\,\boldsymbol{F})_z = \partial_y F_x - \partial_x F_y = \partial_y(-\partial_x V) - \partial_x(-\partial_y V) = -\partial_y\partial_x V + \partial_x\partial_y V = 0$.
3.4 (a) 物体にはたらく力は $\boldsymbol{F} = -\mathrm{grad}\,V$. 関数 $f(x) = \tan^{-1} x$ の微分は $df/dx = 1/(1 + x^2)$ だから，$F_x = -\partial_x V(x) = -(V_0/\pi)[\lambda/(\lambda^2 + x^2)]$. $F_y = -\partial_y V = 0$.
(b) エネルギー保存則 $mv(x)^2/2 + V(x) = E$. $x = -\infty$ のときの入射粒子の力学的エネルギーは E で $V(-\infty) = 0$ だから $mv(-\infty)^2/2 = E$. 次に，$x = +\infty$ のとき $V(+\infty) = V_0$ だから $v(\infty) = \sqrt{2(E - V_0)/m}$. したがって，速度比 $v(\infty)/v(-\infty) = \sqrt{(E - V_0)/E}$.
(c) 反射点を $x\ (> 0)$ とすると反射点で $v(x) = 0$. $mv(x)^2/2 + V(x) = E$ だから $V(x) = E$. 次に，$1/2 + (1/\pi)\arctan(x/\lambda) = E/V_0$ を解いて，$x/\lambda = \tan[\pi(E/V_0 - 1/2)]$.
(d) $\lambda \to 0$ の極限では，ポテンシャルは $V(x) = 0\ (x < 0)$，$V(x) = V_0\ (x > 0)$ となり，$x = 0$ で急峻に立ち上がる．$E < V_0$ のとき $x = 0$ で反射．
3.5 (a) 運動方程式は $dv/dt = p/v - kv^2\ (p = P/m)$. 抵抗がないとき $dv/dt = p/v$. 加速度は p/v. 次に $dv/dt = (dv/dx)(dx/dt) = v(dv/dx)$ だから，$dv/dx = p/v^2$.
(b) 抵抗があるとき，加速度 $\alpha = p/v - kv^2$. $\alpha = 0$ から $V^3 = p/k$.

(c) 外力の仕事 = 運動エネルギーの変化．$W = \int_{v=0}^{V} F dx = mV^2/2 = (m/2)(p/k)^{2/3}$.

(d) $dx = vdt = vdv/(dv/dt) = vdv/\alpha = vdv/(p/v - kv^2) = v^2dv/(p - kv^3)$．$y = v^3$ とおいて $3dx = dy/(p - ky)$ を積分．$s = -(1/3k)\log(p - ky) + C$．初期条件 $x = 0$, $v = 0$ から積分定数 $C = (1/3k)\log(p)$．よって，$s = (1/3k)\log[p/(p - kV^3)]$.

3.6 (a)

$$
\begin{aligned}
F_x(x, y, z) &= -\frac{\partial V(r)}{\partial x} \\
&= -\frac{x - a}{[(x - a)^2 + y^2 + z^2]^{3/2}} + \frac{x + a}{[(x + a)^2 + y^2 + z^2]^{3/2}} \\
F_x(0, y, z) &= -\frac{-a}{[(-a)^2 + y^2 + z^2]^{3/2}} + \frac{+a}{[(+a)^2 + y^2 + z^2]^{3/2}} \\
&= \frac{2a}{(a^2 + y^2 + z^2)^{3/2}}
\end{aligned}
$$

場が x 軸対称であることに注意して，同様に計算すると $F_y(0, y, z) = F_z(0, y, z) = 0$．よって，$\boldsymbol{F}(0, y, z) = (2a/r, 0, 0)$.

(b) PQ 間では力は yz 平面に垂直なので，$W_{\mathrm{PQ}} = 0$.

第4章

4.1 運動方程式は $mdv/dt = mg - m\gamma v^2$．変数分離型の微分方程式 $dv/(v^2 - b^2) = -\gamma dt$ $(g/\gamma = b^2)$.

$$
\int \left(\frac{1}{v - b} - \frac{1}{v + b} \right) dv = \int 2b\gamma dt \to \ln \left| \frac{v - b}{v + b} \right| = 2b\gamma t + C \quad (C：積分定数)
$$

初期条件（$t = 0$ で $v = 0$）から $C = 0$．$\ln |(v - b)/(v + b)| = (\gamma/2b)t$ を得る．終端速度は $v = b = \sqrt{g/\gamma}$.

4.2 微分方程式を満たす．説明は省略.

4.3 微分方程式を満たす．説明は省略.

4.4 (a) $x = a$ でテイラー展開する．$U(x)$ を n 階微分した関数を $U^{(n)}(x)$ と書いて，

$$
U(x) = U(a) + U^{(1)}(x - a) + U^{(2)}(a)\frac{(x - a)^2}{2} + U^{(3)}(a)\frac{(x - a)^3}{3!} + \cdots
$$

となる．$x = a$ で $U(x)$ が極小値をもつから，$U^{(1)}(a) = 0$．$x = a$ 近傍で $F = -dU/dx$ は

$$
F(x) = -\partial_x U(x) = -U^{(2)}(a)(x - a) + \cdots
$$

となる．単振動方程式は $d^2x/dt^2 = -U^{(2)}(a)(x - a)$．よって角振動数 $\omega = \sqrt{U^{(2)}(a)}$.

(b) $U^{(1)}(x) = -2D[\exp(-2x) - \exp(-x)]$, $U^{(2)}(x) = 2D[2\exp(-2x) - \exp(-x)]$ である．$U^{(1)}(x) = 0$ から極小点は $x = a = 0$．$\lambda = U^{(2)}(0) = 2D$．よって，角振動数 $\omega = \sqrt{2D}$.

4.5 (a) 運動方程式 $md\boldsymbol{v}/dt = q\boldsymbol{v} \times \boldsymbol{B}$．$\omega \equiv qB/m$ とおいて，$dv_x/dt = \omega v_y$, $dv_y/dt = -\omega v_x$, $dv_z/dt = 0$.

(b) x, y 方向の 2 式から v_y を消去した運動方程式 $d^2v_x/dt^2 = -\omega^2 v_x$．一般解は，$v_x = A\cos(\omega t + \phi)$（$A$, ϕ は積分定数），$v_y = (dv_x/dt)/\omega = -A\sin(\omega t + \phi)$．速度の初期条件

から，$A = v_0$，$\phi = 0$．速度を積分して，$x = (A/\omega)\sin(\omega t) + C$，$y = (A/\omega)\cos(\omega t) + D$．はじめ $t = 0$ で原点に入射したから $C = 0$，$D = -A/\omega = -v_0/\omega$．それで $\rho = v_0/\omega$ とおいて，位置は $x = \rho\sin(\omega t)$，$y = \rho[\cos(\omega t) - 1]$．軌道は $x^2 + (y+\rho)^2 = \rho^2$．よって，半径 $\rho = v_0/\omega$，中心を $(0, -\rho)$ とする時計回りの円運動で，角速度の大きさは qB/m．

4.6 (a) 糸の張力は中心力なので，角運動量が保存されて回転している．角運動量を $\boldsymbol{L}$ ($= m\boldsymbol{r} \times \boldsymbol{v}$) とすると，半径 a で角速度 ω の回転では $L = ma^2\omega$．初期条件 $t = 0$ で $L_0 = ma_0^2\omega_0$．よって $\omega = (a_0/a)^2\omega_0$．

(b) 半径が a のときの糸の張力 $T(a) = ma\omega^2$ は，$T(a) = ma_0^4\omega_0^2/a^3$．糸を引いて半径 ℓ から $d\ell$ 変化させるときの仕事は，$dW = -T(\ell)d\ell$ である．よって，求める仕事は $W = \int_a^{a_0} ma_0^4\omega_0^2 d\ell/\ell^3 = ma_0^2\omega_0^2(a_0^2 - a^2)/2a^2$．

第5章

5.1 速度 $v(t) = dx/dt$．$\cosh x = [\exp(x) + \exp(-x)]/2$ に注意．それぞれの速度は，$-(x_0\omega^2/\delta)\sinh(\delta t)\exp(-\gamma t)$，$-(x_0\omega^2/\delta)\sin(\delta t)\exp(-\gamma t)$，$-(x_0\gamma^2)t\exp(\gamma t)$．

5.2 一般解を $x(t) = \exp(-\gamma t)[A\exp(i\omega t) + B\exp(-i\omega t)]$ とおく．

$$\begin{aligned} v(t) = &-\gamma\exp(-\gamma t)[A\exp(i\omega t) + B\exp(-i\omega t)] \\ &+ i\omega[A\exp(i\omega t) - B\exp(-i\omega t)] \end{aligned}$$

初期条件から $A + B = 0$，$-\gamma(A+B) + i\omega(A-B) = v_0$．解くと $A = -B = v_0/(2i\omega)$．よって，$x(t) = (v_0/\omega)\exp(-\gamma t)\sin(\omega t)$，$v(t) = v_0\exp(-\gamma t)[\cos(\omega t) - (\gamma/\omega)\sin(\omega t)]$

5.3 抵抗がない場合 $\boldsymbol{F} = q\boldsymbol{v} \times \boldsymbol{B}$，$\boldsymbol{v}(v_x, v_y)$ の運動方程式 $\dot{v_x} = \omega v_y$，$\dot{v_y} = -\omega v_x$．ここで，$dv_x/dt = \dot{v_x}$ と書いた．x 方向は $\ddot{v_x} + \omega^2 v_x = 0$ となる．角速度 $\omega = qB/m$ の円運動．

(a) 抵抗力 $\boldsymbol{F}(-m\gamma v_x, -m\gamma v_y)$ が加わると，$\dot{v_x} = \omega v_y - \gamma v_x$，$\dot{v_y} = -\omega v_x - \gamma v_y$．両式から v_y を消去した式 $\omega\dot{v_y} + \gamma\dot{v_x} = (\omega^2+\gamma^2)v_x$ を使って $\dot{v_y}$ を消去すると，x 方向の運動 $\ddot{v_x} + 2\gamma\dot{v_x} + (\omega^2+\gamma^2)v_x = 0$ を得る．一般解は（A，B を任意定数，$\Omega_\pm = -\gamma \pm i\Omega$，$\Omega = \sqrt{\omega^2+\gamma^2}$）$v_x = A\exp(\Omega_+ t) + B\exp(\Omega_- t)$．初期条件から，速度は $v_x = v_0\exp(-\gamma t)\sin(\Omega t)$，$v_y = v_0\exp(-\gamma t)\cos(\Omega t)$．位置は $x = -v_0\exp(-\gamma t)[\Omega\cos(\Omega t) + \gamma\sin(\Omega t)]/(\Omega^2 + \gamma^2)$．

(b) 前問 (a) の答えより，1 回転ごとに速度と回転半径は $\eta \equiv \exp(-\gamma T)$ の割合で減少（周期 $T = 2\pi/\omega$）．回転はじめのエネルギーを E_0 とすると，1 周回後のエネルギーは $E_0\eta^2$．周回ごとに失う力学的エネルギーの割合は $1 - \eta^2$．

5.4 加振後の運動方程式は $0 \leq t \leq t_0$ で $md^2x/dt^2 + m\omega^2 x = (F_0/t_0)t$．まず，特解は $x(t) = x_0 t/t_0$ と求められる．一般解は $x_{後}(t) =$（特解）$+ a\sin(\omega t) + b\cos(\omega t)$．加振前の振動 $x_{前}(t) = A\sin(\omega t)$ とつながる解は $a = A$，$b = 0$ だから，$x_{後}(t) = x_0 t/t_0 + A\sin(\omega t)$．以上から，$v_{前}(0) = -A\omega$，$v_{後}(t_0) = x_0/t_0 - A\omega\cos(\omega t_0)$．よって $v_{後}(t_0) - v_{前}(0) \approx x_0/t_0 + 2A\omega\sin^2(\omega t_0/2)$．

5.5 ばねの長さは $y(t) - a\sin(\Omega t)$．運動方程式は $md^2y/dt^2 = mg - k[y - a\sin(\Omega t) - \ell_0]$．つり合い位置を $y = \ell$ とすると，$d^2y/dt^2|_{y=\ell} = 0$ から $mg - k(\ell - \ell_0) = 0$．それで，つり合い位置からの変位 $x = y - \ell$ ($\ell = \ell_0 + mg/k$) を変数とした運動方程式は，$d^2x/dt^2 = -(k/m)x + (k/m)a\sin(\Omega t)$．この式は $F_0\sin(\Omega t)$ の強制振動 ($F_0 = ka$)．

5.6 時刻 t での糸上端の水平位置位置を $X(t)$，質点の水平位置を $x(t)$ とする．糸上端から見た質点の水平位置は $x - X$．糸が鉛直方向から振れ角 θ だけ傾いているときに，質点にはたらく重力の水平成分は $F = -mg\sin\theta$ である．微小な θ では $\sin\theta \approx \theta$ で $\theta \approx (x-X)/\ell$．水平方向の運動方程式は，$md^2x/dt^2 = -mg(x-X)/\ell$ となる．よって $X(t) = a\sin(\Omega t)$ で左右に振ったときの運動方程式は，$md^2x/dt^2 = -m(g/\ell)x + m(g/\ell)a\sin(\Omega t)$．$g/\ell = \omega^2$，$F_0 = m(g/\ell)a$ の強制振動．

第6章

6.1 (a) 中心点 O の高さを位置エネルギーの基準とする．水平位置で $E_0 = mv_0^2/2$．θ 回転した位置で $E = mv(\theta)^2/2 - mga\cos\theta$．エネルギー保存則から $v(\theta)^2 = v_0^2 + 2ga\cos\theta$．
(b) 接線速度と角速度は $v(\theta) = a\omega(\theta)$．よって $\omega(\theta)^2 = (v_0^2 + 2ga\cos\theta)/a^2$．
(c) 半径 $a/2\ (=\rho)$ で ϕ 回転したときに，点 O から見た角運動量は $L/m = xv_y - yv_x$．位置 $\boldsymbol{r}(x,y) = (-\rho\sin\phi, -\rho(1+\cos\phi))$，速度 $\boldsymbol{v}(v_x, v_y) = (-v\cos\phi, v\sin\phi)$．よって $L/m = -av(1+\cos\phi)/2$．ここに，速度 v は，エネルギー保存則 $mv_0^2/2 = mv^2/2 - \rho(1+\cos\phi)$ によって，$v^2 = v_0^2 + a(1+\cos\phi)$．

6.2 $v_x = dx/dt$，$v_y = dy/dt$ の関係式から，$dy/dx = (dy/dt)/(v_x/dt) = v_y/v_x$，また，$d(dy/dx)/dt = d(v_y/v_x)/dt = (\alpha_y v_x - \alpha_x v_y)/v_x^2$，さらに $d^2y/dx^2 = d(dy/dx)/dx = [d(dy/dx)/dt]/v_x$．したがって，曲率半径 $\rho = \left[1 + (dy/dx)^2\right]^{3/2}/(d^2y/dx^2)$ は次式となる．$\rho = (v_x^2 + v_y^2)^{3/2}/(v_x\alpha_y - v_y\alpha_x)$．

6.3 (a) $\theta = \Omega t$ とおく．位置 $\boldsymbol{r}$ は $x = A\cos(\Omega t)$，$y = B\sin(\Omega t)$，速度 $v_x = -\Omega A\sin\theta$，$v_y = \Omega B\cos\theta$，さらに，加速度 $\alpha_x = -\Omega^2 A\cos\theta$，$\alpha_y = dv_y/dt = -\Omega^2 B\sin\theta$．計算を進めて，$v_x\alpha_y - v_y\alpha_x = \Omega^3 AB$．よって $\rho = v^3/(\Omega^3 AB)$．
(b) 角運動量 $\ell/m = xv_y - yv_x = \Omega AB$．よって $\rho = mv^3/(\Omega^2\ell)$．
(c) 曲率中心から見た角速度 ω_c：半径 ρ の接線速度が v だから，$\omega_c = v/\rho$ である．よって $\omega_c = \Omega^3 AB/v^2$．角運動量 $\ell/m = AB\Omega$ で表すと，$\omega_c = (\ell/m)\Omega^2/v^2$．一方，原点から見た ω は式 (6.24) から $\omega = (\ell/m)/r^2$．（注）半径 a の円運動のとき $(A = B = a)$，$r = a$ で $v = \Omega a$ なので，$\omega = \omega_c$ となる．

6.4 $\mathrm{OP} = r$，$x = r\cos\theta = at\cos(\omega t)$，$y = at\sin(\omega t)$．角運動量は $\ell/m = xv_y - yv_x = a^2\omega t^2$．

6.5 (a) 電荷 $q = -e\ (e > 0)$ とおく．質点の位置を $\boldsymbol{r}$ として，運動方程式は次式となる．$m\ddot{\boldsymbol{r}} = -m\omega^2\boldsymbol{r} - e\boldsymbol{v}\times\boldsymbol{B}$，$m\ddot{x} = -m\omega^2\omega^2 x - eB\dot{y}$，$m\ddot{y} = -m\omega^2 y + eB\dot{x}$．
(b) $x = a\cos(\Omega t)$，$y = b\sin(\Omega t)$ を仮定して運動方程式に代入する．$m(-\omega^2 + \Omega^2)a = -eB\Omega b$，$m(-\omega^2 + \Omega^2)b = -eB\Omega a$．2 式の成立条件から，$a = b$（円運動）．さらに $\omega_L = eB/2m$ とおいて，$-\omega^2 + \Omega^2 = -2\omega_L\Omega$．この二次方程式を解いて，$\Omega_\pm = -\omega_L \pm \sqrt{\omega^2 + \omega_L^2}$．

6.6 (a) 糸の長さが ℓ のとき，振動面に垂直方向の角運動量成分 $N = mg\ell\sin\theta$．角運動量 $L = m\ell^2\omega$．角運動量方程式 $dL/dt = N$ から，$d(\ell^2\omega)/dt = -g\ell\theta$（微小振動 $\sin\theta \approx \theta$）
(b) 変数 θ から $s = \ell\theta$ に書き換える．$\omega = \dot{\theta} = d(s/\ell)/dt$ だから，$\ell^2\omega = -s(d\ell/dt) + \ell(ds/dt)$．$d(\ell^2\omega)/dt = -s(d^2\ell/dt^2) + \ell(d^2s/dt^2)$．問 (a) の結果とあわせて整理すると，$\ddot{s} + (g/\ell - \ddot{\ell}/\ell)s = 0$．$\dot{s} = ds/dt$，$\ddot{s} = d^2s/dt^2$ である．
(c) 長さ $\ell = \alpha t + \ell_0$，$\ddot{\ell} = 0$ だから，問 (b) の運動方程式は，$\ddot{s} + (g/\ell)s = 0$．角速度 $\omega(t) = \sqrt{g/\ell}$ とする疑似単振動．それで，この解を $s = A\sin\phi$ と仮定して運動方程式 $\ddot{s} + \omega(t)^2 s = 0$ に代入する．長さ変化が $\ddot{A} = 0$ 程度にゆっくりのとき，(1) $d\phi/dt = \omega(t)$，(2) $d[A^2(\phi/dt)]/dt = 0$ が成り立つ．はじめの振幅 $A = A_0$，振動数 $\omega(0) = \omega_0$ だとして，

$d\phi/dt = \sqrt{g/\ell}$, $A^2 = A_0^2\omega_0/\sqrt{g/\ell} = A_0^2\omega_0/\omega(t)$.

6.7 力 $\boldsymbol{F}$ と位置ベクトル $\boldsymbol{r}$ のベクトル積（外積）は，$(kx\boldsymbol{e}_x + Ky\boldsymbol{e}_y) \times (x\boldsymbol{e}_x + y\boldsymbol{e}_y) = kx\boldsymbol{e}_x \times y\boldsymbol{e}_y + Ky\boldsymbol{e}_y \times x\boldsymbol{e}_x = (k-K)xy\boldsymbol{e}_z \neq 0$. よって，$\boldsymbol{F}$ と $\boldsymbol{r}$ は平行でない（軌道は省略）.

第 7 章

7.1 (a) 角速度 $\omega = 2\pi/(365 \times 24 \times 60 \times 60) = 2.0 \times 10^{-7}$ rad/s. 公転速度 $v = r\omega = 30$ km/s.

(b) 長半径 $a = (r_{\max} + r_{\min})/2 = 1.50 \times 10^{11}$ m, 短半径 $b = \sqrt{r_{\max}r_{\min}} = 1.49 \times 10^{11}$ m, 離心率 $\varepsilon = \sqrt{a^2 - b^2}/a = (r_{\max} - r_{\min})/(r_{\max} + r_{\min}) = 0.017$.

(c) 長半径 $= a_{水星} = 0.579 \times 10^{11}$ m, 短半径 $b_{水星} = 0.567 \times 10^{11}$ m. 水星の離心率 $= 0.21$.

(d) 水星と地球の公転周期を $T_{水星}$, $T_{地球}$ として，式 (7.23) より $T_{水星}/T_{地球} = (a_{水星}/a_{地球})^{3/2} = 0.24$.

7.2 (a) 円 $(\varepsilon = 0)$ $x^2 + y^2 = k^2$

(b) 楕円 $(\varepsilon < 1)$ $(x + \varepsilon a)^2/a^2 + y^2/b^2 = 1$, $a = k/(1-\varepsilon^2)$, $b = k/\sqrt{1-\varepsilon^2}$

(c) 放物線 $(\varepsilon = 1)$ $2kx + y^2 = k^2$

(d) 双曲線 $(\varepsilon > 1)$ $(x - \varepsilon a)^2/a^2 - y^2/b^2 = 1$, $a = k/(\varepsilon^2 - 1)$, $b = k/\sqrt{\varepsilon^2 - 1}$

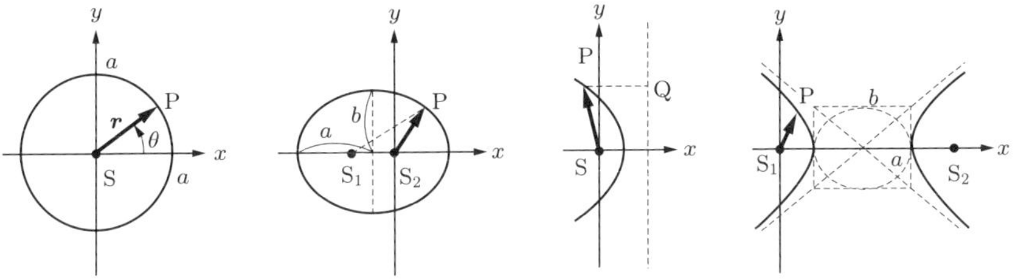

（a）円　（b）楕円　（c）放物線　（d）双曲線

解図 7.1

7.3 (a) 力学的エネルギー $E = m[\dot{r}^2 + (r\dot{\theta})^2]/2 + kr^2/2$

(b) 式 (7.14) より，$\ell = mr^2\dot{\theta}$ より，$\dot{\theta} = \ell/mr^2$ を用いて，$E = m\dot{r}^2/2 + V(r)$. ここで，$V(r) = \ell^2/(2mr^2) + kr^2/2$. $U(r) = V(r)/(m\omega^2)$ を解図 7.2 に示した．ここで，

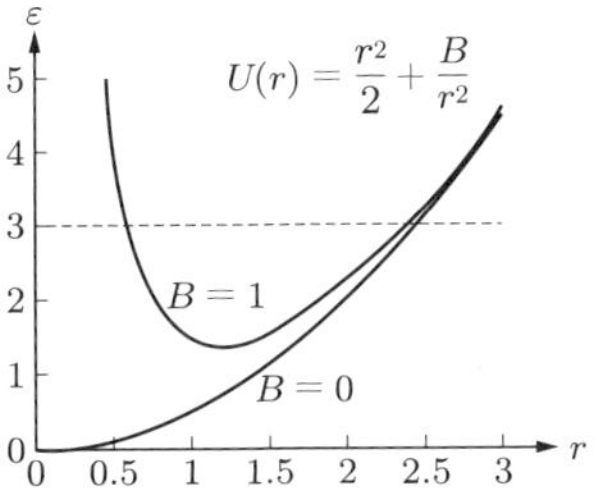

解図 7.2

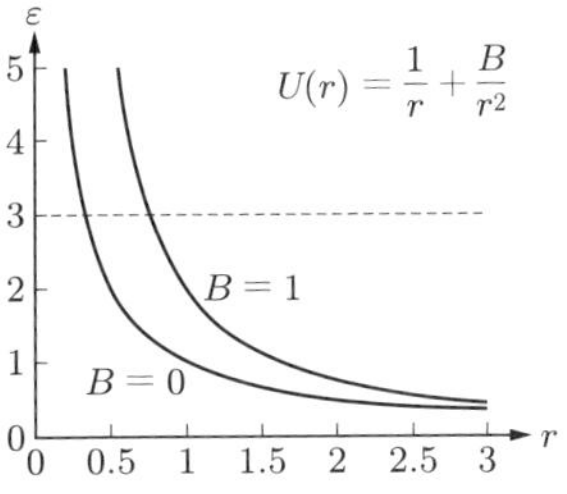

解図 7.3

$B = \ell^2/(2m^2\omega^2)$．$\varepsilon = E/(m\omega^2)$ が一定のとき，r の許される範囲は $\varepsilon > U(r)$ に限られる．$\varepsilon = 3$ のとき，$B = 1$ では，許される物体の位置は，$U(r)$ と $\varepsilon = 3$ の二つの交点の間である．$B = 0$ では，$r = 0$ から $\varepsilon = 3$ との交点との間である．

(c) $\ell = 0$ ($B = 0$) のとき，鉛直面内での単振動であり，交点は振幅の最大点である．一方，$\ell \neq 0$ ($B = 1$) のとき，たとえば，$\varepsilon = 3$ のとき，$U(r)$ と $\varepsilon = 3$ の二つの交点にはさまれた範囲で原点を中心とした楕円運動を行う．

7.4 $E = m\dot{r}^2/2 + \ell^2/2mr^2 + A/r$ となる．斥力なので $A > 0$．$U(r) = V(r)/A = 1/r + B/r^2$．ここで，$B = \ell^2/2mA$ として，$U(r)$ は解図 7.3 のようになる．$r \to 0$ で $U(r) \to \infty$ となるので，原点には粒子は到達しない．エネルギーが与えられたとき，たとえば，$E/A = 3$ と $U(r)$ の交点の右側の範囲が運動の許される範囲である．

第 8 章

8.1 (a) $\ell'_z = x'dy'/dt' - y'dx'/dt' = (T_0/2\pi)\ell_z/(mr_0^2) = (T_0/2\pi r_0)^2 E/m$

(b) $E' = (1/2)[(dx'/dt')^2 + (dy'/dt')^2] - 1/r'$

(c) $V'(r') = \ell'_z/2r'^2 - 1/r'$

8.2 解図 8.2，8.3 のようになる．

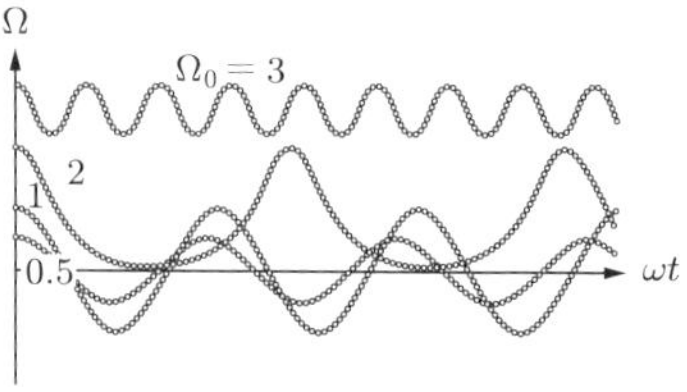

解図 8.1 角速度の時間変化．初期角速度 $\Omega_0 = 0.5$，1 は振動，$\Omega_0 = 2$，3 は回転運動．

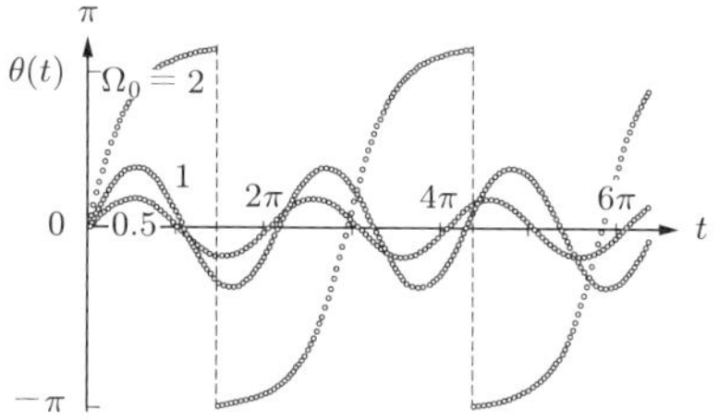

解図 8.2 角度の時間変化．初期角速度 $\Omega_0 = 0.5$，1 は振動，$\Omega_0 = 2$ は回転運動．

8.3 (a) $md^2x/dt^2 = -m\omega^2 x + F_0 \sin(\omega t)$

(b) $t' = \omega t$ とおき，さらに，$x_0 = F_0/(m\omega^2)$ とし，$x = x_0 x'$ とおけば，t'，x' はともに無次元になる．方程式は $d^2x'/dt'^2 = -x' + \sin t'$ で与えられる．結果は解図 8.3 のようになる．

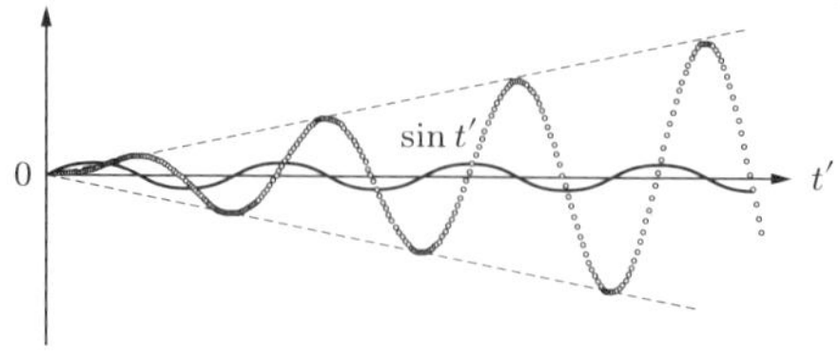

解図 8.3 変位 $x'(t)$ の時間変化

(c) 上の数値振動解は $-\cos t'$ と同じモードで振動し，その極大・極小をつないだ直線は時間に比例する．

8.4 (a) $b' = b/(m\omega^2)$，ただし，$\omega = \sqrt{k/m}$ は次元 T^{-1} であり，$t' = \omega t$ は無次元である．

(b) 位置エネルギー $V(x) = x^2/2 + b'x^4/4$．解図 8.4 のようになる．

(c) b' の次元は L^{-2} であるから，$x_0 = \sqrt{1/b'}$ の次元は L である．$x = x_0 x'$ とすれば，x は次元 L なので，x' は無次元となる．方程式 $d^2x'/dt'^2 = -x' - x'^3$ も無次元となる．結果は解図 8.5 のようになる．

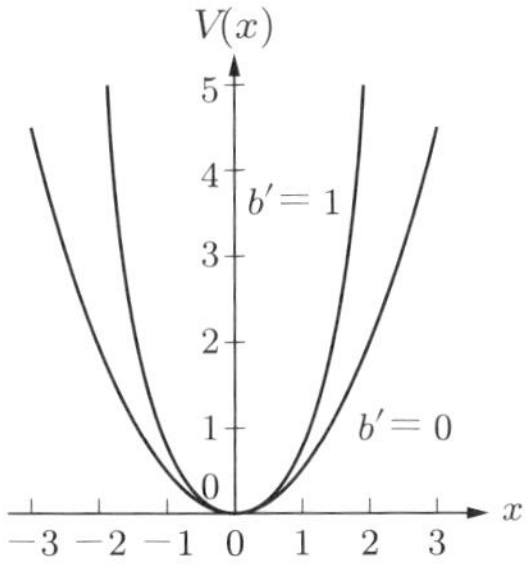

解図 8.4　位置エネルギー $V(x)$

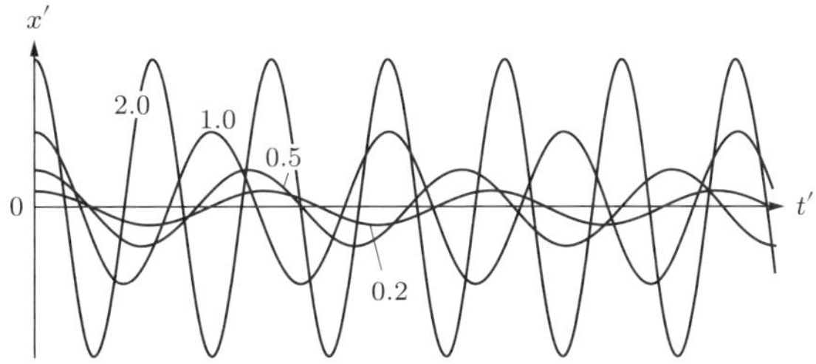

解図 8.5　初速 = 0，初期位置が与えられた x' の時間変化

8.5 (a) $\lambda = \sqrt{a/m}$ とおけば，一般解は $x(t) = A\exp(\lambda t) + B\exp(-\lambda t)$．初期条件を満たす解は $A = (1/2)(x_0 + v_0/\lambda)$，$B = (1/2)(x_0 - v_0/\lambda)$．

(b) $t\lambda = t'$ とおけば，λ の次元は T^{-1} となるので，t' は無次元．運動方程式は $d^2x/dt'^2 = x - b'x^3$．ここで，$b' = b/(m\lambda^2)$．

(c) 位置エネルギー $V(x) = -x^2/2 + b'x^4/4$ となる（解図 8.6）．$x = 0$ は極大点，$x = \pm\sqrt{1/b'}$ で，二つの極小点がある．エネルギー $E > 0$ では，両極小点をめぐる範囲の運動が許される．一方，$0 > E >$ 極小値 では，初期位置により，左右どちらかの極小点付近の範囲に運動が限られる．

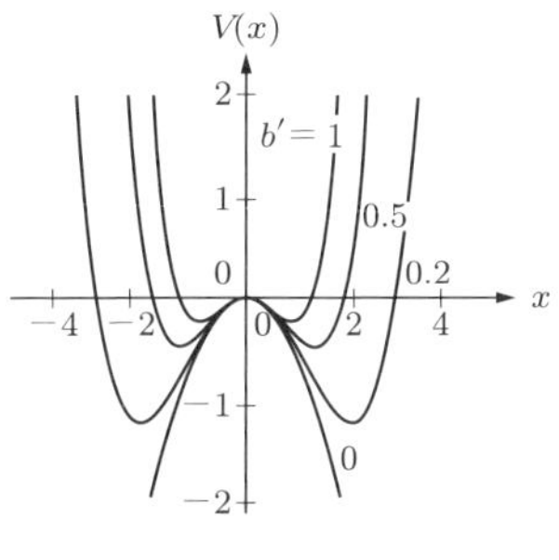

解図 8.6　位置エネルギー $V(x)$

第 9 章

9.1 (a) 鉛直線からの糸の傾きを θ とすれば，$\tan\theta = \alpha/g = 2/9.8 = 0.204$，糸の張力を K とすれば，$K = \sqrt{g^2 + \alpha^2} = \sqrt{9.8^2 + 2^2} = 10.0\,\mathrm{m/s^2}$．振り子の周期 $T = 2\pi\sqrt{\ell/K} = 2\pi\sqrt{1/10.0} = 1.99\,\mathrm{s}$．

(b) 曲率半径 ρ の曲線を速さ v で進行するときの求心加速度 $\alpha = v^2/\rho = 27.8^2/100 = 7.73\,\mathrm{m/s^2}$．$\tan\theta = 7.73/9.8 = 0.789$，$K = 12.5\,\mathrm{m/s^2}$，$T = 1.78\,\mathrm{s}$．

9.2 人工衛星の軌道を円とすれば，その回転半径 r，速さを v とすると，求心加速度は v^2/r となり，地球の重力による加速度と等しい．人工衛星に乗った人は，この加速度の逆方向に遠心加速度を受けるが，地球の重力による加速度と打ち消すので，衛星内では無重力となる．

9.3 ロケットの燃料が使われている間は，それによる加速を受けているが，燃焼が止まった間は，ロケットは重力のみの加速度で動くので，乗客はロケットに対し，それと同じ大きさで，逆方向の加速度を受ける．これは地球の重力による乗客の加速度を打ち消し，ロケットに対しては無重力状態となる．これはロケットが上昇か下降中を問わない．

9.4 (a) 遠心力と逆向きの力を物体に加える．

(b) 円板の中心から見て外向きの方向に動き始める．さらに，コリオリ力により，円板の回転方向と逆の方向に曲がる．静止系で見れば，力を取り除いたときの円板の回転速度の方向に，その速度で，直線的に動く．

(c) 球は遠心力でさらに加速され，コリオリ力により円板の回転方向と逆方向に曲がるように見える．

9.5 台風は，低気圧の中心に向かって周りから風が吹き込む．北半球では地球の自転の天頂方向の成分は右回りで，図 9.3(b) に表されているように，中心に向かう気流の速度のコリオリ力は，上から見ると，反時計回りとなり，したがって，台風の渦も反時計回りとなる．一方，南半球では，地球自転の天頂方向成分は左回りとなり，コリオリ力も逆向き，つまり，時計方向となる．

9.6 (a) 式 (9.26) の第 1 式に $\dot{x}$，第 2 式に $\dot{y}$ をかけて和をとると，$\dot{x}\ddot{x} + \dot{y}\ddot{y} = -(g/\ell)(\dot{x}x + \dot{y}y) + 2\omega_0 \sin\phi\,(\dot{x}\dot{y} - \dot{y}\dot{x})$ これに m をかけて，書き換えて $(1/2)m[d(\dot{x}^2 + \dot{y}^2)/dt + (mg/\ell)d(x^2 + y^2)/dt] = 0$ となる．これで，運動のエネルギーと位置エネルギーの和は一定であることが示される．

(b) $E = (1/2)m(\dot{r}^2 + r^2\dot{\theta}^2) + (1/2)(mg/\ell)r^2$．$\dot{\theta} = -\omega_0 \sin\phi$ を用いて，$E = (1/2)m\dot{r}^2 + (1/2)m(g/\ell + \omega_0^2 \sin^2\phi)r^2$．$\omega^2 = g/\ell$ とおき，$E/m\omega^2 = \dot{r}^2/2 + V(r)$．ここで，$V(r) = (1/2)[1 + (\omega_0/\omega)^2 \sin^2\phi]r^2$ の図を解図 9.1 に示した．ただし，$(\omega_0/\omega)^2 = 0.1$ とおいた．

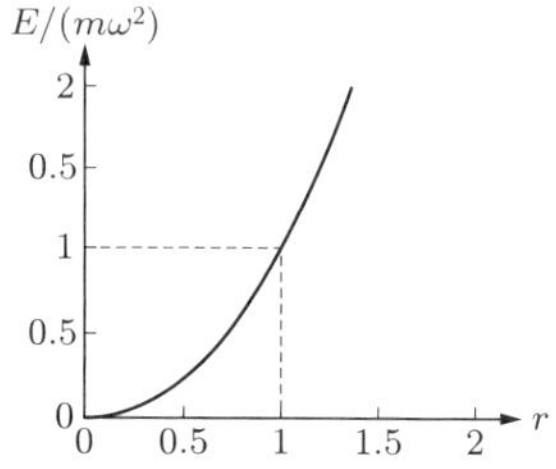

解図 9.1

9.7 (a) 図 9.4(a) のように，北緯 ϕ の地表に原点 O′ をとる．系 O′ の天頂方向を z 軸方向，南方向を x 軸方向，東方向を y 軸方向とする．地球自転の角速度ベクトル $\boldsymbol{\omega}_0 = -\omega_0 \cos\phi\,\boldsymbol{e}_x + \omega_0 \sin\phi\,\boldsymbol{e}_z$ と表される．したがって，地表で $\boldsymbol{v}$ の速度をもつ物体に対するコリオリ力は $-2m(\omega_0 \times \boldsymbol{v}) = 2m[\omega_0 \sin\phi\, v_y \boldsymbol{e}_x - (\omega_0 \sin\phi\, v_x + \omega_0 \cos\phi\, v_z)\boldsymbol{e}_y + \omega_0 \cos\phi\, v_y \boldsymbol{e}_z]$

(b) 運動方程式は $d^2x/dt^2 = 2\omega_0 \sin\phi\, dy/dt \quad \cdots(1)$，$d^2y/dt^2 = -2\omega_0(\sin\phi\, dx/dt + \cos\phi\, dz/dt) \quad \cdots(2)$，$d^2z/dt^2 = -g + 2\omega_0 \cos\phi\, dy/dt \quad \cdots(3)$．初期速度 $v_0 = 0$ として，積分すれば $dx/dt = 2\omega_0 y \sin\phi \quad \cdots(4)$，$dy/dt = -2\omega_0(x \sin\phi + z \cos\phi) \quad \cdots(5)$，$dz/dt = -gt + 2\omega_0 y \cos\phi \quad \cdots(6)$．変位は，$t = 0$ で $x_0 = y_0 = 0$，$z_0 = h$ とする．上の式 (4)〜(6) は連立しているが，第 0 近似では，$\omega_0 = 0$ とおくと，上の式 (4)，(5) はゼロとなる．上の式 (6) より積分して，$z(t) = -gt^2/2 + h \quad \cdots(7)$．地上に落下するまでの時間は，$t_f = \sqrt{2h/g}$ で与えられる．

次に第 1 近似として，上式から $x \approx 0$，$y \approx 0$ で，z のみ 0 でないので，式 (5) に式 (7) を代入して積分して，$y(t_f) = -2\omega_0 \cos\phi \int_0^{t_f} z(t)dt = -2\omega_0 \cos\phi \int_0^{t_f} (h - gt^2/2)dt = -(4\omega_0)/3 \cos\phi \sqrt{2h^3/g}$ で与えられる．

(c) ここで，北緯 45° として，$\cos 45° = 1/\sqrt{2}$，$h = 100\,\mathrm{m}$ で，西へ 3 cm，$h = 1000\,\mathrm{m}$ で，西へ 0.97 m である．

第10章

10.1 (a) 体重 M_1，M_2 の人の速度を v_1，v_2 とする．二人の重心速度はゼロで，$M_1 v_1 + M_2 v_2 = 0$ となる．相対速度 $v = v_2 - v_1$ を用いて，$v_1 = -M_2 v/(M_1 + M_2)$，$v_2 = M_1 v/(M_1 + M_2)$.

(b) ボールを投げた後の M_1 の人の速度を V_1 とすれば，運動量保存から $M_1 V_1 + mv = 0$. M_2 の人の速度を V_2 とすれば，$(M_2 + m)V_2 = mv$ であるから，二人の相対速度は $V = V_2 - V_1 = (m/\mu)v$. ここで，$\mu = M_1(M_2 + m)/(M_1 + M_2 + m)$ である．運動エネルギーは相対運動エネルギーのみで，$T = m^2 v^2/2\mu$.

10.2 人間の質量を m，船の質量を M とする．人と船の重心は動かないから，$mv(t) + MV(t) = 0$ が成り立つ．人が船首から船尾まで歩く時間を T とし，その間に人の進んだ距離を x，船の進んだ距離を X とすれば，相対距離 ℓ は，

$$\begin{aligned}\ell = x - X &= \int_0^T (v(t) - V(t))dt \\ &= -\int_0^T \left(\frac{M}{m}V(t) + V(t)\right) dt = \left(1 + \frac{M}{m}\right) X\end{aligned}$$

ℓ は船の長さである．したがって，$X = \ell/(1 + M/m) = 2.5\,\mathrm{m}$.

10.3 (a) 二つの振り子の鉛直線からの糸の角度を θ_1，θ_2 とする．運動方程式は $m_1\ell\ddot{\theta}_1 = -m_1 g\theta_1 + k\ell(\theta_2 - \theta_1)$ $\cdots(1)$，$m_2\ell\ddot{\theta}_2 = -m_2 g\theta_2 + k\ell(\theta_1 - \theta_2)$ $\cdots(2)$ となる．

(b) この二つの方程式の和は $M\ell\ddot{\theta}_G = -Mg\theta_G$ となる．$M = m_1 + m_2$，質量中心の位置の角度を θ_G．質量中心の固有角振動数 $\omega_G = \sqrt{g/\ell}$ で与えられる．

一方，式 (1) に m_2，式 (2) に m_1 をかけ，その差をとれば，相対運動の運動方程式 $\mu\ell\ddot{\theta} = -(\mu g + k\ell)\theta$. ここで，$\mu$ は換算質量であり，$\theta = \theta_2 - \theta_1$．相対運動の固有角振動数は $\omega = \sqrt{g/\ell + k/\mu}$ で与えられる．

(c) 質量中心の運動の一般解は $\theta_G(t) = A\sin(\omega_G t) + B\cos(\omega_G t)$. A，B は任意定数．相対運動の一般解は $\theta(t) = C\sin(\omega t) + D\cos(\omega t)$. C，D は任意定数.

(d) 質量中心の固有モードは $\theta = 0$ であるから，$\theta_1 = \theta_2$．つまり，二つの振り子は同じ角度で振れる．また，相対運動の固有モードは $\theta_G = 0$ であるから，$\theta_1 = -\theta_2$ となる．したがって，二つの振り子は逆方向に同じ角度で振れる．

10.4 (a) A, B の質点の相対変位 $x = x_B - x_A$ とおいて，相対運動の方程式は $\mu\ddot{x} = -kx$. 換算質量 $\mu = 2m/3$ である．この物体の単振動の角振動数は $\omega = \sqrt{3k/2m}$.

(b) 衝突時を $t = 0$ とする．$v_A = v_0$，$v_B = 0$，$v_C = 0$ となる．A，B の質量中心の速度を v_G とすれば，$v_G = v_0/3$ $\cdots(1)$.

相対運動 $x(t)$ は問 (a) より単振動となるから，任意定数 A，B を用いて $x(t) = x_B(t) - x_A(t) = A\sin(\omega t) + B\cos(\omega t)$. 初期条件 $x(0) = x_B(0) - x_A(0) = 0$ を代入すれば，$B = 0$ となる．また，相対速度 $v(t)$ は $v(t) = A\omega\cos(\omega t)$. 一方，衝突直後の相対速度 $v(0) = v_B(0) - v_A(0) = -v_0$ を代入すれば，$A = -v_0/\omega$ が得られる．$x(t) = -(v_0/\omega)\sin(\omega t)$，$v(t) = -v_0\cos(\omega t)$ $\cdots(2)$. $v = v_B - v_A$ と $3v_G = v_A + 2v_B$ を用いて，v_A，v_B を v と v_G で表

し，式 (1)，(2) を用いれば，$v_A(t) = v_G - (2/3)v = (1/3)v_0 + (2/3)v_0\cos(\omega t)$，　$v_B(t) = v_G + (1/3)v = -(1/3)v_0 + (1/3)v_0\cos(\omega t)$.

(c) 衝突直後はCとBのみを考えればよい．直後のB, Cの速度を v_B, v_C とすれば，運動量保存から $mv_0 = 2mv_B + mv_C$　$\cdots$(3)，運動エネルギー保存より $(1/2)mv_0^2 = (1/2)2mv_B^2 + (1/2)mv_C^2$　$\cdots$(4)．式 (3)，(4) から v_C を消去して，$v_B = (2/3)v_0$，$v_C = v_0 - 2v_B = -(1/3)v_0$ また，$v_A = 0$．A，Bの重心速度を v_G とすれば，$3mv_G = 2mv_B + mv_A$ より $v_G = (2/3)v_B = (4/9)v_0$ となる．また，$x_A(0) = x_B(0) = 0$ である．

相対位置 $x(t) = x_B(t) - x_A(t) = A\sin(\omega t) + B\cos(\omega t)$ とおけば，相対速度 $v(t) = v_B(t) - v_A(t) = A\omega\cos(\omega t) - B\omega\sin(\omega t)$, 初期条件 $v(0) = v_B(0) - v_A(0) = (2/3)v_0 = A\omega$ より $A = (2/3)(v_0/\omega)$，$x(0) = x_B(0) - x_A(0) = B$ より $B = 0$．$v(t) = (2/3)v_0\cos(\omega t)$，$x(t) = (2/3)(v_0/\omega)\sin(\omega t)$，$v_A(t) = v_G - (2/3)v(t)$，$v_B(t) = v_G + (1/3)v(t)$.

10.5　(a) 太陽 M と地球 m の換算質量は $m/M \approx 10^{-6} \ll 1$ より，$\mu = m$ としてよい．

(b) 質量中心からの太陽と地球の距離をそれぞれ R_G，$R - R_G$ とすれば，$-MR_G + m(R - R_G) = 0$ より $R_G/R = m/(M+m) \approx m/M = 3.0 \times 10^{-6}$ となる．したがって，$R_G \ll R$ となる．$R_G = 4.5 \times 10^5\,\mathrm{m}$.

(c) 以下では，$R - R_G \approx R$ として，また，$\mu \approx m$ としてよい．公転角速度を ω とすれば，引力による求心力は $mR\omega^2 = GmM/R^2$ より $\omega = \sqrt{GM/R^3} = 1.99 \times 10^{-7}\,\mathrm{s}^{-1}$，周期 $T = 2\pi/\omega = 3.155 \times 10^7\,\mathrm{s} = 365$ 日.

(d) 地球の公転速度 v と太陽の公転速度 V は $v = R\omega = 2.98 \times 10^4\,\mathrm{m/s}$．$V = R_G\omega = 8.9 \times 10^{-2}\,\mathrm{m/s}$.

(e) 地球と太陽の角運動量を ℓ，L とすれば，$\ell = mR^2\omega = 2.67 \times 10^{40}\,\mathrm{kg{\cdot}m^2/s}$，$L = MR_G^2\omega = 8.0 \times 10^{34}\,\mathrm{kg{\cdot}m^2/s}$.

10.6　(a) 地球と月の中心距離を r，地球の中心から月と地球の質量中心までの距離を r_G とすると，$r_G = [m/(M+m)]r = 4.61 \times 10^6\,\mathrm{m}$．その比は $r_G/r = (m/M)\,(1 - m/M) \approx m/M = 1.2 \times 10^{-2}$.

(b) 地球と月の換算質量 μ は，$1/\mu = 1/M + 1/m$ より，$\mu = Mm/(M+m) = m[1/(1+m/M)] \approx m\,(1 - m/M) = 0.988m = 7.11 \times 10^{22}\,\mathrm{kg}$.

(c) 相対運動は半径 r の円運動であるから，$\mu r\omega^2 = GmM/r^2$ より $\omega = \sqrt{GmM/\mu r^3} = 2.67 \times 10^{-6}\,\mathrm{s}^{-1}$．また，周期は $T = 2\pi/\omega = 2.35 \times 10^6\,\mathrm{s} = 27.1$ 日.

(d) 月の周回速度 v_m，地球の周回速度 v_e とすると，$v_m = (r - r_G)\omega = 1.01 \times 10^3\,\mathrm{m/s}$，$v_e = r_G\omega = 12.1\,\mathrm{m/s}$.

(e) 地球の角運動量 $Mr_G^2\omega = 3.4 \times 10^{32}\,\mathrm{kg{\cdot}m^2/s}$，月の角運動量 $m(r - r_G)^2\omega = 2.76 \times 10^{34}\,\mathrm{kg{\cdot}m^2/s}$

(f) 地球の運動エネルギー T_e，月の運動エネルギー T_m とする．$T_e = (1/2)Mr_G^2\omega^2$，$T_m = (1/2)m(r - r_G)^2\omega^2$．その比は $T_m/T_e = (m/M)\,[(r - r_G)/r_G]^2 = 83.9$．エネルギーの総和は $T_e + T_m = (1/2)Mr_G^2\omega^2 + (1/2)m(r - r_G)^2\omega^2 = (1/2)r^2\omega^2 mM/(M+m) = (1/2)\mu v^2$.

10.7　(a) 連星の換算質量を μ とすれば，二つの連星の相対角速度を ω として，$\mu R\omega^2 = Gm_1m_2/R^2$ が成り立つ．$R^3\omega^2 = Gm_1m_2/\mu = G(m_1 + m_2)$，公転周期 T を用いて，$R^3/T^2 = G(m_1 + m_2)/(2\pi)^2$.

(b) 太陽と地球の系では，太陽と地球の質量を M，m，太陽と地球の距離 r，地球の公転周

期を τ とすれば，$r^3/\tau^2 = G(M+m)/(2\pi)^2$ となる．連星のときの関係式の比をとると，$(R/r)^3/(T/\tau)^2 = (m_1+m_2)/(M+m)$ となる．天文単位をとれば，$r=1$，$R=10$，また，$\tau = 1$ 年，$T = 20$ 年 を代入すれば，$(m_1+m_2)/(M+m) = 10/4 = 2.5$ となる．

第11章

11.1 i 番目の力 $\boldsymbol{F}_i$ の作用点を $\boldsymbol{r}_i$ とする．点 P の周りの力のモーメントの和は $\boldsymbol{N}_{\rm P} = \sum_i [(\boldsymbol{r}_i - \boldsymbol{r}_{\rm P}) \times \boldsymbol{F}_i] = \sum_i (\boldsymbol{r}_i \times \boldsymbol{F}_i) - \boldsymbol{r}_{\rm P} \times \sum_i \boldsymbol{F}_i$．第 2 項は題意よりゼロ，もし，$\boldsymbol{N}_{\rm P}$ がゼロであれば，第 1 項の原点の周りの力のモーメントもゼロとなる．任意の点 Q の周りの力のモーメント $\boldsymbol{N}_{\rm Q}$ も，P を Q に置き換えた式で表されるので，ゼロとなることは容易に示される．

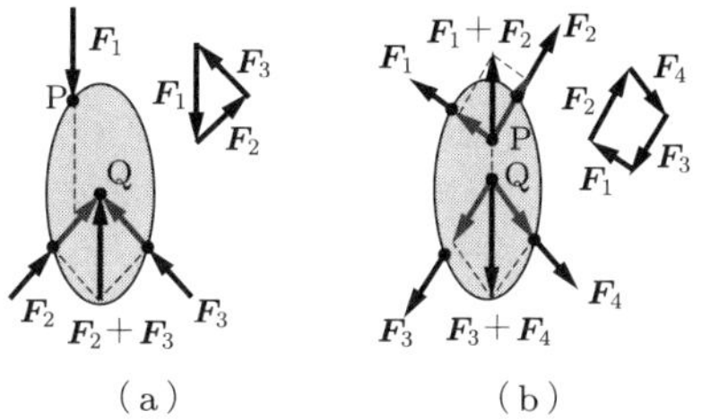

解図 11.1

11.2 (a) 解図 11.1(a) に示されたように，$\boldsymbol{F}_2$ と $\boldsymbol{F}_3$ の作用線の交点 Q を $\boldsymbol{F}_1$ の作用線が通らない．$\boldsymbol{F}_2$ と $\boldsymbol{F}_3$ の合成力は $-\boldsymbol{F}_1$ となる．したがって，偶力が残り，つり合うことはない．
(b) 図 (b) に示されているように，二つの力の合成力の作用点 P とほかの二つの力の合成力の作用点 Q が一致しなくとも，共通の作用線の上にあれば，$\boldsymbol{F}_1 + \boldsymbol{F}_2 = -\boldsymbol{F}_3 - \boldsymbol{F}_4$ が成り立っているからつり合いは保たれる．

11.3 (a) 2 個の質点間の距離を ℓ とする．m_1 を原点に置き，m_2 を x 軸上に置く．重心 G の位置を $x_{\rm G}$ とすれば，式 (10.5) より，$x_{\rm G} = (m_1 \cdot 0 + m_2 \ell)/(m_1+m_2) = [m_2/(m_1+m_2)]\ell$ となる．G と m_2 間の距離 $\ell_2 = \ell - x_{\rm G} = [m_1/(m_1+m_2)]\ell$ となる．m_1 の重心までの距離を $\ell_1 = x_{\rm G}$ であるから，$\ell_1/\ell_2 = m_2/m_1$ となる．
(b) 3 個の質点の質量を m_1，m_2，m_3 とし，それぞれの位置を $\boldsymbol{r}_1$，$\boldsymbol{r}_2$，$\boldsymbol{r}_3$ とする．1 と 2 の質点の和を M_2，その重心の位置 $\boldsymbol{R}_2$ とする．次に，この重心と 3 の重心を求めると，$\boldsymbol{R}_3 = (M_2 \boldsymbol{R}_2 + m_3 \boldsymbol{r}_3)/(M_2 + m_3) = (m_1 \boldsymbol{r}_1 + m_2 \boldsymbol{r}_2 + m_3 \boldsymbol{r}_3)/(m_1+m_2+m_3)$ となり，式 (10.15) の定義と一致する．
(c) 1 から $N-1$ 番目の質点までの和を $M_{N-1} = \sum_{i=1}^{N-1} m_i$，重心の位置は式 (10.15) より，和を $i = N-1$ までとることにより，$\boldsymbol{R}_{N-1} = \sum_{i=1}^{N-1} (m_i \boldsymbol{r}_i)/M_{N-1}$ と書ける．さらに N 番目の質量 m_N を加えたときの，N 個の質量を M_N とすれば，重心の位置は M_{N-1} と m_N の重心であるので，$\boldsymbol{R}_N = (M_{N-1} \boldsymbol{R}_{N-1} + m_N \boldsymbol{r}_N)/(M_{N-1} + m_N) = (\sum_{i=1}^{N-1} (m_i \boldsymbol{r}_i) + m_N \boldsymbol{r}_N)/(\sum_{i=1}^{N} m_i) = \sum_{i=1}^{N} (m_i \boldsymbol{r}_i)/(\sum_{i=1}^{N} m_i)$ が得られ，式 (10.15) が得られる．

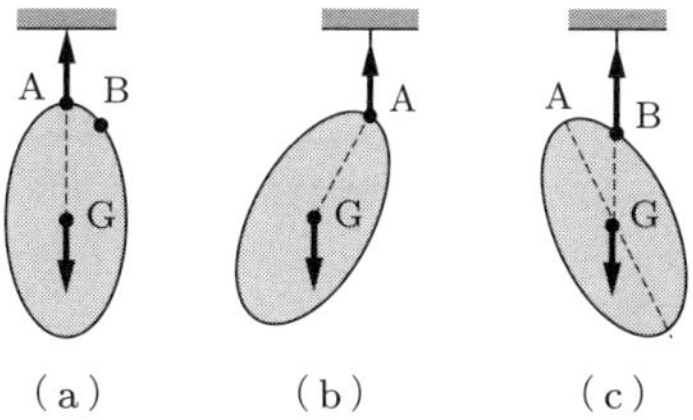

解図 11.2

11.4 (a) 質量 M の剛体には，重心 G に Mg の全重力が鉛直下方にはたらいているが，つり下げた糸の張力とつり合っている．さらに，剛体にはたらく力のモーメントの総和がゼロであることである．もし，重心 G の位置が点 A の鉛直線上になければ，解図 11.2(b) からわかるように，糸による力のモーメントと，重心にはたらく重力のモーメントは偶力となり，モーメントの和はゼロにならないので，剛体はつり合わない．
(b) 図 (c) のように，剛体に点 A の糸の延長線を記録しておき，次に別の位置 B に糸を取り付け，同じようにつるし，静止してから，糸の延長線を記録する．この 2 本の延長線の交点が重心の位置となる．

11.5 やじろべえは左右対称なので，つり合いの位置にあるとき，やじろべえの重心の位置が支点 O より鉛直下方にあり，支点の周りのモーメントがゼロである．やじろべえが鉛直線より傾いたとき，重心が上がるので，重心にはたらく下向きの重力と，支点にはたらく上向きの力のモーメントは，傾きを元に戻すような復元力がはたらくので安定である．もし重心が支点の上方にあれば，傾きをさらに増すようなモーメントとなり，不安定である．

11.6 全重心を (x_G, y_G) とすれば，$x_G = m(-a/4 - a/4 + a/4)/(3m) = -a/12$，$y_G = m(a/4 - a/4 - a/4)/(3m) = -a/12$.

11.7 三角形の一つの頂点 A から，解図 11.3 のように，対辺 BC の中点 M を結ぶ直線を AM とする．この底辺に平行な直線で，残りの 2 辺を切る点を B′，C′ としよう．三角形 AB′C′ は ABC と相似であるから，AM は B′C′ を中点 M′ で切っている．M′ はこの細い棒の重心でもある．三角形はこのような細い棒の和であるから，AM は三角形のつり合いの線であり，A をつるせば，AM は鉛直線と一致する．したがって，重心は AM の線上にある．

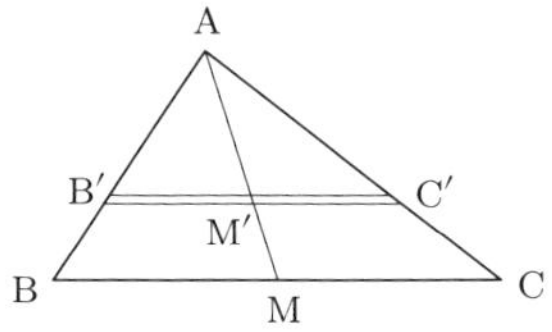

解図 11.3

11.8 円錐は中心軸が回転対称をもつので，重心の位置は中心軸上にある．高さ h，底面の半径を a，密度を ρ とする．円錐の質量 M は解図 11.4 のように，頂点を原点，中心軸を x 軸として，軸に垂直な厚さ dx の薄い円盤の和として M を求める．

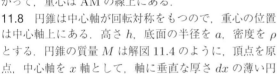

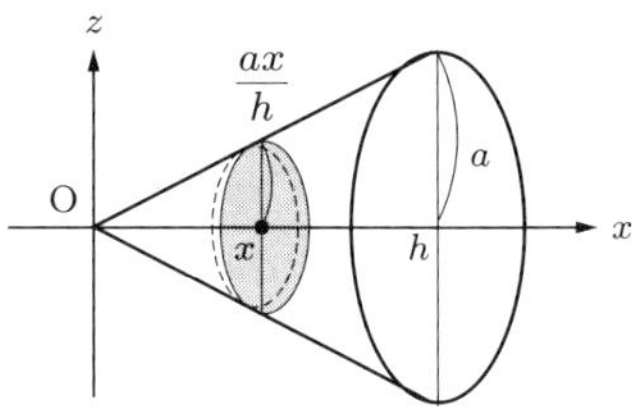

解図 11.4

$$M = \rho\pi \int_0^h \left(\frac{ax}{h}\right)^2 dx$$
$$= \pi\rho \left(\frac{a}{h}\right)^2 \left[\frac{x^3}{3}\right]_0^h = \frac{1}{3}\pi\rho a^2 h$$

質量の原点からのモーメントは

$$N = \rho \int_0^h \pi x \left(\frac{ax}{h}\right)^2 dx = \pi\rho \left(\frac{a}{h}\right)^2 \left[\frac{x^4}{4}\right]_0^h = \frac{1}{4}\pi\rho a^2 h^2$$

となる．頂点から重心までの距離は $r_G = N/M = 3h/4$，底面からの重心の高さは円錐の高さの 1/4 である．

第 12 章

12.1 (a) 回転軸の周りの慣性モーメントは $I = I_0 + Mh^2$．重心 G が鉛直線から θ 傾いたときの回転の運動方程式は $Id^2\theta/dt^2 = -Mgh\sin\theta \approx -Mgh\theta$．角振動数は $\omega = \sqrt{Mgh/I}$，周期は $T = 2\pi/\omega = 2\pi\sqrt{(I_0 + Mh^2)/Mgh}$.
(b) T の極小となる h とその周期 T を求める．

$$\frac{dT}{dh} = \pi\left(\sqrt{\frac{Mgh}{I_0+Mh^2}}\right)\left(\frac{2Mh}{Mgh} - \frac{I_0+Mh^2}{Mgh^2}\right) = 0$$

より $h = \sqrt{I_0/M}$，$T = 2\pi\sqrt{(2/g)\sqrt{I_0/M}}$.

12.2 ボルダの振り子の支点の周りの慣性モーメントは，球の中心の周りの慣性モーメントを $I_s = (2/5)MR^2$ として $I = I_s + M(\ell+R)^2 = M(\ell^2+2\ell R+7R^2/5)$ は $R/\ell \ll 1$ を用いて $I \approx M(\ell^2+2\ell R)$ となるから，運動方程式は $I\ddot{\theta} = -M(\ell+R)g\theta$ より，$\omega \approx \sqrt{(g/\ell)(1-R/\ell)}$.

12.3 (a) 衝突後のボールの速度を v，棒の回転角速度を ω とする．O を中心とした角運動量は保存とエネルギー保存．棒の慣性モーメント $I = M\ell^2/3$．$I\omega_0 - xmv_0 = I\omega + xmv \quad \cdots(1)$，$(1/2)I\omega_0^2 + (1/2)mv_0^2 = (1/2)I\omega^2 + (1/2)mv^2 \quad \cdots(2)$．式 (1) より $I(\omega_0-\omega) = xM(v+v_0) \quad \cdots(3)$．式 (2) より $I(\omega_0-\omega)(\omega_0+\omega) = m(v-v_0)(v+v_0) \quad \cdots(4)$．上の二つの式より $x(\omega_0+\omega) = v-v_0 \quad \cdots(5)$．式 (3) と式 (5) より ω を消去すれば，$v = [2Ix/(I+mx^2)]\omega_0 + [(I-mx^2)/(I+mx^2)]v_0 \quad \cdots(6)$，$\omega = [(I-mx^2)/(I+mx^2)]\omega_0 - [2mx/(I+mx^2)]v_0$.
(b)

$$\frac{dv}{dx} = \frac{2I^2+2Imx^2-4Imx^2}{(I+mx^2)^2}\omega_0 = 0$$

$$\therefore \quad I - mx^2 = 0, \quad x^2 = I/m$$

12.4 (a) 半径 a の円板の面密度 $\sigma = M/(\pi a^2)$ である．y 軸の周りの慣性モーメントは

$$I_y = 4\sigma\int_0^a x^2\sqrt{a^2-x^2}dx$$

積分変数を $x = a\sin\theta$，$dx = a\cos\theta\,d\theta$ と置き換えると，$\sqrt{a^2-x^2} = a\cos\theta$ であるから

$$\begin{aligned} I_y &= 4\sigma\int_0^{\pi/2} a^2\sin^2\theta\, a^2\cos^2\theta\, d\theta \\ &= a^4\sigma\int_0^{\pi/2}\sin^2(2\theta)d\theta = \frac{\pi}{4}\cdot\frac{M}{\pi a^2}a^4 \\ &= \frac{Ma^2}{4} \end{aligned}$$

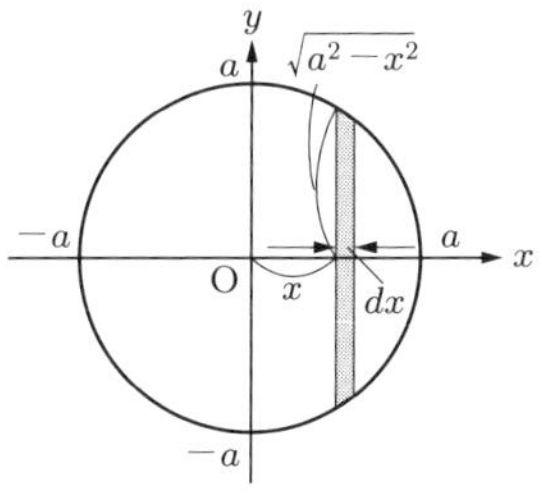

解図 12.1

(b) 円板が回転せず落下したので，重心速度を v_a とすれば $Mv_a^2/2 = Mgh$，$v_a = \sqrt{2gh}$．円板の慣性モーメント $I = Ma^2/2$，下まで転がり落ちたときの回転角速度を ω，円板の重心速度を v_b とすれば，$(1/2)Mv_b^2 + (1/2)I\omega^2 = Mgh$．滑らず転がるための条件 $v_b = a\omega$ を用いて，ω を消去して $(3/4)Mv_b^2 = Mgh$ となり，$v_b = \sqrt{4gh/3}$．重心の速度を比較すれば，$v_b/v_a = \sqrt{2/3}$ となる．

12.5 (a) ヨーヨーの重心の鉛直位置下向きに z 軸をとり，糸の張力を S として，重心の運動方程式は $M\ddot{z} = Mg - S$，回転運動の運動方程式は $I\dot{\omega} = Sa$ となる．両式から S を消去すれば $M\ddot{z} + (I/a)\dot{\omega} = Mg$ となる．さらに巻いた糸が滑らず解けたとすれば，$\dot{z} = a\omega$ の条件から $\ddot{z} = a\dot{\omega}$ となる．これを用いて，$\ddot{z}$ を消去すれば，$\dot{\omega} = Mg/(Ma+I/a)$．$I = (1/2)Ma^2$ を用いると，$\dot{\omega} = 2g/3a$ と $\ddot{z} = a\dot{\omega} = 2g/3$ が得られる．$\omega(t) = (2g/3a)t$，$v(t) = (2g/3)t$.

巻きつけた糸の長さ $\ell = \int_0^t a\omega(t)dt = a\int_0^t (2g/3a)tdt = (1/3)gt^2$，糸が伸びきるまでの時間 $t_f = \sqrt{3\ell/g}$．そのときの $\omega(t_f) = (1/a)\sqrt{(4/3)g\ell}$，$v(t_f) = \sqrt{(4/3)g\ell}$．糸の張力 $S(t) = I\dot{\omega}/a = (1/2)(Ma^2/a)(2g/3a) = (1/3)Mg$，最下点での重心運動エネルギー $(1/2)Mv^2 = (2/3)Mg\ell$，回転運動エネルギー $(1/2)I\omega^2 = (1/3)Mg\ell$，全運動エネルギー $Mg\ell$.
(b) ヨーヨーの重心が落下しないときは糸を引く力 $S = Mg$ となる．したがって，円板の回転運動方程式は $I\dot{\omega} = Mga$．$I = Ma^2/2$ を用いると，$\dot{\omega} = 2g/a$ となるので，$\omega(t) = 2gt/a$ となるので，糸が伸びきるまでの時間 t_f は $\ell = \int_0^{t_f} a\omega(t)dt = \int_0^{t_f} 2gtdt = gt_f$．したがって，$t_f = \sqrt{\ell/g}$．$\omega(t_f) = \sqrt{4g\ell}/a$．円板の回転エネルギーは $(1/2)I\omega^2 = Mg\ell$ となり，(a) の 3 倍となる．
12.6 重心の速度を $v_G(t)$ とすると，$v_G(t) = v_0 - \mu gt \quad \cdots(1)$．重心の周りの回転角速度を ω として，$I\dot{\omega} = a\mu Mg$，これより $\omega(t) = (a\mu Mg/I)t \quad \cdots(2)$．$v_G(t) = a\omega(t)$ のとき，滑らなくなる．その時間を t_f とすれば，式 (1) と式 (2) より $v_0 - \mu g t_f = (a^2\mu Mg)/I)\,t_f$ より t_f が決まる．ここで，$I = Ma^2/2$ を用いると，$t_f = v_0/(3\mu g)$ となる．この時刻以降は，滑らず転がる．
12.7 (a) $m\ell\omega^2$
(b) 回転軸を z 軸とする．剛体の i 部分の質量を m_i とし，その位置を (x_i, y_i, z_i) とする．遠心力は $\boldsymbol{f}_i = m_i(x_i\boldsymbol{e}_x + y_i\boldsymbol{e}_y)\omega^2$．すべての和は $\sum_i \boldsymbol{f}_i = M\omega^2(x_G\boldsymbol{e}_x + y_G\boldsymbol{e}_y)$．$M$ は剛体の質量.

第 13 章

13.1 面密度は，1 辺の長さを a として，$\rho = M/(\sqrt{3}a^2/4) = 4M/(\sqrt{3}a^2)$．$x$ 軸の周りの慣性モーメントは

$$I_x = \int_0^{a/2} y^2\rho\left(\frac{\sqrt{3}}{2}a - \sqrt{3}y\right)dy$$
$$= 2\sqrt{3}\rho\left[\frac{y^3}{6}a - \frac{y^4}{4}\right]_0^{a/2}$$
$$= 2\sqrt{3}\frac{4M}{\sqrt{3}a^2}\frac{a^4}{192} = \frac{Ma^2}{24}$$

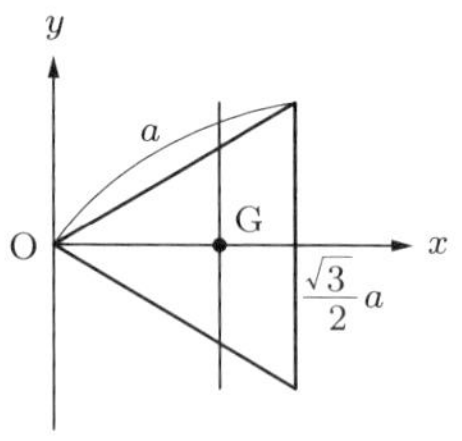

解図 13.1

重心 G を通り，y 軸に平行な軸の周りの慣性モーメント．I_y は y 軸の周りの慣性モーメント I_O をまず求め，平行軸の定理を用いる．

$$I_O = 2\rho\int_0^{\sqrt{3}a/2} x^2\frac{x}{\sqrt{3}}dx = 2\rho\left[\frac{x^4}{4\sqrt{3}}\right]_0^{\sqrt{3}a/2} = 2\frac{4M}{\sqrt{3}a^2}\frac{1}{4\sqrt{3}}\left(\frac{3}{4}\right)^2 a^4$$
$$= \frac{3}{8}Ma^2$$
$$I_y = I_O - M\left(\frac{a}{\sqrt{3}}\right)^2 = \left(\frac{3}{8} - \frac{1}{3}\right)Ma^2 = \frac{1}{24}Ma^2$$

したがって，$I_x = I_y$．G を通る面内の軸は，方向によらず同じ慣性モーメントをもつ．面に垂直な重心を通る軸の周りでは $I_z = I_x + I_y = (1/12)Ma^2$ となる．慣性モーメントは円板と同じ対称性をもつ．

13.2　解図 13.2 に示すように，正四面体の重心を原点 O とし，稜の長さを a，各頂点の座標は

$$\mathrm{A}: \frac{a}{2\sqrt{2}}(1,1,1), \quad \mathrm{B}: \frac{a}{2\sqrt{2}}(-1,-1,1)$$
$$\mathrm{C}: \frac{a}{2\sqrt{2}}(1,-1,-1), \quad \mathrm{D}: \frac{a}{2\sqrt{2}}(-1,1,-1)$$

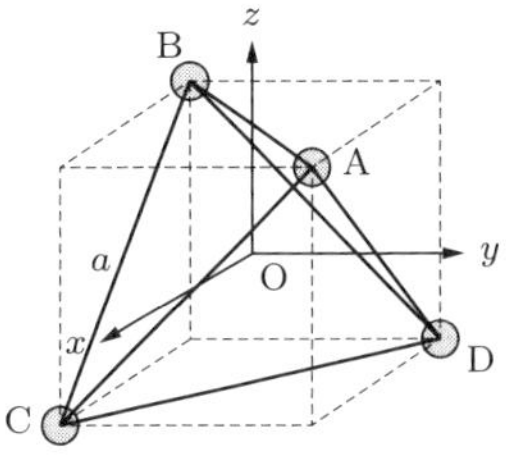

解図 13.2

重心 G を通り，z 軸と平行な慣性モーメント $I_z = m(a/2)^2 \times 4 = ma^2 = I_x = I_y$，慣性乗積 $I_{xy} = m[(a/2)^2 + (-a/2)(-a/2) + (a/2)(-a/2) + (-a/2)(a/2)] = 0$.

また，$\overrightarrow{\mathrm{OA}}$ の方向余弦 $(1,1,1)/\sqrt{3}$，$\overrightarrow{\mathrm{OB}}$ の方向余弦は $(-1,-1,1)/\sqrt{3}$ より，$\overrightarrow{\mathrm{OA}}$ と $\overrightarrow{\mathrm{OB}}$ のなす角を θ とすれば，$\cos\theta = \overrightarrow{\mathrm{OA}} \cdot \overrightarrow{\mathrm{OB}} = -1/3$，$\sin\theta = \sqrt{8}/3$ となる．B より $\overline{\mathrm{OA}}$ への垂線の長さは $\overline{\mathrm{OB}}\sin\theta = a/\sqrt{3}$ であり，C と D からの垂線も，対称性から同じになる．したがって，$\overline{\mathrm{OA}}$ の軸の周りの慣性モーメントは $ma^2/3 \times 3 = ma^2$ となる．したがって，重心を通るすべての軸の慣性モーメントは等しく，球体こまと同じ対称性をもつ．

13.3　(a) 解図 13.3(a) に示すように，原点を長方形の中心に，対角線を x 軸とする．

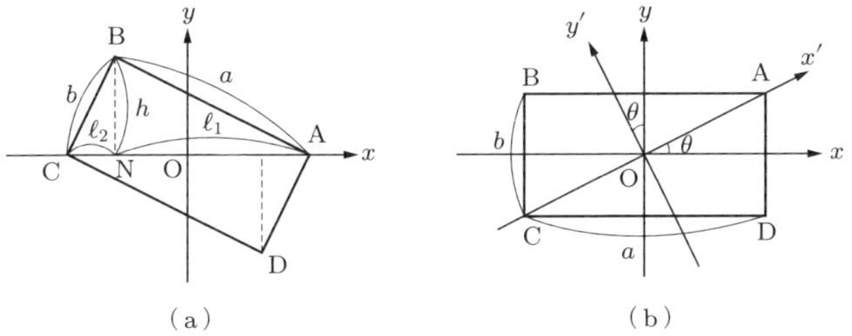

解図 13.3

BA を通る直線の式 $x_1 = -(\ell_1/h)y + (1/2)\sqrt{a^2+b^2}$，BC を通る直線の式 $x_2 = (\ell_2/h)y - (1/2)\sqrt{a^2+b^2}$．ここで，$\ell_1 = \overline{\mathrm{AN}} = a^2/\sqrt{a^2+b^2}$，$\ell_2 = \overline{\mathrm{CN}} = b^2/\sqrt{a^2+b^2}$，$h = ab/\sqrt{a^2+b^2}$.

対角線（x 軸）の周りの慣性モーメント I_d を計算する．x 軸に平行な幅 dy の棒状の部分の部分の質量 dm は面密度 $\rho = M/(ab)$ として，$dm(y) = \rho(x_1(y) - x_2(y))dy$ であるから

$$I_d = I_x = 2\rho\int_0^h y^2(x_1 - x_2)dy = 2\rho\int_0^h y^2\left(-\frac{a^2+b^2}{ab}y + \sqrt{a^2+b^2}\right)dy$$
$$= 2\rho\left[-\frac{a^2+b^2}{4ab}y^4 + \frac{\sqrt{a^2+b^2}}{3}y^3\right]_0^h = \frac{1}{6}M\frac{a^2b^2}{a^2+b^2}$$

y 軸の周りの慣性モーメント I_d を求める．AD を通る直線の式は $y_2 = (h/\ell_2)(x - \sqrt{a^2+b^2}/2)$，D を通り，$x$ 軸に下ろした垂線が x 軸と交わる位置は，原点から $\ell' = (\ell_2 -$

$\ell_1)/2 = a^2 - b^2/2\sqrt{a^2+b^2}$ 離れている．$I_{d'} = I_y = I_y(1) + I_y(2)$ とおいて，

$$I_y(1) = 2\rho\int_0^{\ell'} \frac{b}{a}\sqrt{a^2+b^2}x^2dx = \frac{\rho}{12}\frac{b(a^2-b^2)^3}{a(a^2+b^2)}$$

$$L_y(2) = 2\rho\int_{\ell'}^{\sqrt{a^2+b^2}/2}(y_1-y_2)x^2dx$$

$$= 2\rho\int_0^{\sqrt{a^2+b^2}/2}\left(\frac{a^2+b^2}{ab}\right)\left(\frac{\sqrt{a^2+b^2}}{2}-x\right)x^2dx$$

$$= \frac{2\rho}{24}\frac{1}{ab}\left[(a^2+b^2)^3-(a^2-b^2)^3\right] - \frac{\rho}{4}\frac{ab(a^4+b^4)}{a^2+b^2}$$

$$I_{d'} = I_y(1) + I_y(2) = \frac{M}{12}\frac{a^4+b^4}{a^2+b^2}$$

(b) 図 (b) に示すように，対角線が x 軸に対する角を θ とする．式 (13.6) によれば，x' 軸の周りの慣性モーメント $I_{x'}$ は対角線の方向余弦は $(\cos\theta, \sin\theta, 0) = (a/\sqrt{a^2+b^2}, b/\sqrt{a^2+b^2}, 0)$，$I_d = I_{x'} = I_x\cos^2\theta + I_y\sin^2\theta + 2I_{xy}\cos\theta\sin\theta$．$I_{xy} = 0$ より $I_d = (M/6)[a^2b^2/(a^2+b^2)]$ となり，(a) で求めた値と一致する．

また，y' 軸の周りの慣性モーメント $I_{y'}$ は，y' 軸の方向余弦は $(-\sin\theta, \cos\theta, 0)$ であるから，$I_{y'} = I_x\sin^2\theta + I_y\cos^2\theta = (M/12)[(a^4+b^4)/(a^2+b^2)]$ となり，(a) と一致する．

13.4 (a) 三次元極座標 (r, θ, ϕ) と棒の線密度 $\rho = M/\ell$ を用いて，

$$I_{xx} = 2\rho\int_0^{\ell/2}(y^2+z^2)dr = \frac{M\ell^2}{12}(\sin^2\theta\sin^2\phi + \cos^2\theta)$$

$$I_{yy} = \frac{Ml^2}{12}(\sin^2\theta\cos^2\phi + \cos^2\theta), \qquad I_{zz} = \frac{M^2}{12}\sin^2\theta$$

$$I_{xy} = -2\rho\int_0^{\ell/2}xydr = -\frac{M\ell^2}{12}(\sin^2\theta\sin\phi\cos\phi)$$

$$I_{yz} = -\frac{M\ell^2}{12}(\sin\theta\cos\theta\sin\phi), \qquad I_{zx} = -\frac{M\ell^2}{12}(\sin\theta\cos\theta\cos\phi)$$

(b) $\boldsymbol{L} = \boldsymbol{I\omega}$，$\boldsymbol{\omega} = \omega_z\boldsymbol{e}_z$，$L_x = I_{xz}\omega_z = -(M\ell^2/12)\omega_z\sin\theta\cos\theta\cos\phi$，$L_y = I_{yz}\omega_z = -(M\ell^2/12)\omega_z\sin\theta\cos\theta\sin\phi$，$L_z = I_{zz}\omega_z = -(M\ell^2/12)\omega_z\sin^2\theta$．

13.5 剛体振り子の O の周りの慣性モーメント $I = I_{\mathrm{G}} + Mh^2$ と表される．振り子の中心線が鉛直となす角を θ としたときの角速度を ω とする．初期位置の角度 θ_0 とすれば，エネルギー保存より

$$\frac{1}{2}I\omega^2 + \frac{1}{2}Mgh(1-\cos\theta) = \frac{1}{2}Mgh(1-\cos\theta_0)$$

より $\omega^2 = (Mgh/I)(\cos\theta - \cos\theta_0)$ となる．そのときの遠心力は $Mh\omega^2$，重力による力は Mg，中心線の方向成分は $Mg\cos\theta$，したがって，支点にかかる力は遠心力と重力の和で，$Mg\cos\theta + Mh(Mgh/I)(\cos\theta - \cos\theta_0)$．

13.6 (a) 薄板の面密度 $\sigma = M/(ab/2)$. 解図 13.4 のように長さ a の軸を x 軸にとる. 辺 AB の直線の式は $x = a/2 - (a/b)y$ である. a 軸についての慣性モーメントは

$$I_a = I_x = 4\sigma \int_0^{b/2} y^2 \left(\frac{a}{2} - \frac{a}{b}y\right) dy = \frac{1}{24}Mb^2$$

$$I_b = I_y = \frac{1}{24}Ma^2$$

面に垂直な軸では $I_\perp = I_a + I_b = (M/24)(a^2 + b^2)$.

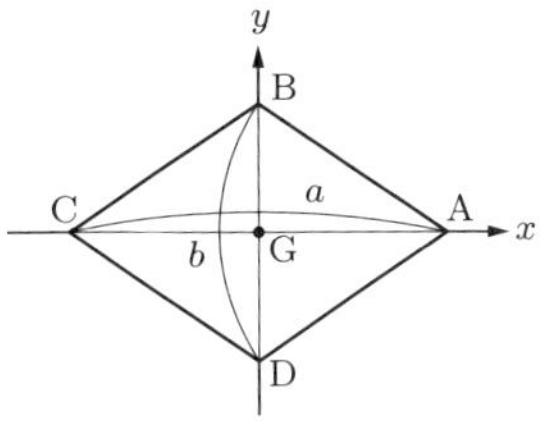

解図 13.4

13.7 (a) 解図 13.5 のように点 A で薄板をつり下げると, a 軸が鉛直になる. これを x 軸とする. 点 A を通り, b 軸と平行に y 軸をとる. z 軸は点 A を通り, x, y 軸と垂直にとる. 薄板を z 軸の周りで, 回転させる. その回転角を θ_z とする.

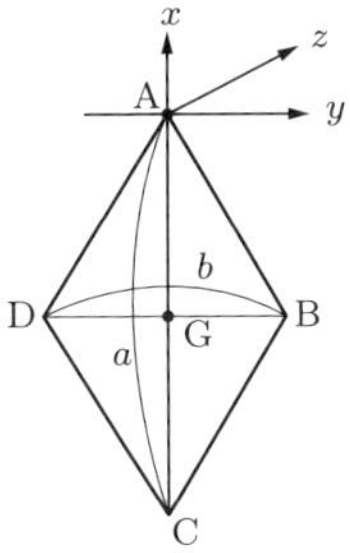

解図 13.5

$\theta_z \ll 1$ として, 薄板の点 A を中心とした z 軸周りの慣性モーメントを I_z とすれば, 角運動方程式は $I_z\ddot{\theta}_z = -(Mga/2)\theta_z$, $I_z = I_\perp + M(a/2)^2 = M(7a^2 + b^2)/24$ を用いて, 固有角振動数は $\omega_z = \sqrt{Mga/(2I_z)} = \sqrt{12ga/(7a^2 + b^2)}$.

y 軸の周りで, θ_y 回転させたときときは, 薄板の y 軸周りの慣性モーメントを I_y とすれば, 角運動方程式は $I_y\ddot{\theta}_y = -(Mga/2)\theta_y$. $I_y = I_b + M(a/2)^2 = Ma^2/24 + M(a/2)^2 = 7Ma^2/24$ を用いて, y 軸周りの固有角振動数は $\omega_y = \sqrt{Mga/(2I_y)} = \sqrt{12g/(7a)}$.

(b) 点 B の z 方向に撃力を加えたとき, その力積を $\overline{F}$ とする. 力積のモーメントは $\overrightarrow{\mathrm{AB}} \times \overline{F}\boldsymbol{e}_y = [(b/2)\boldsymbol{e}_y - (a/2)]\boldsymbol{e}_x \times \overline{F}\boldsymbol{e}_z = (a\overline{F}/2)\boldsymbol{e}_y + (b\overline{F}/2)\boldsymbol{e}_x$ となり, $\overline{N}_x = b\overline{F}/2$, $\overline{N}_z = 0$, $\overline{N}_y = b\overline{F}/2$.

撃力直後の x, y 軸の角速度を ω_x, ω_y とおけば, $I_x\omega_x = (b/2)\overline{F}$, $I_y\omega_y = (a/2)\overline{F}$. したがって, $\omega_x = b\overline{F}/(2I_x)$, $\omega_y = a\overline{F}/(2I_y)$. また, 慣性モーメントはそれぞれ $I_x = (1/24)Mb^2$. $I_y = (1/24)Ma^2 + M(a/2)^2 = 7Ma^2/24$. 角速度の比は $\omega_y/\omega_x = (aI_x)/(bI_y) = b/7a$. 運動エネルギーの比は $(I_y\omega_y^2/2)/(I_x\omega_x^2/2) = 1/7$.

13.8 (a) $I_\parallel = Ma^2/2 = 2 \times 10^{-6}\ \mathrm{kg{\cdot}m^2}$.

(b) $L = I_\parallel\omega = 2 \times 10^{-6} \times 2\pi \times 10 = 1.25 \times 10^{-4}\ \mathrm{kg{\cdot}m^2/s}$, $E = I_\parallel\omega^2/2 = 2 \times 10^{-6} \times (2\pi \times 10)^2/2 = 3.9 \times 10^{-3}\ \mathrm{J}$.

(c) $\omega_p = MgR_0/(I_\parallel\omega_s) = 2.32 \times 10$ 回/s, 周期 $T = 2\pi/\omega = 0.27\,\mathrm{s}$.

第 14 章

14.1 (a) 棒の重心の速度は $v_\mathrm{G} = \bar{F}/M \quad \cdots(1)$, 重心の周りの角速度は $\omega = (x - \ell/2)\bar{F}/I_\mathrm{G} \cdots(2)$. $I_\mathrm{G} = M\ell^2/12$ は重心の周りの慣性モーメント.

(b) 点 O が動かないためには, 並進速度 v_G と回転による O の速度が打ち消し合うように $v_\mathrm{G} = (\ell/2)\omega$ となる必要がある. $x = I_\mathrm{G}/(M\ell/2) + \ell/2 = 2\ell/3$. この位置は撃力の大きさとは無関係である.

(c) 以後, 棒の重心は式 (1) から決まる v_G の並進等速運動と, 式 (2) により決まる G の周りの ω の等角速度の回転運動を続ける.

14.2 衝突後, 重心の速度 v_G, ボールの速度 v, 棒の角速度 ω とすれば, 運動保存則と角

運動量保存則 $mv_0 = Mv_G + mv \quad \cdots(1)$，$I_G\omega_0 + mxv_0 = I_G\omega + mxv \quad \cdots(2)$ より，$I_G = M\ell^2/12$．棒の重心の周りの慣性モーメントは衝突時のエネルギー保存から $I_G\omega_0^2/2 + mv_0^2/2 = Mv_G^2/2 + I_G\omega^2/2 + mv^2/2 \quad \cdots(3)$．式 (1)〜(3) を変形して，$Mv_G + m(v - v_0) = 0 \quad \cdots(4)$，$I_G(\omega - \omega_0) + mx(v - v_0) = 0 \quad \cdots(5)$，$I_G(\omega + \omega_0)(\omega - \omega_0) + Mv_G^2 + m(v + v_0)(v - v_0) = 0 \quad \cdots(6)$．式 (4) を用いて式 (6) の v_G を消去すれば，$m(v^2 - v_0^2) + (m^2/M)(v - v_0)^2 = I(\omega_0^2 - \omega^2) \quad \cdots(7)$，式 (5) で両辺を割れば，$[I(1 + m/M) + mx^2]v + [I(m/M - 1) - mx^2]v_0 = (\omega_0 + \omega)x \quad \cdots(8)$．式 (8) と式 (5) より ω を消去して $\left[I(1 + m/M) + mx^2\right] v = -\left[I(1 - m/M) - mx^2\right] v_0 + 2xI\omega_0 \quad \cdots(9)$．式 (8) と式 (5) より v を消去すれば，$\left[I(1 + m/M) + mx^2\right] \omega = \left[I(1 + m/M) - mx^2\right] \omega_0 + 2xmv_0 \quad \cdots(10)$．また重心速度は $v_G = -(m/M)(v - v_0) = (2Im/M)\{(v_0 - x\omega_0)/[I(1 + m/M) + mx^2]\} \quad \cdots(11)$．

14.3　衝突直後の小球 C の速度を u'，小球 A の速度を u_A とする．小球 B の速度 $u_B = 0$．例題 14.2(a) 亜鈴型の剛体の質点 A，B の A に棒に垂直な撃力を加えたとき，質点 B の速度 u_B はゼロとなる．この問題でも衝突の撃力は質点 A のみに加わるので，$u_B = 0$ となる．質点 A と質点 C は同じ質量で，弾性衝突のときは速度を交換する．つまり，$u_A = u_0$，$u' = 0$ となる．したがって，エネルギー保存式 $mu_0^2/2 = 2mu_G^2/2 + I\omega^2/2$ と表されるから，亜鈴型の物体の重心速度を $u_G = (u_A + u_B)/2 = u_0/2$，A，B の重心の周りの角速度を ω，慣性モーメント $I = 2m(\ell/2)^2$ を用いると $u_0^2 = u_0^2/2 = \ell^2\omega^2/2$ となり，$\omega = u_0/\ell$ が得られる．亜鈴型の重心は一定の速さで進み，重心の周りをこの角速度で回転を続ける．

14.4　(a) 運動法則 (1) を用いると，撃力直後の重心の y 方向の速度 v_G は $3mv_G = mv_1 + mv_2 + mv_3 = \bar{F}$ より，$v_G = \bar{F}/(3m) \quad \cdots(1)$ で与えられる．

重心系での各質点の y 方向の速度を v_1'，v_2'，v_3' とすれば，質点 2 は重心であり，$v_2' = v_2 - v_G = 0$ となる．全角運動量は運動法則 (2) から，$m\ell v_1' - m\ell v_3' = \bar{F}\ell$ で与えられる．

剛体棒が曲がらないので，回転角速度は質点 1，3 とも共通の値 ω をとり，$v_1' = \ell\omega$，$v_3' = -\ell\omega$ を用いて，$m\ell^2\omega + m\ell^2\omega = \bar{F}\ell \quad \cdots(2)$ より，$\omega = \bar{F}/(2m\ell) \quad \cdots(3)$ となり，重心系での各質点の速度は $v_1' = \ell\omega = \bar{F}/(2m)$，$v_2' = 0$，$v_3' = -\ell\omega = -\bar{F}/(2m) \quad \cdots(4)$．静止系での各速度は $v_1 = v_1' + v_G = (5/6)\bar{F}/m$，$v_2 = v_2' + v_G = (1/3)\bar{F}/m$，$v_3 = v_3' + v_G = -(1/6)\bar{F}/m \quad \cdots(5)$．

(b) 質点 1，2，3 の速度 v_1，v_2，v_3 は棒と垂直方向のみとすれば，質点 1 から質点 2 へのの内力相互作用積を $\bar{f}_{2,1}$，その反作用を $\bar{f}_{1,2}$ とし，質点 2 から質点 3 への内力相互作用積を $\bar{f}_{3,2}$，その反作用を $\bar{f}_{2,3}$ とすれば，各質点の速度は次式で与えられる．$mv_1 = \bar{F} + \bar{f}_{1,2}$，$mv_2 = \bar{f}_{2,1} + \bar{f}_{2,3}$，$mv_3 = \bar{f}_{3,2}$．各式に (5) の各式を代入して，$(5/6)\bar{F} = \bar{F} + \bar{f}_{1,2}$，$(1/3)\bar{F} = \bar{f}_{1,2} + \bar{f}_{2,3}$，$-(1/6)\bar{F} = \bar{f}_{3,2}$ より $\bar{f}_{i,j}$ を解けば，$\bar{f}_{2,1} = -\bar{f}_{1,2} = \bar{F}/6$，$\bar{f}_{2,3} = -\bar{f}_{3,2} = \bar{F}/6$ の内力相互作用積が得られる．その総和はゼロとなる．また，重心の周りの内力相互作用モーメント積の和 $\ell\bar{f}_{12} - \ell\bar{f}_{3,2} = 0$ となる．

14.5　撃力直後の質点 1，2，3 の速度を $\boldsymbol{v}_1$，$\boldsymbol{v}_2$，$\boldsymbol{v}_3$ とする．質点 j から質点 i への内力相互作用の力積を $\bar{\boldsymbol{f}}_{i,j}$ とおくと，$m\boldsymbol{v}_1 = \bar{\boldsymbol{F}} + \bar{\boldsymbol{f}}_{1,2} + \bar{\boldsymbol{f}}_{1,3} \quad \cdots(1)$，$m\boldsymbol{v}_2 = \bar{\boldsymbol{f}}_{2,1} + \bar{\boldsymbol{f}}_{2,3} \quad \cdots(2)$，$m\boldsymbol{v}_3 = \bar{\boldsymbol{f}}_{3,1} + \bar{\boldsymbol{f}}_{3,2} \quad \cdots(3)$．座標軸を例題 14.3 の解と同じにとると，外力は $\bar{\boldsymbol{F}} = \bar{F}(0,1)$，内力相互作用は棒と平行と仮定すれば，$\bar{\boldsymbol{f}}_{2,1} = |\bar{f}_{2,1}|(-\sqrt{3}/2, 1/2) = -\bar{\boldsymbol{f}}_{1,2}$，$\bar{\boldsymbol{f}}_{3,1} = |\bar{f}_{3,1}|(\sqrt{3}/2, 1/2) = -\bar{\boldsymbol{f}}_{1,3}$，$\bar{\boldsymbol{f}}_{2,3} = |\bar{f}_{2,3}|(0,1) = -\bar{\boldsymbol{f}}_{3,2}$ となる．

例題の解から $m\boldsymbol{v}_1 = \bar{F}/3(0, 2)$，$m\boldsymbol{v}_2 = \bar{F}/3(-\sqrt{3}/2,\ 1/2)$，$m\boldsymbol{v}_3 = \bar{F}/3(\sqrt{3}/2, 1/2)$ を

式 (1)〜(3) の左辺に代入して，$|\bar{f}_{i,j}|$ について解けば，$|\bar{f}_{1,2}| = |\bar{f}_{3,1}|$ と $\bar{F}/3 = (1/2)(|\bar{f}_{1,2}|+|\bar{f}_{3,1}|)$ が得られ，$|\bar{f}_{1,2}| = |\bar{f}_{3,1}| = \bar{F}/3$ が得られる．さらに $|\bar{f}_{2,3}| = 0$ となる．

14.6 (a) 飛び上がったときの棒の重心の初速度 v_0，地面からの角度を θ とする．そのとき地面から受ける力積を $\overline{F}$ とすると，$Mv_0 = \overline{F}$ $\cdots(1)$．速度の上向き成分は $v_y = v_0 \sin\theta$ であるから，重心の最高点は $y_m = (v_0^2/2g)\sin^2\theta + \ell/2$ $\cdots(2)$．この間に棒が $\pi/2$ 回転する必要がある．最高点に達する時間 $t_m = v_0 \sin\theta/g$ である．重心の周りの回転の初角速度 ω_0，重心の周りの慣性モーメントを $I_{\mathrm{G}} = M\ell^2/12$ とすれば $I_{\mathrm{G}}\omega_0 = (\overline{F}\ell/2)\cos\theta$ $\cdots(3)$ より，式 (1) を用いて，$\omega_0 = \overline{F}\ell\cos\theta/(2I_{\mathrm{G}}) = Mv_0\ell\cos\theta/(2M\ell^2/12) = (6v_0/\ell)\cos\theta$ $\cdots(4)$．したがって，$\omega_0 t_m = \pi/2$ に代入して，整理すれば，$\sin(2\theta_0) = \pi g\ell/(6v_0^2)$ $\cdots(5)$．これが最高点で棒が水平になるための初速度 v_0 と飛び出し角度 θ の関係である．

(b) 高さ h のバーを飛び越える条件は $y_m > h$ から，式 (2) を用いて，$v_0^2\sin^2\theta_0/(2g)+\ell/2 > h$ $\cdots(6)$．式 (5) を用いて，式 (2) から v_0 を消去すれば，$(\pi/2)\tan\theta_0 > 2h/\ell - 1$ $\cdots(7)$．一方，$\sin^2(2\theta) = 2\sin\theta\cos\theta = 2\tan\theta/(1+\tan^2\theta)$，式 (5) より $v_0^2 = \pi g\ell/6\sin(2\theta_0) = (\pi g\ell/12)(1+\tan^2\theta_0)/\tan\theta_0 = (g/12)[\pi^2\ell^2 + 4(2h-\ell)^2]/[2(2h-\ell)]$ $\cdots(8)$．

(c) 直接 h 飛び上がるためには，$v_0^2 > 2gh$ であるから，$2gh-$式 (8) を計算すれば，$g(10h+\ell)/6$ が得られるので，常に正になり，回転しながらバーを飛び越える初速は直接飛び上がって越えるより小さくてよい．

索　引

さ 行

た 行

な 行

は 行

ま 行

ら 行

わ 行

著 者 略 歴
小野　昱郎（おの・いくお）
1965 年　東京教育大学大学院理学研究科博士課程物理学専攻修了
　　　　 東京都立大学理学部物理学科助手
1971 年　同　助教授
1973 年　東京工業大学理学部物理学科助教授
1986 年　同　教授
1996 年　東京工業大学名誉教授
　　　　 日本女子大学理学部数物科学科教授
2004 年　同　退職
　　　　 現在に至る　理学博士

髙柳　邦夫（たかやなぎ・くにお）
1972 年　東京工業大学大学院理工学研究科博士課程退
　　　　 東京工業大学理学部助手
1977 年　マックスプランク協会フリッツハーバー研究所リサーチフェロー
1981 年　東京工業大学理学部助教授
1987 年　仁科賞　受賞
1988 年　東京工業大学大学院総合理工学研究科助教授
　　　　 同　理学部教授
1992 年　同　大学院総合理工学研究科教授
2001 年　同　大学院理工学研究科教授
2003 年　紫綬褒章　受章
2012 年　日本学士院賞　受賞
　　　　 東京工業大学退職
　　　　 東京工業大学名誉教授，栄誉教授
　　　　 現在に至る　理学博士

編集担当　石田昇司・大野裕司（森北出版）
編集責任　富井　晃（森北出版）
組　　版　中央印刷
印　　刷　　同
製　　本　ブックアート

基礎から学ぶ力学

2019 年 11 月 29 日　第 1 版第 1 刷発行

著　　者　小野昱郎・髙柳邦夫
発 行 者　森北博巳
発 行 所　**森北出版株式会社**
東京都千代田区富士見 1-4-11（〒102-0071）
電話 03-3265-8341／FAX 03-3264-8709
https://www.morikita.co.jp/
日本書籍出版協会･自然科学書協会　会員
JCOPY <（一社）出版者著作権管理機構 委託出版物>

落丁･乱丁本はお取替えいたします。

Printed in Japan／ISBN 978-4-627-16081-1